感谢"国家自然科学基金资助项目21562002""赣南师范大学学术著作出版专项经费资助项目""赣南师范大学博士科研启动项目""赣南师范大学化学化工学院"和"江西省高校功能材料化学重点实验室"的大力支持。

现代有机化学反应机理研究及其新发展

周中高 著

中国水利水电出版社

www.waterpub.com.cn

·北京·

内 容 提 要

本书内容全面，条理清晰，通过有机化学日益发展的新方法、新技术系统地讲述有机化学的基本理论，并讲述如何运用新理论、新方法来解释有机化学反应中的新现象。在完全覆盖物理有机化学核心内容——结构和机理之外，选取了具有代表性的反应类型，将其有机反应机理融入其中。

本书适合各高等院校化学专业师生阅读，也可供相关爱好者参考。

图书在版编目（CIP）数据

现代有机化学反应机理研究及其新发展 / 周中高著
. --北京：中国水利水电出版社，2018.9（2022.9重印）
　ISBN 978-7-5170-6862-4

　Ⅰ.①现… Ⅱ.①周… Ⅲ.①有机化学—化学反应—反应机理—研究 Ⅳ.①O621.25

　中国版本图书馆CIP数据核字（2018）第206164号

责任编辑：陈　洁　　　封面设计：王　伟

书　　名	现代有机化学反应机理研究及其新发展 XIANDAI YOUJIHUAXUE FANYING JILI YANJIU JI QI XIN FAZHAN
作　　者	周中高　著
出版发行	中国水利水电出版社 （北京市海淀区玉渊潭南路 1 号 D 座　100038） 网址：www. waterpub. com. cn E-mail：mchannel@263. net（万水） 　　　　sales@mwr.gov.cn 电话：（010）68545888（营销中心）、82562819（万水）
经　　售	全国各地新华书店和相关出版物销售网点
排　　版	北京万水电子信息有限公司
印　　刷	天津光之彩印刷有限公司
规　　格	170mm×240mm　16 开本　14 印张　255 千字
版　　次	2017年1月第1版　2022年9月第2次印刷
印　　数	2001-3001册
定　　价	62.00 元

凡购买我社图书，如有缺页、倒页、脱页的，本社营销中心负责调换

前　言

　　世界上每年合成的近百万种新化合物中，大约 70% 以上是有机化合物，其中某些有机化合物因其具有特殊功能被应用于化工、石油、材料、能源、医药、营养、生命科学、环境科学、农业、交通等与人类生活密切相关的行业中。同时，人类也需要面对大量有机物对生态、环境、人体等造成的影响。

　　展望未来，有机化学面临着新的机遇和挑战。人们对有机反应规律的认识，是一个逐步深化的过程，对其理解的深度与境界，体现在对反应机理的正确把握中。反应机理是基元反应的集成，更是对化学反应原理的抽象概括。将化学反应原理贯穿于基元反应解析的全过程，是化学反应机理解析的客观要求。正是基于认识基元反应原理的目的，作者撰写了本书。

　　有些化学反应机理确实复杂，这从反应的立体专一性和区域选择性就能证明。人们之所以对于反应机理解析感到困惑和无奈，并非是反应机理有多么复杂难解，而是缺乏这种反应解析系统的理论和若干反应机理无解析的干扰。考虑到广大化学工作者的实际需求，本书从最基本的原理出发，不过多关注信息量的广度，而是关注反应原理的深度。简化反应机理解析过程，揭示反应发生的内在原因，是本书的主要目的。

　　本书以反应机理的类型为主线，讨论了有机反应机理的基础知识以及有机反应机理解析理论基础，然后依次对加成反应、取代反应、消除反应、重排反应、周环反应五大类经典反应类型及其机理进行了详细探究。

　　在本书撰写过程中，得到了若干专家学者的支持和帮助，在此深表感谢。受作者理论水平与实践经验所限，本书存在若干不足，恳请各位同行及读者给予批评指正。

作　者

2018 年 5 月

目　录

第一章
绪　论

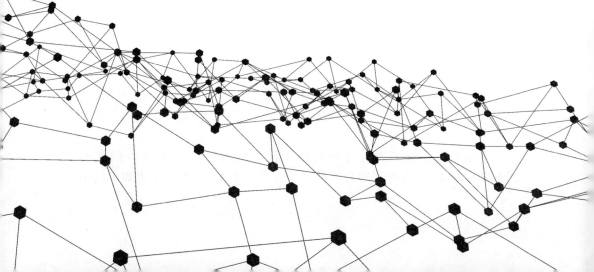

第一节 有机化学研究方向

在人类生存的地球上，生长着种类繁多、不计其数的植物和动物。人类在很早以前，就懂得如何对动物和植物进行加工来获取人类生存和发展的各种物质。如通过一定方式的榨取从甘蔗中获取蔗糖，通过一定的方式将大米和果汁酿造成酒，甚至懂得将草木灰和植物油共融，制造出肥皂。由此可见，有机化学在人类的生产与生活中占有十分重要的位置。有机化学作为生命科学、材料科学和环境科学等相关学科发展的理论基础，极大地推动了化学工业、能源工业和材料工业等的发展。

最早提出"有机化学"这个名词的科学家是 19 世纪初期的瑞典化学家伯齐利厄斯（Beyzelius）。在当时人类发展的历史时期，人类对自然的探索越来越深入，从动物与植物中获取各种物质的手段也逐渐完善。由于当时的化学家获取物质的来源只限于天然的动物与植物，如从天然的动物与植物中分离出尿素、酒石酸、吗啡等天然有机物，许多化学家就此认为有机化合物只能产生于生物体中。然而，这种认识只是看到了有机化学这座知识冰山的一角。随着人类科学的不断进步，科学家们对有机化学这一领域进行了更加深入地探究。1828 年，德国科学家沃勒（Wohler）经过 3 年的潜心研究，终于在实验室里仅通过对无机物氰酸铵进行加热就获取了哺乳动物新陈代谢的产物——尿素，开创了人类在实验室里合成天然产物的先例，为有机化学的发展树立了一块新的里程碑。此后，科学家们在探索中不断更新有机化学的概念，并不断发现新的合成规律和合成方法，有机化学这一领域的神秘面纱逐渐被人们揭开。

自人类第一次成功地在实验室里合成有机物始，有机化学迄今已经有 170 多年的发展历史，大致可划分为两个阶段：初创期和辉煌期。

一、有机化学的初创期

有机化学发展的初创期，其研究课题主要聚焦于以煤焦油为原料的染料和药物等合成工业。在这一时期，许多具有重要意义的有机化合物在实验室中问世。

合成染料工业的大门被世人叩开源于 1856 年，年仅 18 岁的霍夫曼（A.W.Hofmann）发现了闻名于世的苯胺紫，并在此后开办了世界上的第一家合成染料工厂，专门生产苯胺紫。此后有机化学取得了进一步的发展，不仅许多合成染料相继问世，而且还制备出多种药物，引领有机化学走进了合成时代。

在有机化学发展的初创期，人类在有机化学领域取得了许多突破性的进展。继霍夫曼发现苯胺紫后的20年，寻找新型合成染料成为有机化学领域的研究热点。霍夫曼发现苯胺紫的同一年，威廉姆斯（Willams）发现了菁染料；于1878年，拜耳合成了有机染料——靛蓝，并在短期内实现了工业化；此后，孔雀蓝、结晶紫、茜素相继应用于合成染料工业。在有机化学发展的初创期，有机化合物也被广泛应用于制药业。1863年德国化学家约瑟夫·咸尔布兰德（J.Wilbrand）合成了三硝基甲苯，应用于军工业，成为重要军用炸药；1885年，人们将1771年英国化学家P·沃尔夫（P.Woulfe）发现的2,4,6-三硝基苯酚用来填装弹药；1853年，弗雷德克·热拉尔（Gerhardt）合成了乙酰水杨酸，成为了后来的阿司匹林，并于1898年正式上市，从此具有药用价值的有机化合物正式为人类的生命健康而服务。

在有机化学发展的初创期，值得一提的是颠茄酮的两次合成。颠茄酮的第一次合成是由德国化学家维尔斯泰特（Willstatter）于1903年完成的。维尔斯泰特经过卤化、氨解、甲基化、消除等二十多步反应，合成了颠茄酮，这是当时有机合成的一项卓越成就。颠茄酮的第二次合成是由英国化学家罗宾逊（Robinson）于1917年完成的。罗宾逊不仅运用了全新、简捷的合成方法，还巧妙地对自然界植物体合成莨菪碱的过程进行了模拟，最终合成了具有标志性的颠茄酮。颠茄酮第二次合成的路线为：

颠茄酮的第二次合成，成为有机化学发展初创时期有机合成突飞猛进的反映。这一时期，诸如血红素和金鸡纳碱等许多具有生物活性的复杂化合物相继被合成。

以上这些化合物的合成，不仅标志着这一时期有机合成的发展水平，还为下一阶段的有机合成提供了理论发展的实验资料，为有机合成的辉煌发展奠定了坚实的基础。

二、有机化学的辉煌期

第二次世界大战结束后，有机合成进入了空前发展的辉煌时期。在这一时期，又分为了三个发展阶段，如图 1-1 所示。

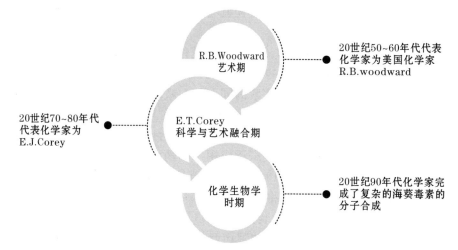

R.B.Woodward
艺术期

20世纪50~60年代代表
化学家为美国化学家
R.B.woodward

20世纪70~80年代
代表化学家为
E.J.Corey

E.T.Corey
科学与艺术融合期

化学生物学
时期

20世纪90年代化学家完
成了复杂的海葵毒素的
分子合成

图1-1 有机化学辉煌时期的三个发展阶段

在 20 世纪 50~60 年代，当代有机化学大师美国化学家 R.B.Woodward 成为了辉煌期的杰出代表，对有机化学作出了杰出的贡献。1944 年，R.B.Woodward 完成了奎宁的全合成。在生物碱方面的研究，R.B.Woodward 也有重大发现，如马钱子碱、麦角新碱、利血平。R.B.Woodward 还合成了甾体化合物，如 1951 年合成的皮质酮，1957 年合成的羊毛甾醇，1971 年合成的黄体酮。R.B.Woodward 对抗生素的研究也作出了杰出的贡献，相继合成了青霉素、四环素、红霉素以及维生素 B_{12} 等。其中以维生素 B_{12} 的合成最为艰难。维生素 B_{12} 含有 9 个手性碳原子，其可能的异构体数为 512。在维生素 B_{12} 完成合成的 15 年中，近百名科学家耗费了大量的心血和精力，由此可见，维生素 B_{12} 的合成是一项十分艰巨的任务。维生素 B_{12} 全合成的实现，意义十分重大，科学家们不仅完全合成了一个高难度的分子，并在维生素 B_{12} 合成的过程中，R.B.Woodward 和量子化学家 R.Hofmann 共同发现了分子轨道对称守恒原理，这一原理使有机合成从艺术性走向理性。

化学家在完成了大量结构复杂的天然分子的全合成后，有机合成的发展阶段逐渐超越于艺术，天然产物全合成的发展开始走向科学与艺术的融合期，化学家在有机合成的探究过程中，不断总结有机合成的规律并深入研究有机合成设计等课题。在有机合成的科学与艺术融合时期，最著名、影响力最大的是 E.J.Corey 提出的反合成分析。E.J.Corey 以合成目标分子为着眼点，结合其结构特征，依据合成反应知识，科学地将合成经验以及推理艺术融为一体，最终设计出了巧妙、合理的合成路线。反合成分析法使 E.J.Corey 等化学家在天然产物的全合成中获得了突破性的进展，其中包括银杏内酯、大环内酯如红霉素、前列腺素类化合物以及白三烯类化合物的合成。

在有机合成的科学与艺术融合时期,化学家完成的最复杂分子的合成是于 20 世纪 90 年代合成的海葵毒素。海葵毒素的结构复杂,含有 129 个碳原子、64 个手性中心和 7 个骨架内双键,可能的异构体数达 2^{71}(2.36×10^{21})之多。近年来,合成化学家一直从事生物活性的目标分子的合成,并努力将合成工业与生命奥秘紧密相连。由此可见,具有较高生物活性和药用前景分子的合成的发展前景十分可观。

三、有机化学发展新趋势

21 世纪,国际社会把研究重点放在了生态、社会可持续发展和经济资源转化等方面的问题上。人类社会的不断进步,以及人类对自身的关爱,必然会使化学这一学科面临着越来越多的挑战。人类社会发展的需求使得化学,尤其是合成化学面临着越来越多更高标准、更多以及更新的要求。绿色化学、洁净技术、环境友好过程,已成为合成化学发展的新目标和大方向。21 世纪,简单的分子合成已经不能满足有机合成发展的需要了,有机合成的途径已经成为化学家乃至全人类共同关注的焦点。因此,有机合成的有效性、选择性、经济性、环境影响和反应速率成为了有机合成研究的中心话题。

（一）有机合成的发展趋势

目前,有机合成的发展趋势共有两个方面:一是有机合成的结果,即合成什么,换言之,有机合成将为生命学科以及材料学科领域合成出哪些具有特定功能的分子和分子聚集体;二是有机合成的途径,即怎样合成,换言之,有机合成在合成的途径及手段上,将怎样与绿色、高效快速有机地相结合,从而形成高选择性合成。

由此可见,有机合成化学的发展方向最终为:发现新的基元反应和方法;拓展合成路线,更新合成策略。只有进行不断求新、不断拓展的探究,有机合成化学才有可能创造出新的有机分子,或是实现、改进各种已知或未知的有机化合物的合成。

（二）有机合成的新策略和路线

21 世纪,拓展有机合成路线以及探究新的合成策略,要求有机合成的途径必须具备如下特点。

（1）条件温和、合成更易控制。今天的有机合成模拟生命系统在酶催化反应的条件下反应。这种高效的定向反应是合成化学家的理想选择。

（2）高效、环保、原子经济性。在当今社会,出于对追求人类经济和社会的可持续发展的追求，合成效率的高低直接影响着资源的消耗，合成过程是否友好、合成反应是否具有原子经济性十分重要。

（3）定向合成和高选择性。定向合成具有特定结构和功能的有机分子，是目前最重要的课题之一。

（4）反应活性高、产率高。反应活性高、产率高是评价合成效率的重要方面。

（5）新的理论发现。任何新化合物的出现，都将会导致有机合成在理论方面产生突破。

在基元反应和新方法的发展方面，Seabach D 认为，尽管大的合成反应类型的研究已很少有突破性的进展，但是新的改进和提高还在持续，如今新反应诞生的领域可能发生在以过渡金属介导的反应、对映和非对映的选择性反应以及在位的多步连续反应等领域。此后十多年的发展大致证实了这些预测。

第二节　有机化合物的概述

一、有机化合物的定义

自然界的物质一般划分为无机化合物（inorganic compound）和有机化合物（organic compound）两大类。化学史上人们将那些从动植物体（有机体）内所获得的物质称为有机化合物，即在一种神秘的"生命力"支配下才能产生的，与无机化合物性质截然不同的一类物质，如酒、醋、尿素、吗啡等。在 19 世纪初以前，人们对有机合成的认识一直存在着误解，认为人工合成的方法是不可能制成有机化合物的。有机化学其实是研究有机化合物的组成、结构、性质及其变化规律的科学。有机化合物主要包括烃及其衍生物。有机化学的发展促进了石油化学、基本有机合成、高分子科学、生命科学、环境科学、能源科学和医学等众多学科领域的发展，从而使人类拥有现代的物质文明。

有机化学是有机化工、生命科学的基础，有机化合物是构成生物体的主要物质。例如，植物细胞壁的纤维素、半纤维素和木质素，动物结构组织中的蛋白质、核酸、酶，动植物体内储藏的油脂、糖类，植物的花、果实的颜色和气味等物质，中草药的药用成分，昆虫信息素等。生命现象中的遗传、新陈代谢、能量转换和神经活动等都是生物体内一系列有目的的有机化学反应。由于分子生物学是从分子水平上解释生命现象，揭示生命运动的规律，人们必须从有机化合物分子的结构、性质和相互转换来研究探索，因此有机化学是分子生物学的基础。

二、有机化合物的结构

表示有机化合物分子中原子的排列次序和成键方式的结构式称为有机化合物的构造式（constitutional formula）。除特别说明或需表示立体结构外，一般用构造式表示化合物的结构。构造式有以下三种表示形式。

（一）电子式

将有机化合物中原子之间共用的价电子（共用电子对）用"·"或"×"表示的式子称为电子式，又称路易斯（路易斯）式。例如，

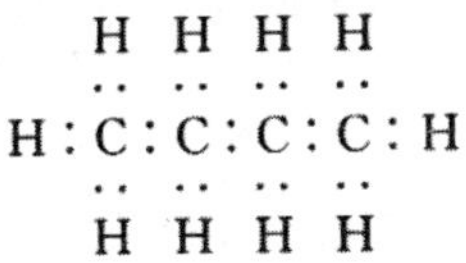

丁烷 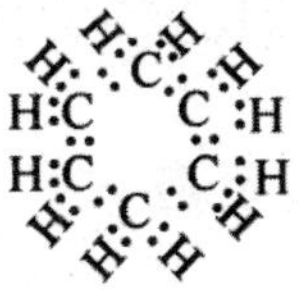　　　　　　　　　　　　环己烷

电子式的优点是能直观地反映分子中各成键原子的价电子情况，缺点是书写比较困难。

（二）蛛网式

将有机化合物中原子之间的共用电子对用短线表示的式子称为蛛网式，又称凯库勒（Kekule）式。一条短线表示一对共用电子。蛛网式是有机化学中最常用的表示有机化合物结构的方法，短线有时可省略。例如，

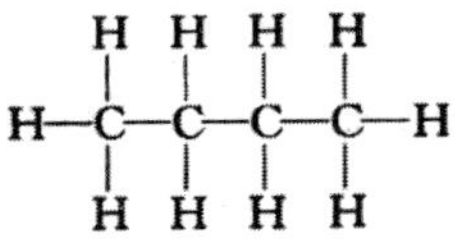

丁烷　　　　　　　　　　　　环己烷

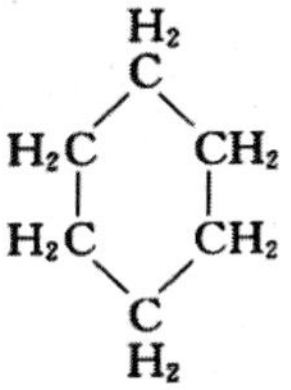

（三）键线式

将有机化合物中碳原子和氢原子及碳氢键省略不写，仅用短线表示碳碳键的式子称为键线式。例如，

丁烷　　　　　环己烷　　　　　丙醇

键线式或蛛网式表示有机化合物的构造式比较简单、直观、方便。

第三节　有机化学反应的类型

有机反应数量十分庞大，可采用两种分类方法将其进行分类，如按原料与产物分类有取代反应、消去反应、加成反应、分子重排反应、氧化还原反应等反应类型。但从机理的角度划分，根据反应中化学键的断裂及形成的方式可将有机反应分为自由基反应、离子反应及分子反应三类。

一、自由基反应

自由基反应是通过共价键的均裂产生自由基而进行的反应。例如，丙烯在过氧化物存在下与 HBr 的加成反应。

$$RO\!-\!OR \longrightarrow 2RO\cdot$$
$$RO\cdot + H\!-\!Br \longrightarrow ROH + Br\cdot$$
$$Br\cdot + H_2C\!=\!CH\!-\!CH_3 \longrightarrow BrCH_2\overset{\cdot}{C}HCH_3$$
$$BrCH_2\overset{\cdot}{C}HCH_3 + HBr \longrightarrow BrCH_2CH_2CH_3 + Br\cdot$$
$$\vdots$$

甲烷在日光或紫外光照射下发生的取代反应，实质也是自由基反应。

$$Cl\!-\!Cl \xrightarrow{h\nu} 2Cl\cdot$$
$$Cl\cdot + H\!-\!CH_3 \longrightarrow CH_3\cdot + HCl$$
$$CH_3\cdot + Cl\!-\!Cl \longrightarrow CH_3Cl + Cl\cdot$$
$$H\!-\!CH_2Cl + Cl\cdot \longrightarrow \cdot CH_2Cl + HCl$$
$$\vdots$$

其实，自由基反应在光化学反应中更为普遍，如 2（5H）- 呋喃酮类化合物通过单电子转移发生的 1,4- 加成反应与一步多环化反应。

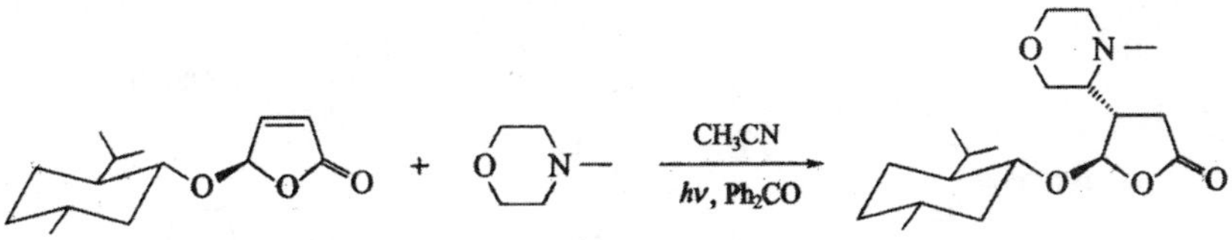

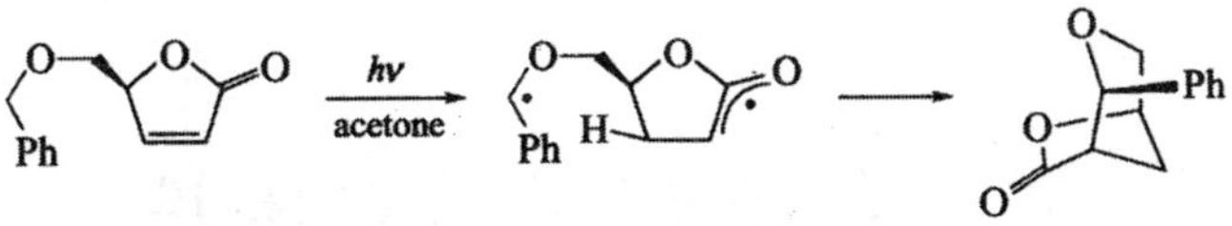

二、离子反应

离子反应是通过共价键的异裂产生离子而进行的反应。例如，卤代烃的水解（属于 SN1 反应）。

$$(CH_3)_3C—Br \longrightarrow (CH_3)_3C^+ + Br^-$$

$$(CH_4)_3C^+ + H_2O \longrightarrow (CH_3)_3C—OH + H^.$$

烯烃与溴、氯的加成反应，其反应机理被证实该反应是通过溴正离子与双键的两个碳原子结合形成溴鎓离子中间体而实现的。

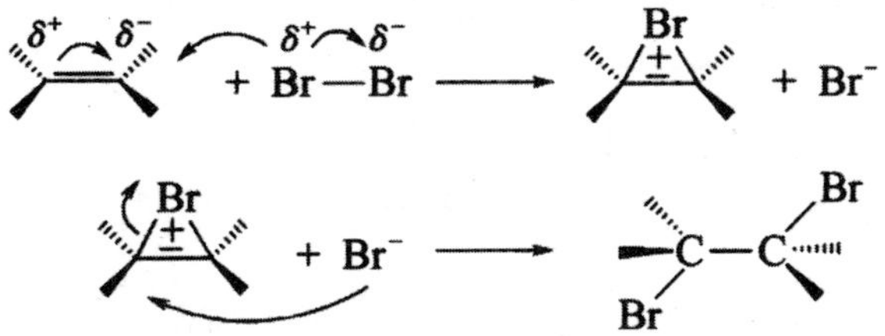

三、分子反应

分子反应是按照分子历程进行的反应，即协同反应。协同反应是指反应过程中旧键的断裂与新键的生成同时进行一步完成的多中心反应。通过环状过渡态进行的协同反应称为周环反应，如 狄尔斯－阿尔德反应。

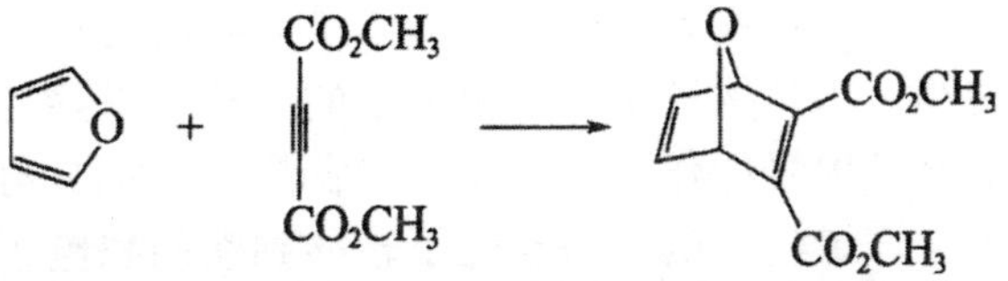

氮酸硅烷酯作为 1,3－偶极体系，可以和 5－甲氧基－2（5H）－呋喃酮进行 [3+2] 环加成反应，生成含有多种官能团的稠杂环化合物，这也是一种

协同反应。

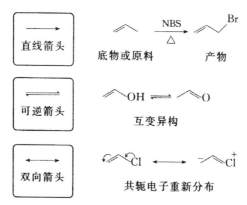

第四节　有机反应机理的描述

描述一个有机反应，通常用直线箭头，箭头的方向代表由原料到产物的转变，直线箭头的左边代表底物或原料，右边代表产物，实现转化所需要的试剂写在直线箭头的上方，实现转化所应用的反应条件写在直线箭头的下方；描述一个有机反应具有可逆的性质，通常用可逆箭头，表示箭头左右的两个有机分子或物质在某一条件下能达到平衡，改变平衡的条件可以改变平衡的方向；描述一个有机分子或物质中共轭电子的流动，通常用双向箭头，表示共轭电子在共轭体系中进行重新分布，此过程不涉及原子或基团的重新分布。

描述有机反应机理，即原料是如何转化成产物的？在转化过程中电子是如何转移的？在回答这些有关化学反应本质问题的时候，人们用弯箭头表示电子对的转移，用鱼钩箭头表示单电子的转移。以烯烃的亲电加成反应为例，溴在富电子烯烃的作用下产生诱导偶极，一端具有缺电子性，另一端具有富电子性。烯烃上的一对 π 电子转移到溴的缺电子性一端形成溴铃离子，另一个溴原子带着一对电子离开。溴锚离子中的 C—Br 键受到极化，共价电子对偏向溴原子，使得碳原子成缺电子性，易受到溴负离子的进攻。

进攻过程中溴负离子贡献一对电子形成新的 C—Br 键，而溴鎓离子中 C—Br 键上的共价电子转移到溴原子上，分散溴原子的正电荷，最终生成邻二溴化合物。图中的弯箭头代表一对电子对的转移，箭头的方向代表电子对流动的方向，始终是从富电子位点到缺电子位点。

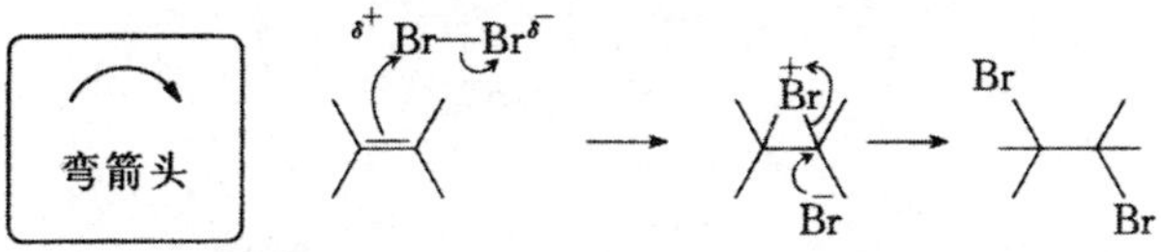

鱼钩箭头代表单电子的转移。以羰基在金属钠作用下偶联生成邻二醇为例，羰基中的 π 电子发生均裂，一个电子转移到碳原子上成自由基，一个电子转移到氧原子上，并从金属钠夺取一个电子成阴离子，此时的形态称为阴离子自由基，也是活泼中间体中的一种。两个阴离子自由基各贡献一个电子形成 C—C 共价键，成双阴离子，反应后酸性处理，最后得到邻二醇化合物。

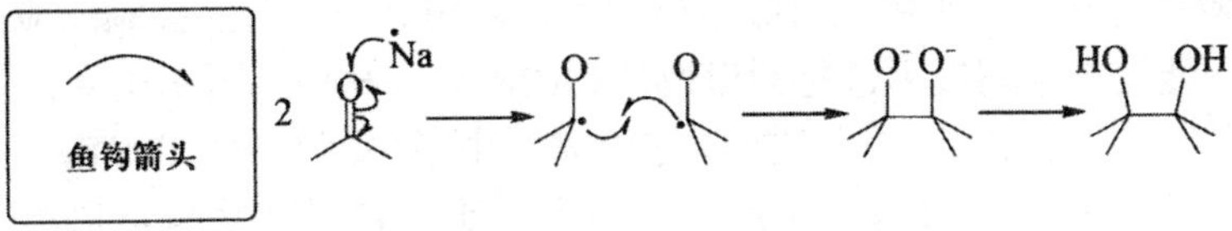

第五节　有机反应机理的研究方法

一、产物的鉴定

一个正确的反应机理，必须说明所得到的生成物（包括产物与副产物）及它们的相对比例。如果某一个反应机理没有这种预见性，则该历程就是一个不正确的反应机理。

例如，下列反应中，前一反应产物为醇，为亲核取代反应历程；后一反应产物得到烯，为消除反应历程。

$$(CH_3)_3C—Br + H_2O \longrightarrow (CH_3)_3C—OH + HBr$$

$$(CH_3)_3C—Br + NaOH \xrightarrow{EtOH} H_3C—\underset{\underset{CH_3}{|}}{C}=CH_2 + NaBr + H_2O$$

又如，在光照下的甲苯氯化反应是自由基取代反应历程，而甲苯在

AlCl₃作用下的取代反应为亲电取代反应历程。

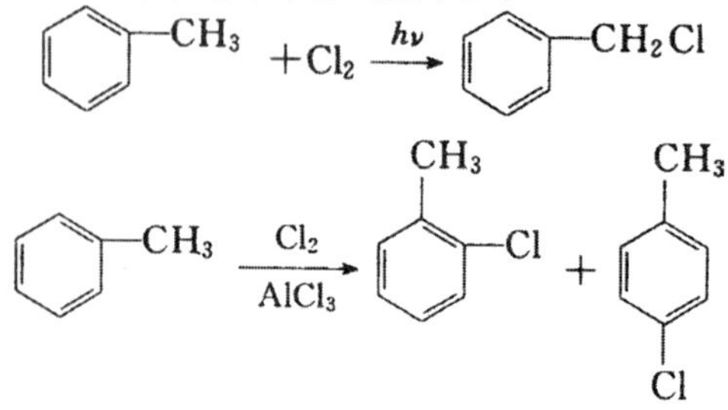

二、中间体存在的确定

中间体存在的确定，对于深入研究有机反应机理也至关重要。一般而言，可通过对中间体的离析、中间体的检测和中间体的捕集等方法确定中间体的存在。

（一）中间体的离析

在某些情况下，如在相当低的温度下，或用其他的方法控制反应条件，使反应不能按正常情况下进行到形成产物的阶段，从而离析出中间体。

例如，在下面的霍夫曼重排反应中离析出了中间体 RCONHBr，说明这一重排反应过程中经过这一中间体。但由于重排最后产物也可以由其他途径生成，故光凭离析出的中间体还不能下最后结论，必须用其他方法作进一步证明。

$$R-\overset{\overset{O}{\|}}{C}-NH_2 + NaOBr \longrightarrow R-NH_2$$

通常一些活性中间体由于太活泼，存在时间极短，很难分离。但是，某些活性中间体可以在特殊实验条件下分离出。例如，下面反应中的碳正离子中间体（σ配合物），在 -80℃可分离出。

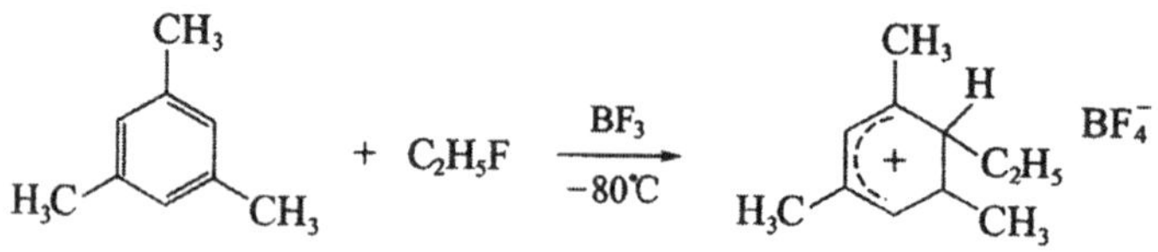

σ配合物

（二）中间体的检测

在多数情况下活性中间体不能离析出，但可以利用红外光谱、核磁共振谱、质谱、拉曼光谱、气相色谱、顺磁共振谱等现代物理测试方法检出中间体的存在。

例如，芳烃硝化反应中进攻试剂硝酰正离子 NO_2^+ 可由拉曼（Raman）光谱检出，而下面的 σ 配合物可以用核磁共振谱检出。

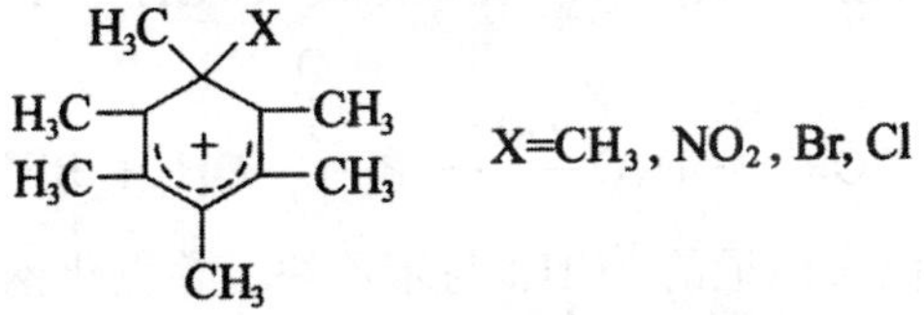

X＝CH_3，NO_2，Br，Cl

又如，在过渡金属钯催化下苯胺和炔酸酯进行 C—H 活化反应，下面的中间体就是利用气相色谱进行检测的。

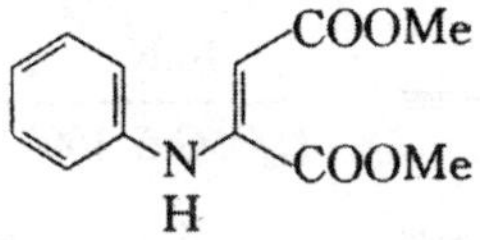

如果在反应中产生自由基中间体，可利用顺磁共振谱来检测。

（三）中间体的捕获

可用某化学方法捕获反应中生成的中间体，如加入某一物质与中间体结合生成一个新的化合物，通过鉴定这一新化合物即可确定中间体的存在。例如，碘苯与氨基钠作用生成的中间体苯炔，可用二烯类化合物进行捕捉，使之得到狄尔斯 - 阿尔德反应加成产物。如：

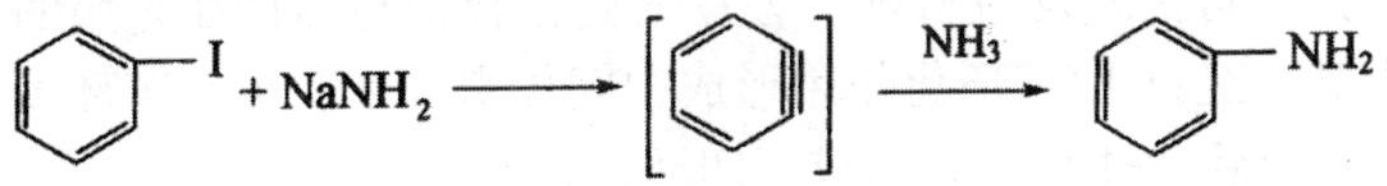

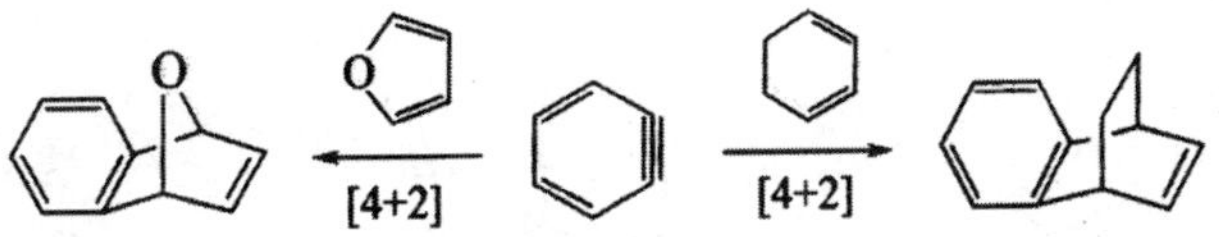

三、同位素标记

同位素标记法在研究反应机理中能提供非常重要的信息，用同位素标记的化合物做原料，反应后测定产物中同位素的分布，往往可得出比较明确的结论。

例如，将酯在含有重氧水（$H_2^{18}O$）中进行水解，发现生成的羧酸含有 ^{18}O；而将用同位素标记的酯水解，得到的产物醇中含有 ^{18}O，这都证明了酯的水解是酰氧键断裂机理。

$$\mathrm{R{-}\overset{\overset{\displaystyle O}{\|}}{C}{-}OR'} + \mathrm{H_2{}^{18}O} \xrightarrow{\mathrm{OH^-}} \mathrm{R{-}\overset{\overset{\displaystyle O}{\|}}{C}{-}{}^{18}OH} + \mathrm{R'OH}$$

$$\mathrm{R{-}\overset{\overset{\displaystyle O}{\|}}{C}{-}{}^{18}OR'} + \mathrm{H_2O} \xrightarrow{\mathrm{OH^-}} \mathrm{R{-}\overset{\overset{\displaystyle O}{\|}}{C}{-}OH} + \mathrm{R'{}^{18}OH}$$

同样，利用同位素标记的 $^{11}CH_3I$ 与苯乙炔、叠氮化钠的“一锅法”反应合成三唑化合物的反应研究表明，反应实质是首先原位形成 $^{11}CH_3N_3$ 再在亚铜的催化下发生点击反应。

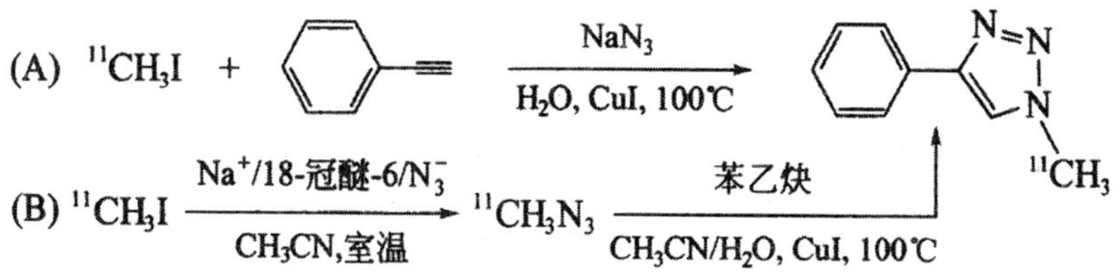

四、催化剂的研究

通过对催化剂的研究也可以预示反应机理。例如，反应能被光或过氧化物催化，则为自由基反应机理。香豆素类化合物与烯烃在光照的条件下形成双自由基，经过 1,5- 环化作用形成中间体卡宾后，再与苯环发生分子内插入反应，最后经过 H 迁移形成了四环化合物。

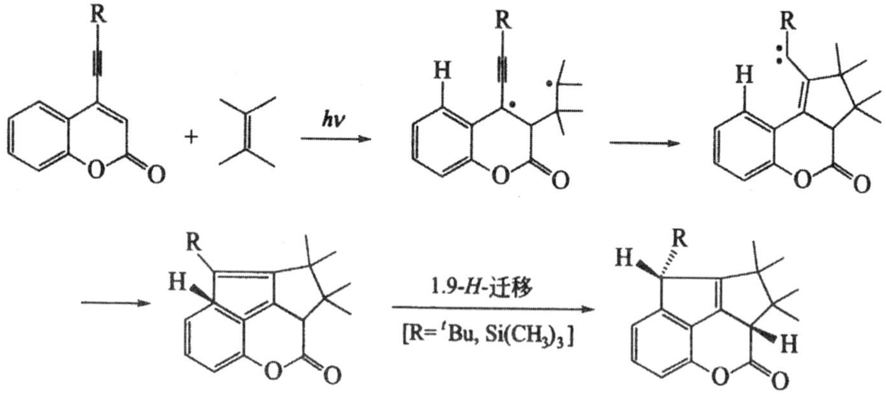

反应若能被碱催化，则可能是通过生成负离子中间体的历程。类似地，某一反应能被酸催化，可能是通过形成正离子中间体的历程。

五、立体化学的研究

立体化学的证据也是判断反应机理的一个重要方法，通过产物中的不同立体异构体的存在，提供了反应机理的有关线索。

例如，在亲核取代反应中，生成外消旋体的亲核取代产物可以作为 S_N1 历程的证明；而得到构型完全转化的产物，可作为 S_N2 历程的标志。

又如，用高锰酸钾氧化顺 -2- 丁烯，得到内消旋化合物，证明羟基是从同一边加到烯烃双键上。

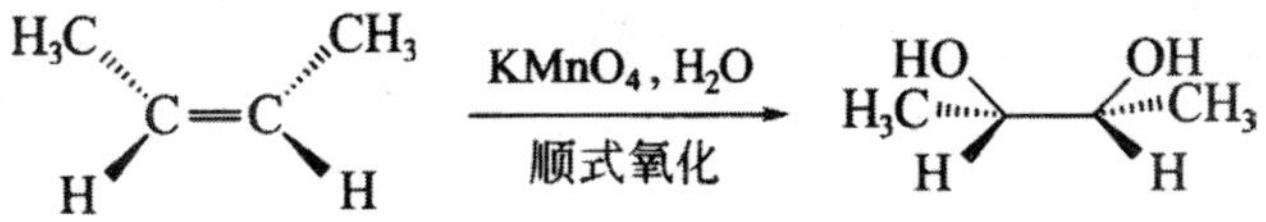

六、动力学的研究

通过动力学的研究，也可以对反应机理提供许多重要依据。

例如，三级卤代烷的水解反应为一级反应，一级卤代烷的碱解则为二级反应，前者为 S_N1 历程，后者为 S_N2 历程。但值得注意的是，仅凭反应级数还不能作为判定反应机理的唯一根据。因为对于后者为 S_N2 反应中的溶解（如水解），由于水过量，使之在动力学上表现为一级，而不是二级反应。

$$R{-}Br + H_2O(大量) \longrightarrow R{-}OH + HBr$$
$$反应速率 = kc_{RBr}$$

（k：反应速率常数）

上述反应加入少量亲核性比水强的亲核试剂（如 NaOH），如果能加速反应，则可判定该反应遵守 S_N2 反应历程；如不能加速反应，则为 S_N1 反应。

第二章
有机化学反应的理论

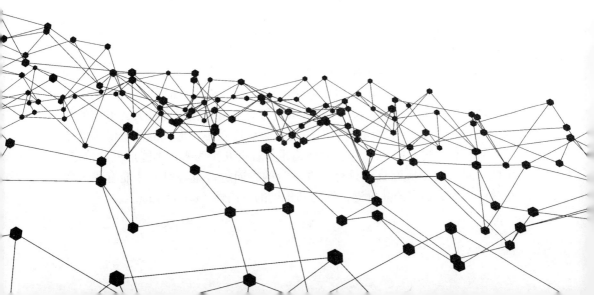

第一节　共价键理论

有机化合物分子中的原子都是以共价键的形式结合起来的。从本质上讲，有机化学是研究共价键化合物的化学。因此，要学习有机化学应先了解有机化学中普遍存在的共价键。

对共价键本质的解释，常用的是价键理论、杂化轨道理论和分子轨道理论。本书对分子轨道理论不作阐述。

一、价键理论

（一）共价键的形成

共价键的形成是原子轨道的重叠或电子配对的结果，如果两个原子都有未成键电子（又称单电子），并且自旋方向相反，就能配对形成共价键。

例如，一个氢原子可与一个氯原子形成一个 H—Cl 键而生成氯化氢。

$$H \cdot + \cdot \ddot{\underset{\cdot \cdot}{Cl}} : \longrightarrow H : \ddot{\underset{\cdot \cdot}{Cl}} :$$

由一对电子形成的共价键称为单键（single bond），用一条短直线表示。如果两个原子各用两个或三个未成键电子构成共价键，则称为双键（double bond）或三键（triple bond）。

$$\underset{\text{双键}}{\overset{}{>C=C<}} \qquad \underset{\text{叁键}}{\overset{}{-C\equiv C-}}$$

（二）共价键的特点

在形成共价键时，一个单电子只能和另一个单电子配对成键，称为共价键的饱和性。

成键时，两个单电子所在的原子轨道发生重叠。以氢原子与氯原子的成键为例，氢原子的 s 轨道和氯原子的 p 轨道重叠成键时可按图 2-1 所示的三种情况进行。其中，按（1）所示进行时轨道重叠程度最大，形成的共价键最牢固；按（2）所示进行时轨道重叠程度较小，形成的共价键不够牢固，易断裂；按（3）所示进行时轨道重叠程度几乎为零，不能形成共价键。由此可见，两个成键轨道只有沿着一定的方向进行重叠时，才能有最大的重叠度，形成稳定的共价键，称为共价键的方向性（orientation）。

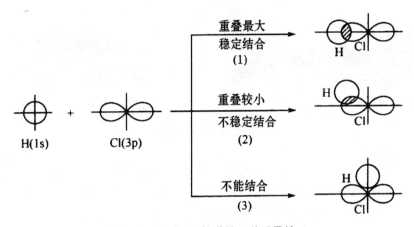

图2-1 s轨道和p轨道的三种重叠情况

（三）共价键及其性质

1.σ键和π键

共价键按其共用电子对的数目不同可以分为单键和重键；按成键原子轨道的重叠方式不同又可分为σ键和π键。

（1）σ键。两个成键的原子轨道沿着其对称轴的方向相互重叠（又称"头碰头"重叠）而形成的共价键称为σ键。在σ键中成键电子云沿键轴成圆柱形分布，因此以σ键连接的两个原子或基团可以绕键轴"自由"旋转。同时由于成键原子轨道是在轴线上相互重叠，重叠程度较大，因此σ键比较牢固，在化学反应中不易断裂。例如，甲烷分子中的C—H键和乙烷分子中的C—H键及C—C键都属于σ键，如图2-2所示。

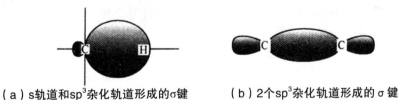

（a）s轨道和sp³杂化轨道形成的σ键　（b）2个sp³杂化轨道形成的σ键

图2-2 σ键的形成

（2）π键。如果成键原子除了以σ键相结合外，其p轨道又相互平行重叠（又称"肩并肩"重叠）而形成的共价键称为π键。在π键中，成键电子云分布在键轴的上下方，而且有一个对称面，在该平面上的电子云密度为零。与σ键相比，两个p轨道重叠程度较小。因此，π键的强度一般不如σ键，在化学反应中容易断裂。由于碳原子有形成较牢固π键的倾向，因此含有π键的化合物容易发生π键断裂的反应。例如，在乙烯中的C═C键就是由一个σ键和一个π键组成的，如图2-3所示。

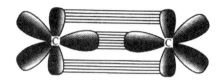 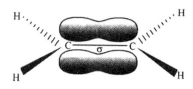

（a）σ键和π键分布图　　　　　（b）π电子云的形状和分布

图2-3　π键的形成

2. 键长

键长是指成键两原子的平均核间距。一定的共价键其键长是一定的，如C—C键的键长为0.154nm，C＝C键的键长为0.134nm，C≡C键的键长为0.120nm，C—H键的键长为0.109nm。在不同的化合物中，同一种共价键的键长差别较小，如C—C键，在丙烷中键长为0.154nm，在环丙烷中为0.153nm。一般来说，键长越短，共价键越牢固。

3. 键角

键角是指两个共价键之间的平均夹角。分子结构不同，键角有所变化。键长和键角决定了化合物的空间构型。例如，

甲烷（或四氯化碳）　　　　　丙烷　　　　　乙烯

4. 键能

键能是指由 1mol 气态双原子分子解离为中性基态原子时所需要吸收的能量，其单位为 kJ/mol。例如，

$$Cl_2 \rightarrow Cl \cdot + Cl \cdot \qquad \Delta H = 242.5 \text{kJ/mol}$$

应该注意键能与解离能（dissociation energy）在概念上的区别。多原子分子中共价键的键能是指同一类共价键的解离能的平均值。例如，甲烷的四个 C—H 键的解离能是不同的：

$$CH_4 \longrightarrow \cdot CH_3 + \cdot H \quad \Delta H_1 = 435.1 \text{kJ/mol}$$

$$\cdot CH_3 \longrightarrow \cdot CH_2 + \cdot H \quad \Delta H_2 = 439.3 \text{kJ/mol}$$

$$\cdot CH_2 \longrightarrow \cdot CH + \cdot H \quad \Delta H_3 = 447.7 \text{kJ/mol}$$

$$•\overset{\bullet}{\underset{\bullet}{C}}H \longrightarrow •\overset{\bullet}{\underset{\bullet}{C}}• + •H \qquad \Delta H_4=338.9\text{kJ/mol}$$

$$\Delta H =（\Delta H_1+\Delta H_2+\Delta H_3+\Delta H_4）/4$$
$$=（435.1+439.3+447.7+338.9）/4$$
$$=415.3（\text{kJ/mol}）$$

键能是化学键强度的主要标志之一，它在一定程度上反映了键的稳定性。

5. 键的极性

当两个不同原子结合成共价键时，由于两原子的电负性不同，成键电子在电负性强的原子周围出现概率较大（共用电子对偏向电负性大的原子），这种由于电子云不完全对称而呈极性的共价键称为极性共价键（polarized covalent bond），键的极性可用偶极矩（dipole moment）μ 表示。偶极矩是矢量，单位为C·m或deb（德拜，1deb=3.33564×10^{-30}C·m），有方向性，通常规定其方向由正到负，用箭头 $\longrightarrow$ 表示。例如，HCl的极性可表示为

$$H \Longrightarrow Cl \text{ 或 } \mu=3.43 \times 10^{-30}\text{C·m}$$

常见共价键的偶极矩见表 2–1。

表2–1 常见共价键偶极矩

共价键	偶极矩／deb	共价键	偶极矩／deb
—		—	
H—C	0.30	H—I	0.38
H—N	1.31	C—N	0.40
H—O	1.53	C—O	0.86
H—S	0.68	C—Cl	1.56
H—Cl	1.03	C—Br	1.48
H—Br	0.78	C—I	1.29

分子的极性取决于分子中正、负电荷的中心是否重合，这与分子的空间构型有关。对于双原子分子，其极性与共价键的极性相似。对于多原子分子，其极性为分子内各共价键的矢量和。

二、杂化轨道理论

基态碳原子的电子构型为 $1s^2 2s^2 2p^2$，如图 2-4 所示。碳原子的价电子层上有 2 个单电子。按照价键理论，1 个碳原子与其他原子（如 H）只能形成 2 个共价键，即形成分子式为 CH_2 的化合物，而这与实际不相符。所以，鲍林（Pauling）于 1931 年在前人研究的基础上提出了杂化轨道理论（hybrid orbital theory）。

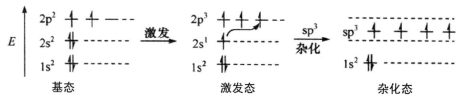

图2-4　碳原子的 sp^3 杂化过程

在分子的形成过程中，成键原子中几种能量相近的原子轨道相互影响，混合后重新组合成新的原子轨道的过程称为轨道杂化，杂化后形成的轨道称为杂化轨道。

轨道的杂化一般先是基态原子的价层电子跃迁至能量相近的空轨道，从而形成激发态，随后能量相近的原子轨道重新组合形成杂化轨道。现以碳原子为例予以说明。

如图 2-5 所示，基态碳原子的 1 个 2s 电子跃迁到空的 2p 轨道，形成激发态。随后具有单电子的 2s 轨道和能量相近的 3 个 2p 轨道重新组合形成 4 个相同的杂化轨道。由图中的能量线（虚线）可以看出，新的杂化轨道的能量比 2s 轨道高，而比 2p 轨道低。这种由 1 个 s 轨道和 3 个 p 轨道进行的杂化称为 sp^3 杂化，可简单表示为

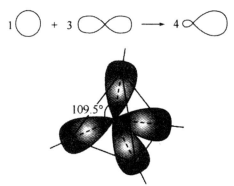

图2-5　sp^3 杂化的碳原子的空间构型

　　从电子云的形状来看，球形的s轨道与哑铃形的p轨道杂化后形成了"一头较大一头较小"的杂化轨道。这种特殊的电子云形状与其他原子成键时有更大的重叠度。

　　4个 sp^3 杂化轨道由于相互之间的排斥力自然地形成了正四面体结构，如图2-5所示。碳原子位于体心，2个轨道间的夹角为 109.5°。

　　杂化过程中若是1个s轨道和2个p轨道进行杂化，则形成3个杂化轨道，称为 sp^2 杂化，可简单表示为

　　3个 sp^2 杂化轨道由于相互之间的排斥力自然地形成了平面正三角形结构，如图2-6所示。碳原子位于中心位置，2个轨道间的夹角为 120°，没有参与杂化的2p轨道与3个杂化轨道所在的平面垂直且仍为哑铃形。

　　（a）3个 sp^2 杂化轨道　　　　（b）未杂化的p轨道

图2-6　sp^2杂化的碳原子的空间构型

　　杂化过程中若是1个s轨道和1个p轨道进行杂化，则形成2个杂化轨道，称为sp杂化，可简单表示为

　　2个 sp 杂化轨道由于相互之间的排斥力自然地形成了直线形结构，如图2-7所示。2个轨道间的夹角为 180°，没有参与杂化的2个p轨道与sp杂化轨道两两垂直。

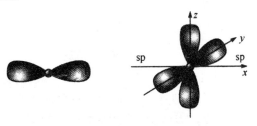

　　（a）2个 sp 杂化轨道　　　（b）2个未杂化的p轨道

图2-7　sp杂化的碳原子的空间构型

三、分子轨道理论

按照分子轨道理论，当原子组成分子时，形成共价键的电子即运动于整个分子区域。分子中价电子的运动状态，即分子轨道，可以由波函数 ψ 来描述。分子轨道由原子轨道通过线性组合而成。组合前后的轨道数是守恒的，即形成的分子轨道数与参与组成原子轨道数相等。

例如，两个原子轨道可以线性组合成两个分子轨道，其中一个分子轨道由符号相同（也即位相相同）的两个原子轨道波函数相加而成；另一个分子轨道则由符号不同（也即位相不同）的两个原子轨道波函数相减而成。

$$\Psi \begin{cases} \Psi_1 = \phi_1 + \phi_2 \\ \Psi_2 = \phi_1 - \phi_2 \end{cases}$$

$$\Psi_2 = \phi_1 - \phi_2$$
$$\phi_1 \qquad \phi_2$$
$$\Psi_1 = \phi_1 + \phi_2$$

能量

分子轨道 ψ_1 中两个原子核之间的波函数增大，电子云密度亦增大，这种分子轨道的能量较原来两个原子轨道能量低，所以叫成键轨道；分子轨道 ψ_2 中两个原子核之间波函数相减，电子云密度减少，这种分子轨道能量比原来两个原子轨道能量反而高，所以叫反键轨道。

又如，氢分子具有两个分子轨道：具有两个电子的成键分子轨道，以及没有电子的反键分子轨道。在成键轨道中的电子有利于成键，而在反键轨道中电子则迫使原子分离（不利于成键）。

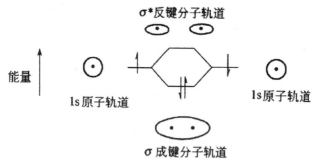

σ*反键分子轨道

能量

1s原子轨道　　　　　　　　1s原子轨道

σ 成键分子轨道

用分子轨道理论，人们很容易理解由于 H_2^+ 在其成键轨道仅有一个电子，所以 H_2^+ 没有 He_2 那样稳定。我们可以预测 He_2 不存在，因为 He_2 有四个电子，两个在低能量的成键轨道，另两个在高能量的反键轨道，后者将抵消前者的作用。

在 F_2 的共价键是由两个氟原子的 2p 原子轨道"头对头"重叠而成：

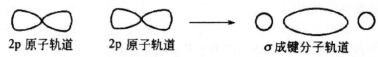

2p 原子轨道　　　2p 原子轨道　　　　　　　σ 成键分子轨道

由于2p原子轨道的体积远大于1s的原子轨道，所以2p原子轨道上的平均电子云密度低于1s原子轨道，因此当F_2的2p轨道重叠时，其所形成的成键分子轨道的平均电子云密度，比H_2的成键分子轨道小，因而电子不可能将静电相互排斥的核拉得特别近。因此，与H_2相比，F_2的键长较长、键能较小（F—F键长0.142nm，H—H键长0.074nm；F—F键能159kJ/mol，H—H键能435kJ/mol）。

s轨道相互重叠所形成的共价键，显香肠形，其截面为圆形，对长轴呈圆筒形对称，长轴在原子核的联结线上，这种形状的键轨道称为σ轨道，这个键称为σ键。

p轨道相互重叠有两种形式，一是"头对头"，类似上述F—F键，即形成σ键合。当两个p轨道同相，则形成成键分子轨道σ；若反相，则形成反键分子轨道σ*，成键分子轨道的电子云密度集中在两核间。因此，每个重叠轨道的后瓣变小，而反键分子轨道的电子云密度则是组合后在两核外，p轨道的电子云互为反相不重叠且瓣变小，核后瓣变大。二是"肩并肩"重叠形成π键，两个同相原子轨道肩并肩重叠形成π键成键分子轨道，而反相重叠形成π*反键分子轨道，在成键轨道上的最大电子云密度是在核间长轴的上下边。

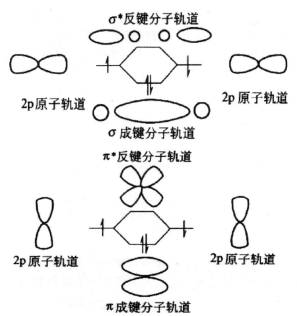

随着计算机技术的发展，分子轨道理论逐渐在有机化学理论中占据重要地位。然而对于习惯于通过考察分子中键的变化来思考化学反应的有机化学家而言，虽然分子轨道理论关于共价键中"价电子"是分布在整个分子中的离域的描述更为确切，但由于价键理论的价电子只处于形成的共价键原子间的定域描述比较直观形象，易于理解，目前仍得到广泛应用。由于价键理论不便于处理有明显离域现象的分子以及处于激发态的分子，所以本书将视情况分别选用价键理论或分子轨道理论以便给出最清晰的讨论。

第二节　酸碱理论

一、Bronsted酸碱理论和路易斯酸碱理论

被广泛应用的酸碱理论为 Bronsted 酸碱理论和路易斯酸碱理论。Bronsted 酸碱理论认为，酸是质子的给予体，碱是质子的接受体。按照路易斯酸碱理论，酸是电子对的接受体，碱是电子对的给予体。与 Bronsted 酸碱相比，路易斯酸碱的范围更广，几乎所有的离子型有机反应均可被看做路易斯酸和路易斯碱之间的作用。例如，在烯烃的亲电加成反应中，烯烃在成键时给出电子，所以是路易斯碱，亲电试剂在成键时接受电子，因而属于路易斯酸；在羰基化合物的亲核加成反应中，亲核试剂在成键时给出电子，属于路易斯碱，而羰基化合物在成键时接受电子，则是路易斯酸。

对于碱，常用其共轭酸的 pK_a 值来评价其碱性强弱。同一分子既可以是酸，也可以是碱，如水分子，它不仅能提供质子，还能接受质子。如果我们用水作标准来评价酸碱性，如下所示，碱（B^-）、水（H_2O）、共轭酸（HB）和共轭碱（OH^-）之间存在一定的平衡，由此平衡可以得出平衡常数（K_a）和 pK_a 值。

$$OH^- + HB \underset{k_{-1}}{\overset{k_1}{\rightleftharpoons}} B^- + H_2O$$

$$K_a = \frac{k_1}{k_{-1}} = \frac{[B^-][H_2O]}{[OH^-][HB]}$$

$$pK_a = -\lg K_a$$

平衡常数越大，pK_a 值越小，表明共轭酸的酸性越强，碱的碱性越弱。常见碱的共轭酸的 pK_a 值见表 2-2，表中由左至右碱性增强。

表2-2　常见碱的共轭酸的pK_a值

碱	I⁻	Cl⁻	H₂O	Ac⁻	RS⁻	⁻CN	RO⁻	⁻NH₂	⁻CH₃
共轭键	HI	HCl	H₃O⁺	AcOH	RSH	HCN	ROH	NH₃	CH₄
共轭酸的pK_a	−9	−7	−1.7	4.8	8	9.1	16	33	48

一般来说，物质的酸碱性强弱取决于其给出或接受质子能力的大小及其共轭碱或共轭酸的稳定性等。影响物质酸碱性强弱的因素主要包括以下六方面。

（一）元素的电负性

元素的电负性越大，意味着原子核对核外电子的束缚程度越大，所以接受质子的能力越弱，相反给出质子的能力越强。在周期表中，同一周期从左到右不同元素随电负性的增大，酸性增强，碱性减弱。例如，甲烷、氨、水和氢氟酸的酸性强弱顺序为：$CH_4<NH_3<H_2O<HF$，而其共轭碱的碱性强弱顺序为：$^-CH_3>^-NH_2>OH^->F^-$。周期表中同一族元素从上到下随电负性的减小，酸性减弱，碱性增强。例如，在气相或惰性溶剂中，HX的酸性强弱顺序为：$HF>HCl>HBr>HI$，X的碱性强弱顺序为：$F^-<Cl^-<Br^-<I^-$（在水溶液中由于溶剂化作用则顺序正好相反）。

（二）原子杂化轨道类型

物质提供或接受质子的能力与其提供电子对原子的杂化轨道类型相关。通常情况下，s轨道成分越多，酸性越强，碱性越弱。例如，乙炔、乙烯和乙烷随碳原子杂化轨道中s轨道成分的减少，酸性依次减弱：

$$HC{\equiv}CH>H_2C{=}CH_2>H_3C{-}CH_3$$
$$pK_a \qquad 25 \qquad\quad 44 \qquad\quad 50$$

其共轭碱的碱性则依次增强：

$$HC{\equiv}\bar{C}<H_2C{=}\bar{C}H<H_3C{-}\bar{C}H_3$$

因此，常用容易制备的乙基格氏试剂通过交换反应来制备端基炔格氏试剂：

$$R{=\!=\!=}H + CH_3CH_2MgBr \longrightarrow R{=\!=\!=}MgBr + CH_3CH_3$$

较强酸　　　较强碱　　　　　　　　较弱碱　　　　　较弱酸

醛和酮获得质子的能力要比醇和醚弱，前者中的羰基氧原子采取 sp^2 杂化，s轨道成分较多，而醇和醚的氧原子为 sp^3 杂化，s轨道成分较少。

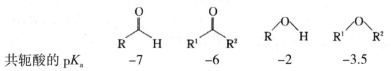

共轭酸的 pK_a　　　　　−7　　　　　−6　　　　　−2　　　　−3.5

（三）电子效应

电子效应是影响物质碱性强弱的重要因素。通常情况下，当接受质子的原子是同一元素时，带负电荷物种的碱性比电中性物种的碱性强，而且电子云密度越大，碱性越强，如：$^-OH>H_2O$，$^-NH_2>NH_3$；$CH_3O^->$ $^-OH>PhO^->CH_3COO^->TsO^-$。

在脂肪胺中，烷基是具有给电子诱导效应（+I）的基团，氮原子上所连的烷基能使氮原子的电子云密度增大，有利于结合质子，也有利于稳定其共轭酸（即铵正离子的正电荷得到分散而稳定），故脂肪胺的碱性比氨强。烷基越多，给电子作用越强，脂肪胺的碱性就越强。因此，在气相中测定的乙胺、二乙胺、三乙胺和氨的碱性强弱次序为（C_2H_5）$_3N>$（C_2H_5）$_2NH>C_2H_5NH_2>NH_3$。

诱导效应也能够影响物质的酸性，吸电子诱导效应（–I）越强，越有利于稳定共轭碱，故酸性越强。例如，具有吸电子诱导效应的甲氧基取代在苯甲酸的间位时，吸电子诱导效应导致间甲氧基苯甲酸的酸性（pK_a=5.55）比苯甲酸（pK_a=5.67）强。但对甲氧基苯甲酸（pK_a=6.02）的酸性比苯甲酸弱，这是因为对位甲氧基具有强的给电子共轭效应（+C），而对位甲氧基的吸电子诱导效应影响较小。

| pK_a | 5.67 | 5.55 | 6.02 |

羰基化合物的 α–H 具有较强的酸性（$pK_a \approx 19$），这是由于羰基的吸电子共轭效应（–C）稳定了共轭碱（α–H 解离之后的碳负离子可共振为较稳定的烯醇负离子）。

$pK_a \approx 19$

与两个羰基相连的亚甲基的酸性更强。例如，丙二醛（pK_a=5）、2,4–戊二酮（pK_a=9）、乙酰乙酸乙酯（pK_a=11）和丙二酸二乙酯（pK_a=13）的酸性均比醇强，其中丙二醛的酸性接近羧酸。

pK_a 5   9   11   13

除羰基外，具有强的吸电子共轭效应的硝基、氰基等均具有活化 α—H 的作用，如硝基烷烃（RCH_2NO_2）和腈（RCH_2CN）的pK_a分别为10和25。

共轭效应对碱性的影响也是显著的。与苄胺（共轭酸的 pK_a=9.34）相比，苯胺（共轭酸的 pK_a=4.60）的碱性要弱得多。这是因为苯胺分子中氮原子上的孤对电子与苯环发生共振，将电子推向苯环一端，从而降低了氮原子接受质子的能力。实际上苯胺氮原子介于 sp^2 杂化和 sp^3 杂化之间。间硝基苯胺（共轭酸的 pK_a=2.47）则由于硝基强的吸电子诱导效应，降低了氨基氮原子接受质子的能力，故碱性弱于苯胺。对硝基苯胺则由于硝基强的吸电子共轭效应而碱性进一步减弱（共轭酸的 pK_a=1.00）。当硝基处于苯胺的邻位时，强的吸电子诱导作用和强的吸电子共轭效应同时作用，导致碱性降至最弱（共轭酸的 pK_a=0.26）。

共轭酸的 pK_a 4.60   2.47   1.00   −0.26

杂原子的孤对电子若参与形成芳环的共轭体系，则其接受质子的能力大为降低。例如，吡咯的碱性极弱（共轭酸的 pK_a=−4.4），这是因为吡咯氮原子上的孤对电子参与共轭，形成了 6π 芳环体系。因此，要使吡咯质子化需要很强的酸，并且是发生在 2 位碳原子上，而不是氮原子上。吲哚与吡咯相似，碱性也很弱（共轭酸的 pK_a=−3.63），质子化发生在 3 位碳原子上。

pK_a=−4.11

pK_a=−3.63

在吡啶（共轭酸的 pK_a=5.23）和喹啉（共轭酸的 pK_a=4.94）分子中，氮原子上的孤对电子未参与共轭，而是完全裸露的，故接受质子的能力较苯胺强，但比一般的脂肪胺弱。

共轭酸的 pK_a 5.23   4.94   5.40

对于一个酸，若给出质子后所形成的共轭碱因共轭效应而特别稳定，则酸性增强。例如，无芳香性的环戊二烯失去质子后形成环戊二烯负离子，后者具有芳香性，比较稳定，故环戊二烯的酸性（pK_a=16）比丙烯（pK_a=43）强得多，与醇相似。

pK_a=16

（四）氢键的影响

当氢键的形成有利于稳定共轭碱时，则物质的酸性增强。例如，与间羟基苯甲酸（pK_a=4.08）和对羟基苯甲酸（pK_a=4.57）相比，邻羟基苯甲酸的酸性特别强（pK_a=2.98），这是因为后者的共轭碱能够形成分子内氢键而稳定。

pK_a 4.57   4.08   2.98

（五）立体效应

物质碱性的强弱还受到立体效应的影响。例如，1,8-二（-乙基氨基）-2,7-二甲氧基萘是一个很强的碱（共轭酸的 pK_a=16.3），碱性比 N，N-二甲基苯胺（共轭酸的 pK_a=5.1）强得多，被称为"质子海绵"。在 1,8-二（-乙基氨基）-2,7-二甲氧基萘分子中，由于4个乙基的立体位阻，两个氮原子上的孤对电子被迫靠近，导致整个分子是高度张力的。接受一个质子后，形成的共轭酸比较稳定，因为其张力得到缓解（一个孤对电子与质子结合形成共价键，并与另一氮原子上的孤对电子形成氢键）。

$$pK_a = 16.3$$

$$pK_a = 5.1$$

（六）溶剂效应

在气相或非质子溶剂（如苯、氯苯等）中测定胺的碱性时，溶剂效应甚微，可以忽略。NH_3、RNH_2、R_2NH、R_3N 的碱性依次增强。但在水溶液中测定时，碱性强弱次序变为 $(C_2H_5)_2NH > (C_2H_5)_3N > C_2H_5NH_2 > NH_3$；$(C_4H_9)_2NH > C_4H_9NH_2 > (C_4H_9)_3N$。即随着烷基数目的增加，碱性反而减弱，这说明溶剂对胺的碱性有一定影响。

在水溶液中，水分子能够与胺的共轭酸（即铵离子）形成氢键，氢键的形成使共轭酸更加稳定，从而碱性增强。乙胺的铵离子中有3个氢原子可参与形成氢键，溶剂化作用较强，从而碱性增强；二乙胺和三乙胺的铵离子中分别有2个和1个氢原子可与水分子形成氢键，溶剂化作用较弱，故碱性减弱。

溶剂化作用稳定了胺的共轭酸，从而增强了它的碱性。因此，随着所形成氢键数目的增多，三乙胺、二乙胺、乙胺和氨水溶液的碱性依次增强，这与它们在气相中的碱性强弱次序正好相反。

因此，烷基给电子能力对碱性的影响与水的溶剂化作用的影响是不一致的，这是两种因素共同作用的结果，得到了在水溶液中碱性顺序为 $(C_2H_5)_2NH$（共轭酸的 $pK_a = 10.94$）$> (C_2H_5)_3N$（共轭酸的 $pK_a = 10.75$）$> C_2H_5NH_2$（共轭酸的 $pK_a = 10.64$）$> NH_3$（共轭酸的 $pK_a = 9.24$）的事实。

二、软硬酸碱理论

20世纪60年代，Pearson 提出了软硬酸碱理论。

软硬酸碱理论将酸和碱分别分为"硬"和"软"两类。"硬"是指那些具有较高电荷密度、较小半径的粒子（离子、原子、分子），即电荷密度与粒子半径的比值较大。"软"是指那些具有较低电荷密度、较大半径的粒子。"硬"粒子的极化性较低，但极性较大；"软"粒子的极化性较高，但极性较小。

硬酸和硬碱具有小尺寸、高价态、低极化、大的电负性等特性。硬碱比软碱具有较低的HOMO轨道能级，硬酸则比软酸具有较高的LUMO轨道能级。硬酸一般是对外层电子吸引力强的路易斯酸，如H^+，Li^+，Na^+，K^+等；硬碱则是对外层电子吸引力强的路易斯碱，如F^-，Cl^-，RO^-，NH_3等。

软酸和软碱具有大尺寸、低价态、高极化、小的电负性等特性。软碱比硬碱具有较高的HOMO轨道能级，软酸比硬酸具有较低的LUMO轨道能级。软酸一般是对外层电子吸引力弱的路易斯酸，如Cu^+，Ag^+，Au^+，Br_2，I_2等；软碱则是对外层电子吸引力弱的路易斯碱，如I^-，RS^-，烯烃，芳烃等。

一些常见的软硬酸碱见表2-3。

表2-3　一些常见的软硬酸碱

硬酸	软酸	硬碱	软碱
H^+	CH_3Hg^+，Hg^{2+}	H_2O，^-OH	H^-
Li^+，Na^+，K^+	Pt^{2+}	RO^-，ROH，R_2O	RS^-，RSH，R_2S
Ti^{4+}	Cu^+，Ag^+，Au^+		I^-
Cr^{3+}，Cr^{4+}	Cd^{2+}	F^-，Cl^-	PR_3
BF_3	BH_3	AcO^-	SCN^-
R_3C^+	$Br_2.I_3$	CO_3^{2-}	CO
	Pd^{2+}	RNH_2，NH_3，N_2H_4	烯烃，芳烃

对于化学反应的规律，软硬酸碱理论认为，软酸优先与软碱结合，即"软亲软"，硬酸优先与硬碱结合，即"硬亲硬"。通过"硬亲硬，软亲软"所生成的化合物较稳定。

第三节　有机反应研究对策

一、反应进程图

有机反应过程中，有机化合物或物种发生能量的变化，描述这种能量变化通常用反应进程图。以一步放能反应为例，横坐标表示反应进程，纵坐标表示能量。图中左边为反应物的能量，右边为产物的能量，由反应物转变成产物需要克服一个能垒，称为活化能，用$\Delta E^{\neq}$年表示。处于能量最高点是反应的过渡态，反应物和产物的能量差是反应所放出的能，如图2-8所示，产物的能量低于反应物的能量，反应是放能反应，放出的能量为ΔE。

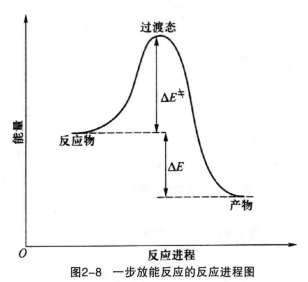

图2-8　一步放能反应的反应进程图

　　反应过程涉及共价键的断裂和形成，并经过一个过渡态。在过渡态的结构中，旧的共价键还没有完全断裂，新的共价键还没有完全形成，其能量要比反应物的高，这就是活化能。因此，为了使反应能够有效进行，必须提供一定的能量克服活化能。

　　在多步反应中，涉及反应中间体。中间体具有一定的寿命，较稳定的中间体能被分离，活泼中间体则可以用试剂进行捕获。图2-9是两步放能反应的反应进程图，所示反应有两个过渡态和一个中间体，反应物到中间体需要克服第一个活化能$\Delta E^{\neq}$，从中间体到产物需要克服第二个活化能$\Delta E^{\neq}$，反应的活化能为反应物能量和最高能量的差值（$\Delta E^{\neq}$），产物比反应物稳定，反应为放能反应，放出的能量为ΔE。

　　第一步过程是可逆的，中间体回到反应物需要克服的能量比中间体转变成产物需要克服的能量小，但产物比反应物稳定。因此，中间体回到反应物是动力学控制，而转变成产物是热力学控制。反应温度低有利于动力学控制过程，即回到反应物；反应温度高有利于热力学控制过程，即生成产物。

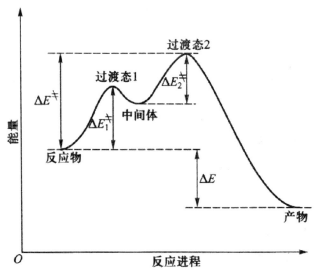

图2-9 两步放能反应的反应进程图

二、有机反应速率和反应动力学

研究反应速率是研究反应机理的重要手段之一。有些反应非常快，有些反应非常慢，太快或太慢的反应都不适合用于反应速率的研究。改变反应的条件，如调节反应的温度、改变溶剂的极性、改变反应物的浓度等，可以使快的反应变慢、慢的反应变快，最终使反应速率落在可控制、可研究的范围内。利用改变反应物浓度来研究反应速率，也称为反应动力学研究。

反应速率和单位时间内反应物分子的碰撞次数、能量有效的碰撞概率（有足够能量越过过渡态的能量）和空间有效的碰撞概率（空间上有利于旧键的断裂和新键形成）成正比。

$$反应速率 = \begin{matrix}单位时间内\\反应物分子的\\碰撞次数\end{matrix} \times \begin{matrix}能量有效的\\碰撞概率\end{matrix} \times \begin{matrix}空间有效的\\碰撞概率\end{matrix}$$

反应物碰撞次数和反应物的浓度成正比，由此，一个 $n\text{X}+m\text{Y}$ 的反应，其反应速率方程式可以简化为

$$r = k\,[\text{X}]^{n}[\text{Y}]^{m}$$

式中，r 为反应速率；k 为反应速率常数；[X]、[Y]分别为两个反应物的浓度；n、m 分别为参与反应的X，Y的份数，（$n+m$）为反应级数。

有机反应可以是一步或多步完成，如果是一步完成，反应的决速步骤就应该是这一步；如果是多步完成，所有步骤中反应速率最慢的一步，即多步反应的瓶颈，是这一多步反应的决速步骤。反应级数代表化合物或物种参与决速步骤的份数。

以一个狄尔斯－阿尔德环加成反应为例：

$$r = kc_{丁二烯}c_{乙烯}$$

反应速率不仅和丁二烯浓度成正比，而且和乙烯浓度成正比，丁二烯和乙烯的浓度指数各为 1，因此，该反应为二级反应动力学。

反应速率常数与分子间的有效碰撞、活化能及温度相关：

$$k = Ae^{-\frac{\Delta E^*}{RT}}$$

式中，A 为概率因子。

反应速率常数 k 和活化能 ΔE 和温度 T 成指数关系，所以活化能、温度的微小改变都将对反应速率产生较大的影响。活化能低、温度高，反应速率快。

三、动力学同位素效应

考察一个反应的决速步骤是哪一步，决速步骤由多少个化合物或物种参与到过渡态的形成，即反应是几级反应动力学，用同位素标记是一种有效的研究方法。最常用的同位素是氘（D），将分子中的 C—H 键换成 C—D 键，然后分别测定反应速率，得到 k_H 和 k_D。由于 C—H 键的断裂要比 C—D 键的断裂容易，当 k_H/k_D 的值是 1 时，可以认为 C—H 键的断裂不包括在反应的决速步骤中；当 k_H/k_D 的值大于 1 时，可以认为 C—H 键的断裂存在于反应的决速步骤中，有动力学同位素效应（kinetic isotope effect，KIE）。

$$KIE = k_H / k_D$$

以甲苯自由基溴代反应为例。苄位氘代的甲苯可以由苄氯和锌粉在氘代醋酸中反应制得，用于甲苯溴代反应的动力学同位素效应研究。它和N-溴代丁二酰亚胺（NBS）反应得到两种化合物，即苄位氘代苄溴和苄溴。

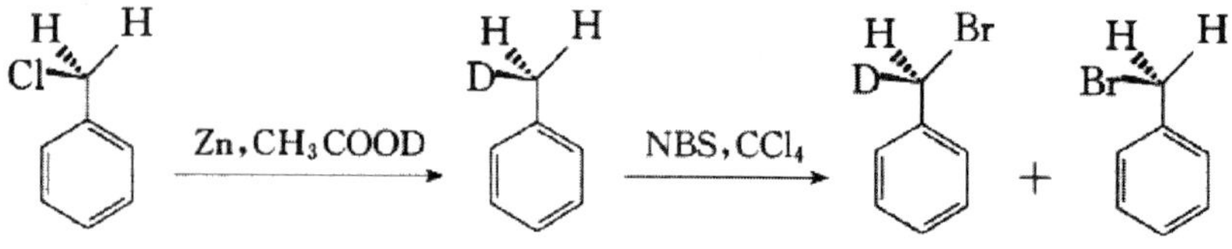

（±）

77℃时：k_H/k_D=4.86

　　苄位氘代苄溴的生成涉及 C—H 键的断裂，反应速率常数为 k_H；苄溴的生成涉及 C—D 键的断裂，反应速率常数为 k_D。在 77℃条件下，k_H/k_D 的值为 4.86，说明反应的决速步骤中涉及 C—H 键的断裂。目前普遍接受的甲苯自由基溴代反应机理示意如下，这是一个多步反应，包括自由基引发、链的增长和链的终止。其中，溴自由基与甲苯反应生成苄基自由基和溴化氢是反应的决速步骤。

　　自由基引发：

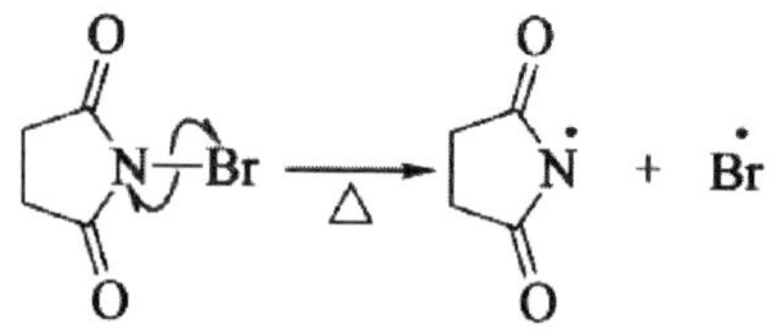

NBS

　　链的增长：

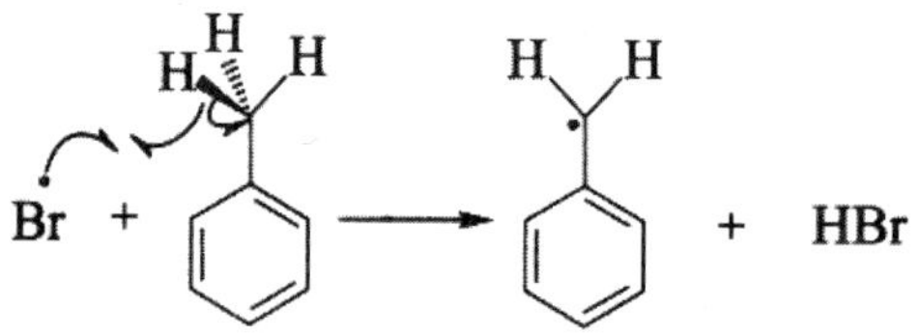

（反应的决速步骤）

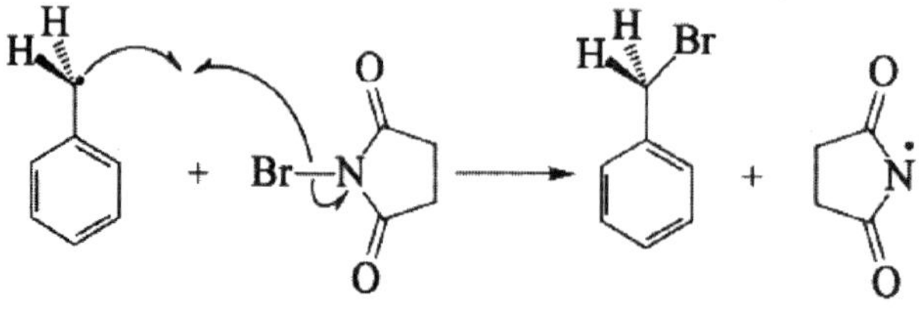

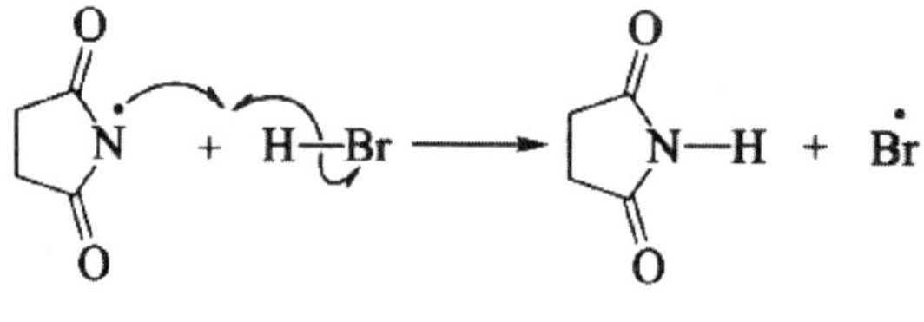

链的终止：

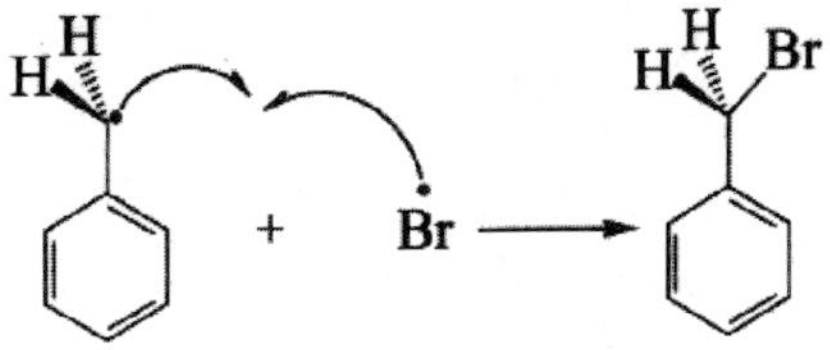

四、中间体的检测与捕获

很多有机反应多步完成，经过多个中间体和过渡态，中间体具有一定的寿命，处于反应进程图中的波谷，而过渡态没有寿命，处于反应进程图中的波峰。活泼中间体除了常见的四种，即碳正离子、碳负离子、碳自由基和卡宾，还有乃春、苯炔、类卡宾等。它们的特点是，相对于反应物和原料，它们的浓度比较低，并且它们大部分不符合八隅体规则，非常活泼，这些特征使中间体结构的确定非常困难。但中间体有一定的寿命，这就给中间体结构的确认带来机会。

确认中间体结构通常用两种方法：一种是在线确认，即用波谱的方法进行确认；另一种是外加试剂捕获活泼中间体并分离鉴定，或分离鉴定较稳定中间体并使用它完成后续的反应。例如，George.A.Olah（1994年诺贝尔化学奖得主）曾用超酸捕获碳正离子，不仅给碳正离子更长的寿命，而且用核磁共振直接观察到碳正离子的存在，下面的桥环碳正离子（A）就是他通过不同方法用超酸捕获得到的[1]。

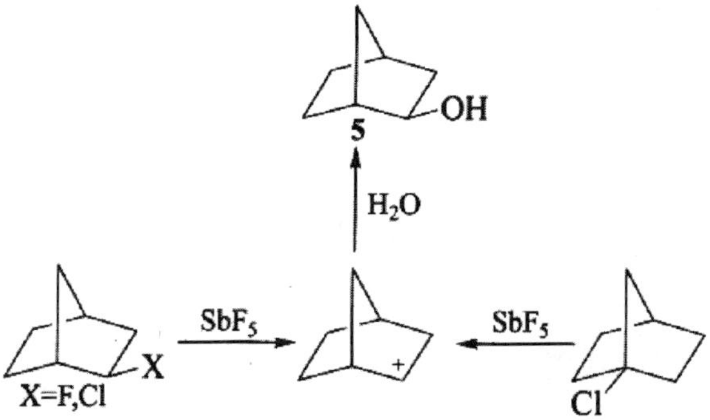

---

[1] Schleyer P R, Watts W E, Fort R C, et al. J Am Chem Soc, 1964, 86: 5679-5680.

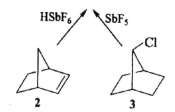

不论从化合物1，还是化合物2、3或4，加入超强酸（如超强路易斯酸 SbF_5—SO_2 或超强质子酸 $HSbF_6$），用核磁共振观察，氢谱中原有的峰均消失，产生一个新的峰，化学位移为3.1，如果将溶液冷却到-60℃，都变成三个峰，化学位移分别为5.35、3.15和2.20，其峰面积之比为4：1：6。Olah对机理的解释是所有反应物经过重排均产生一个相同的碳正离子A，A可以发生Wagner-Meerwein重排生成B，也可以发生6,2-氢迁移生成C，这两个过程均为快速过程，3,2-氢迁移生成D的过程是慢的，由于A、B和C之间的快速转化导致1、2、6位等同，3、5、7位等同，反映在氢谱上的峰面积之比为4：1：6。当温度升高时，慢过程也能进行，1~7位全部等同，反映在氢谱E为单蜂。

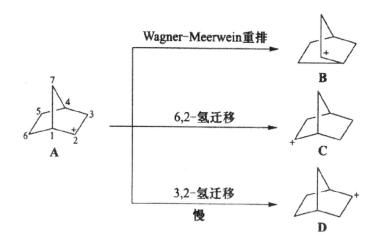

五、反应的选择性

反应选择性可以有三类：化学选择性、区域选择性和立体选择性。化学选择性指的是试剂对底物中官能团的选择性。例如，在 $NaBH_4$ 作用下羰基比酯基先还原：

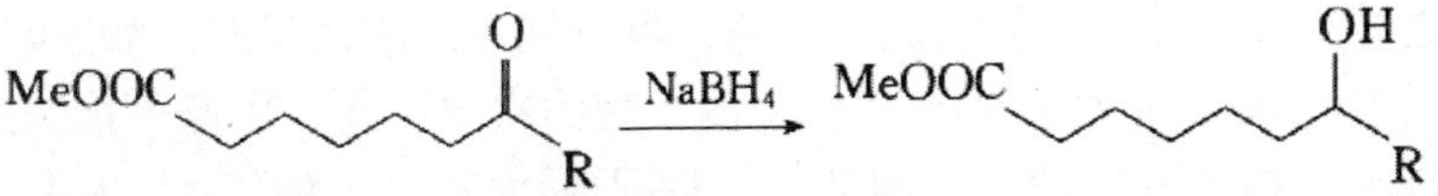

区域选择性指的是反应生成两种或两种以上构造异构体，其中一种为主要产物，其他的为副产物。例如，不对称烯烃加卤化氢：

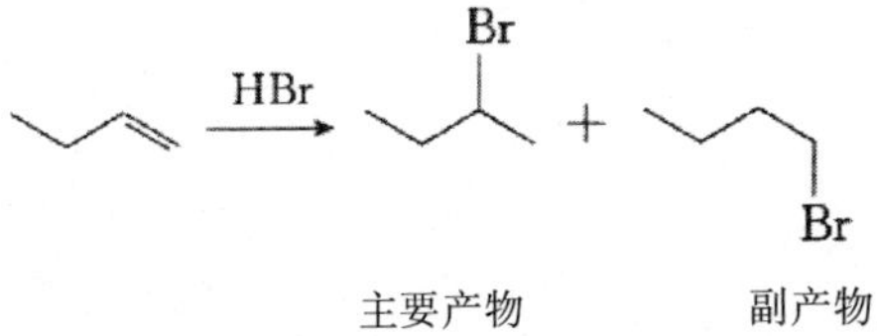

主要产物　　　　　　副产物

立体选择性指的是反应生成两种或两种以上立体异构体，其中以一种立体异构体为主，有非对映选择性和对映选择性两种。例如，反式-2-丁烯加溴，生成的主要产物为内消旋化合物，与另两种副产物为非对映异构关系，因此该立体选择性为非对映选择性，用非对映体过量值（diastereomer excess，*de*）来表示非对映选择性的高低。

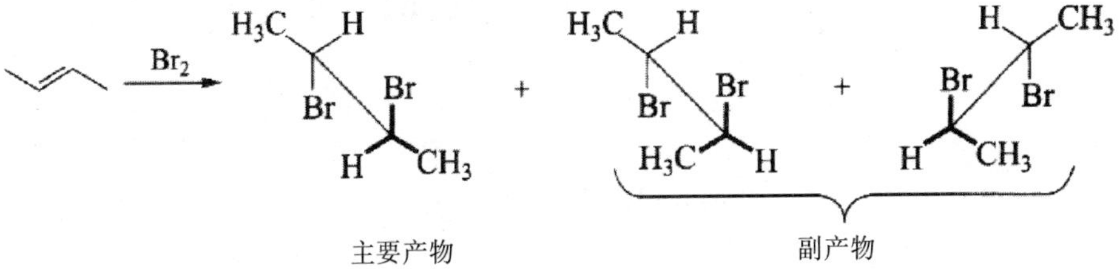

主要产物　　　　　　　　　　　副产物

$$de = \frac{主要非对映体量 - 次要主要非对映体量}{主要非对映体量 + 次要主要非对映体量} \times 100\%$$

烯丙醇环氧化可得到两种产物，氧从双键平面的上方或下方进行环氧化，两种产物互为对映异构体。Sharpless 在不对称催化领域的一个重要贡献就是利用配体酒石酸的手性，控制产物的对映选择性，得到一种对映异构体为主的产物，该立体选择性为对映选择性，用对映体过量值（enantiomer excess，*ee*）来表示对映选择性的高低。

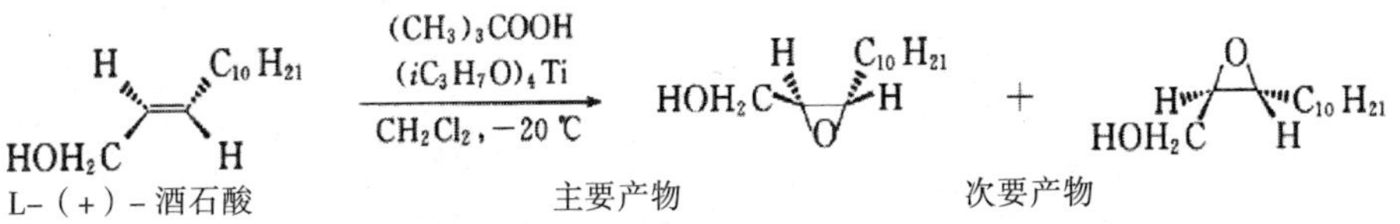

L-（+）-酒石酸　　　　　　　主要产物　　　　　　次要产物

$$ee = \frac{主要对映体量 - 次要主要对映体量}{主要对映体量 + 次要主要对映体量} \times 100\%$$

　　通过测定各种产物的组成和含量，可以推断反应的机理。如 1- 丁烯加溴化氢，2- 溴丁烷为主要产物，1- 溴丁烷为次要产物，由此可推断这个反应经过碳正离子的机理。原因如下：1- 丁烯为富电子性体系，π 电子夺质子时有两种可能性，生成碳正离子 A 和 B，由于 A 比 B 稳定，经过 A 的概率要比 B 大得多，最后生成以 2- 溴丁烷为主的产物。碳正离子机理与实验结果相吻合。

第三章
反应机理解析的理论基础

化学反应过程是电子的有序运动或有序转移过程，它必然遵循电子运动的一般规律。富电体亲核试剂与缺电体亲电试剂的相互吸引、接近、成键是极性反应最本质的特征。也正因为如此，反应机理解析过程不能离开电子有序转移这个主题，机理解析过程必须始终基于如下理论基础。

第一节　元素电负性与基团电负性

在两个元素间形成的共价键上，成键的一对电子是否偏移取决于两元素间电负性的相对大小。毫无疑问，独对电子偏移于电负性较大的元素一方。常见元素的电负性见表 3-1。

表3-1　常见元素的电负性

H 2.20						
Li 0.98	Be 1.57	B 2.04	C 2.55	N 3.04	O 3.44	F 3.98
Na 0.93	Mg 1.31	Al 1.61	Si 1.90	P 2.19	S 2.58	Cl 3.16
K 0.80	Ca 1.00					Br 2.96
						I 2.66

然而对于结构复杂的有机分子，元素的电负性会受到与其成键的其他元素的影响，这些影响往往是通过诱导效应、共轭效应来实现的，因此元素的电负性已经不能描述两元素间共价键的偏移方向与偏移程度了，化学家们不得不关注于基团电负性的概念。

在结构复杂的有机分子中，受各基团诱导效应、共轭效应等因素的综合影响，元素的电负性会发生很大变化。一般规律为：与吸电基成键的元素其电负性增大，而与供电基成键的元素其电负性减小。例如，中心元素同为碳原子的基团，其电负性不同（—CF_3 3.64，—CH_3 2.63）。而中心元素同为氮原子的基团，其电负性也不同（—NO_2 3.49，NH_2 2.78）。因此，基团电负性较元素电负性更能准确描述其吸引电子的能力。常见的基团电负性由表 3-2 给出。

表3-2　常见的基团电负性

基团	电负性	基团	电负性	基团	电负性	基团	电负性
—CF$_3$	3.64	—COOH	3.12	—OCH$_3$	2.81	—C$_2$H$_5$	2.64
—NO$_2$	3.49	—OH	3.08	—NH$_2$	2.78	—CH$_3$	2.63
—NO	3.42	—CN	2.96	—SH	2.77		
—CCl$_3$	3.28	—CHO	2.96	—OPh	2.75		
—NCO	3.18	—OCOCH$_3$	2.91	—Ph	2.67		

　　容易理解：在两个基团间形成的共价键上，成键的一对电子将向基团电负性较大的元素方向偏移，这是由电负性均衡原理决定的。

　　基团电负性的概念十分重要，它决定了共价键上电子对的偏移方向，这为判断极性反应三要素提供了理论根据。由于离去基是带着一对电子离去的，其基团电负性必然大于与其成键的亲电试剂，至少在离去基离去的瞬间是如此。此外，亲电试剂之所以成为缺电体，也与离去基的电负性相对较强直接相关。

　　[例1] 硫酸二甲酯容易水解的原因。

　　硫酸二甲酯之所以容易水解，是由于碳氧键上独对电子显著偏向于硫酸根上氧原子一方，此时，甲基碳原子成了缺电体——亲电试剂，而硫酸根是较强的离去基，当存在亲核试剂——水时，极性反应的三要素均已具备，反应容易发生。

　　由此可见，运用基团电负性的概念容易辨别碳—氧 σ 键上独对电子的偏移方向。

　　影响基团电负性的因素较多，如诱导效应、共轭效应等。而影响基团电负性最显著的因素当属基团中心元素所带的电荷。

　　例如，氨基的电负性（2.78）远远小于硝基的电负性（3.49），而得到质子的氨基正离子的电负性却大于硝基，由此可见，中心元素所带电荷对其电负性的影响极其显著。

一、负离子的电负性显著减小

　　所有与氢原子成键的元素带着一对电子从氢原子上离去生成负离子后，其电负性都十分显著地下降了。

　　一个最简单的例子，烧碱负离子的结构是氧负离子与氢原子之间成共价键的，此结构上的氢原子已经不是缺电体——亲电试剂了，不能再与亲核试剂结合。这是由于氧负离子的电负性并不比氢原子更强。所有带有负电荷的基因，均不属于离去基。

[例2] Ciamician-Dennsted重排反应：

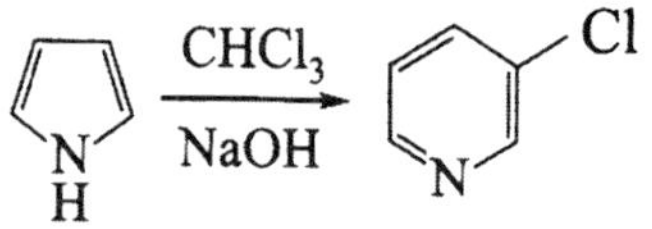

氯仿上的氢原子为缺电体——亲电试剂，在与碱成键的同时三氯甲基带着一对电子离去了；离去的三氯甲基上的碳负离子电负性显著降低，因而吸引共价键上独对电子的能力下降，因此与其相连的氯原子便容易带着一对电子离去而产生二氯卡宾：

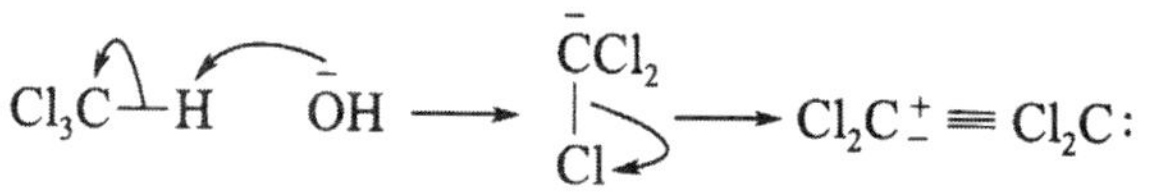

碱性条件下氯仿能与吡咯发生扩环反应而生成间氯吡啶。

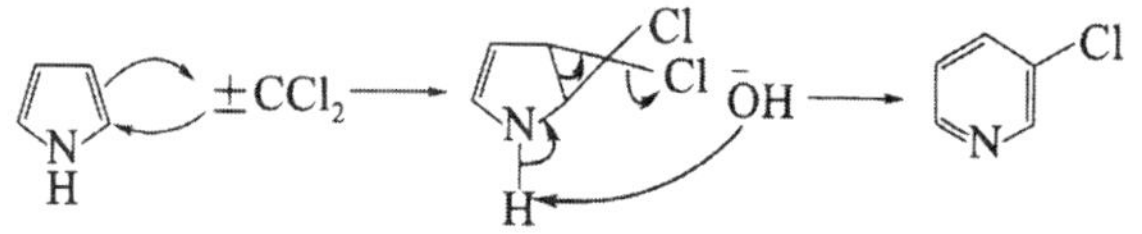

由于基团电负性与其所带电荷的关系所决定，二氯卡宾之所以容易生成，是由于中心元素上带有负电荷后其电负性显著下降。这是负离子的电负性显著下降这一结论最典型的实例和最有力的证明。

类似上述这种生成卡宾的反应，即离去基从带有负电荷的原子上离去的例子非常多，极其普遍，属于负离子最具代表性的性质之一。

[例3] Arndt-Eistert同系化反应：

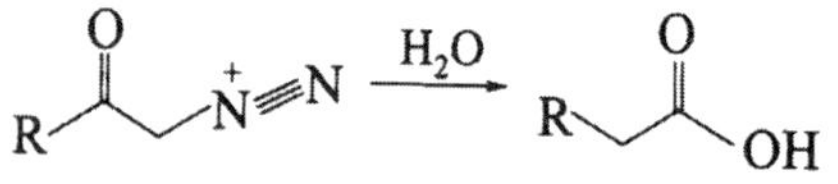

反应机理为：

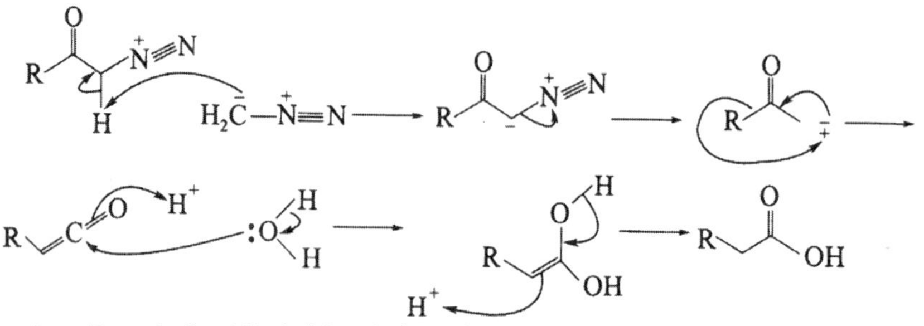

这又是一个典型的实例，它们所揭示的是同一个原理，就是中心碳负离子与强电负性的离去基之间的共价键是不稳定的而容易异裂。按照这个

原理举一反三，我们可以认识和解决诸多实际问题。

[例4] Wittig反应所用的叶立德试剂是不稳定的。

Wittig 反应所用的磷叶立德试剂是这样制备的。

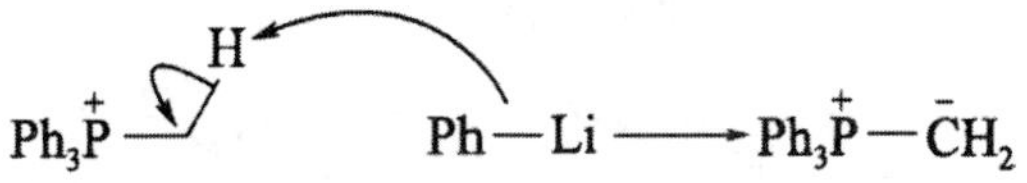

磷叶立德试剂的制备与应用必须在低温条件下进行，否则磷叶立德试剂容易分解成卡宾。

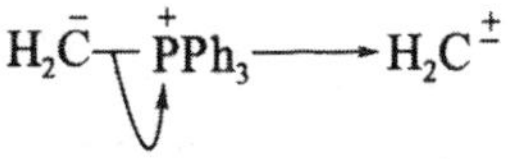

而由于卡宾结构上既带有正电荷又带有负电荷，既是极强的亲核试剂又是极强的亲电试剂，容易导致更多、更复杂的副反应发生。

容易理解：如果生成的带有单位负电荷的中心元素与共轭体系相连，则此负电荷与共轭体系之间的共振就不可避免，在其共振位置上也能产生单位负电荷。若在该负离子上存在着离去基，则该离去基也容易离去，只不过该位置的离去活性有所减弱而已。笔者直接发现的芳烃上的卤素重排反应就属此类。

[例5] 有一液晶材料中间体2-氟-4-溴苯酚在后续的醚化反应过程中有重排副产物生成：

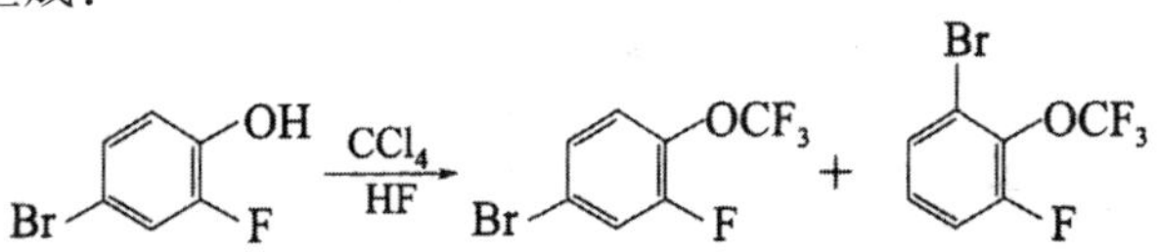

重排反应的机理解析如下：

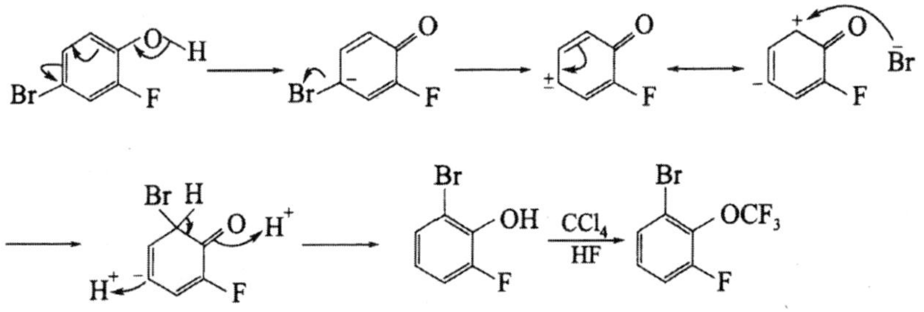

由此证明：处于负离子共振位置上的离去基也容易离去。因此，苯酚、苯胺的邻对位上若存在活性较强的离去基，则该产物一定不如间位异构体那样稳定。

[例6]与[例5]类似，另一液晶材料的中间体3-氟-4-碘苯酚也同样容易重排：

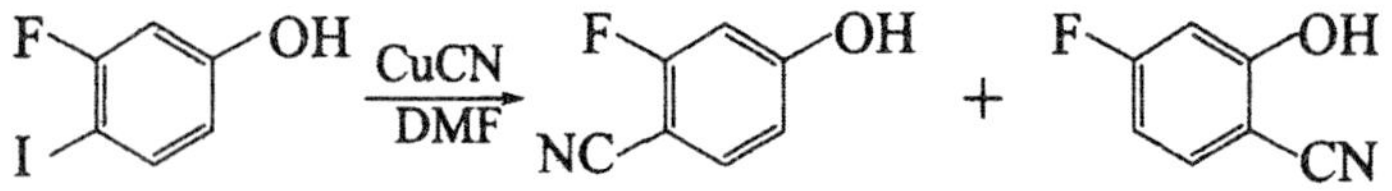

重排反应是按下述反应机理进行的：

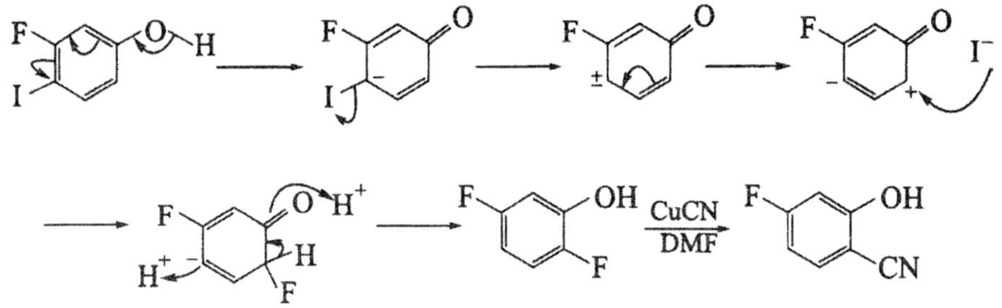

由前述两例容易发现，只要元素上带有负电荷，其电负性就远远低于原有元素，该负离子上的离去基就容易离去。

容易推论，如果上述两例中的离去基处于羟基或氨基的间位，则重排反应可能不会发生。

二、正离子的电负性显著增大

与中心元素带有负电荷相反，若在基团的中心元素上带有正电荷，则其电负性将显著增强，其对于共价键上电子的引力增加，共用电子对将向带正电荷的元素方向偏移。而带有正电荷的中心元素又分为两种情况。

（一）路易斯酸型正离子

路易斯酸型正离子就是带有空轨道的正离子，其中最典型的就是碳正离子，它的电负性远远大于烷基碳原子，具有极强的电负性即吸电子能力。由于其最外层电子总数为 6 而呈不饱和状态，存在着一个缺电的空轨道，容易吸引并接受一对电子进入而成键，故它是极强的亲电试剂，几乎能与所有带有独对电子的亲核试剂成键。它不仅容易与一般的亲核试剂成键，对于分子内邻位的 σ 键上的独对电子，它也具有极强的吸引力，与其成键而发生缺电子重排反应、消除反应、卡宾重排反应等。

[例7] Pinacol 重排是二醇在酸的催化作用下，脱水后烷基迁移生成酮的反应：

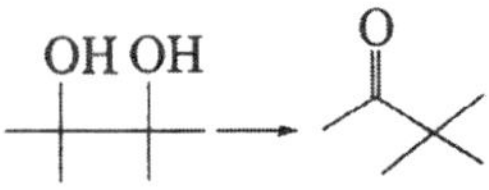

上述反应就是典型的缺电子重排反应机理，是碳正离子对于邻位 σ 键

的吸引成键：

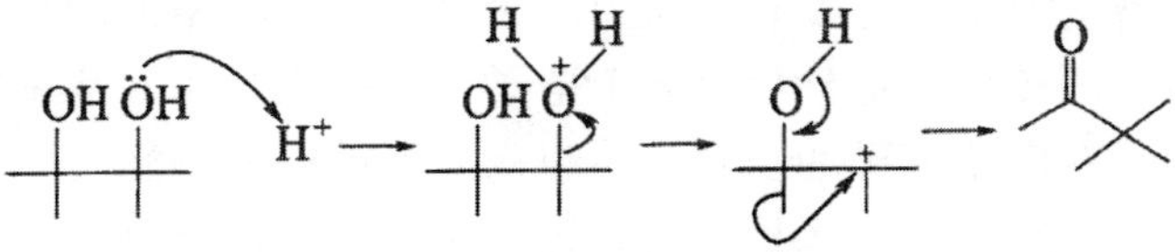

从上例可见：碳正离子的亲电活性是如此之强，以至于能够将本不属于亲核试剂的碳 – 碳 σ 键转化成了亲核试剂。

容易理解：作为活性中间体的碳正离子与邻位的 α – 位碳 – 氢 σ 键成键，发生消除反应也是必然，只不过生成的烯烃能重新与质子成键而又返回到中间体碳正离子状态。

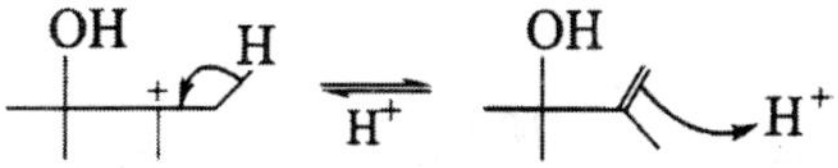

[例8] Wagner–Meerwein反应过程能同时发生重排反应与β–消除反应，它是通过碳正离子中间体实现的：

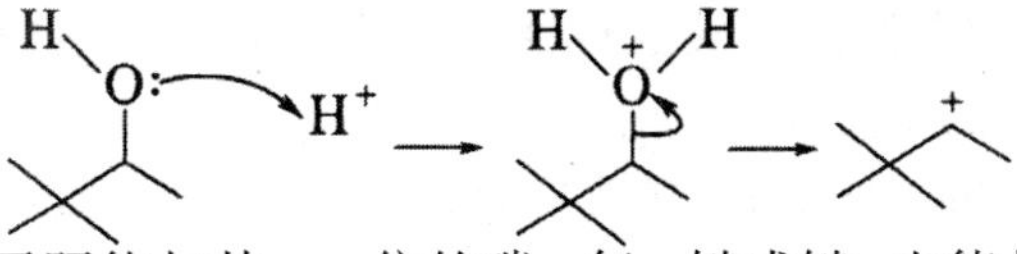

这种碳正离子既能与其 α – 位的碳 – 氢 σ 键成键，也能与其 α – 位的碳 – 碳 σ 键成键：

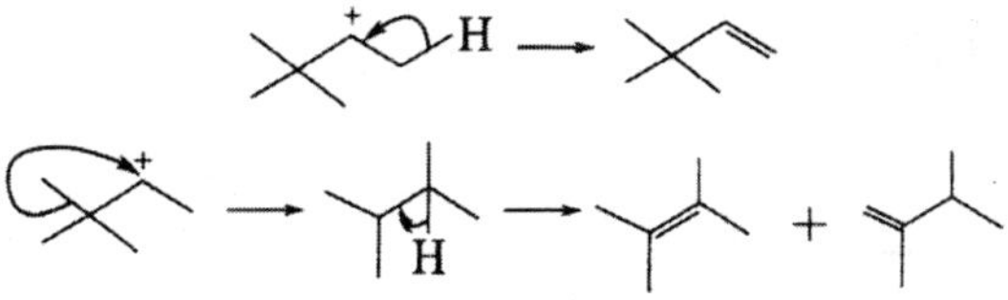

由此可见，碳正离子的亲电活性是如此之强，以至于能吸引邻位碳 – 氢 σ 键上的独对电子成键，而将碳 – 氢 σ 键转化成亲核试剂了。

[例9] 芳烃亲核试剂与亲电试剂的反应，以甲苯硝化为例：

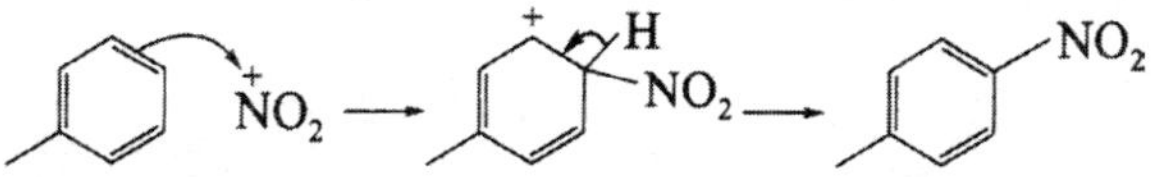

在上述极性反应的中间状态下，正是由于碳正离子超强的亲电活性才导致后续消除反应发生的。

综上所述，路易斯酸型正离子具有较大的电负性，容易吸引独对电子成键，该种正离子更显著地体现在其亲电活性上。

（二）离去基型正离子

离去基型正离子就是没有空轨道的正离子。最典型的就是季铵盐类化合物上的氮正离子，其最外层有 8 个电子，已经满足了八隅率的要求。它既没有能与独对电子成键的空轨道，也没有能够腾出空轨道的离去基，因而不能与具有独对电子的亲核试剂成键，不属于亲电试剂。但因中心氮正离子的电负性相当高，对其周围共价键的引力相当大，共价键上的每一对电子都显著向氮正离子方向偏移，因而此种正离子具有较强的电负性而属于较强的离去基，与该离去基成键的元素也就自然而然地由于缺电而成为亲电试剂了。

[例10] Hofmann消除反应就是利用季铵盐分子内氮正离子的强电负性与强离去活性完成的：

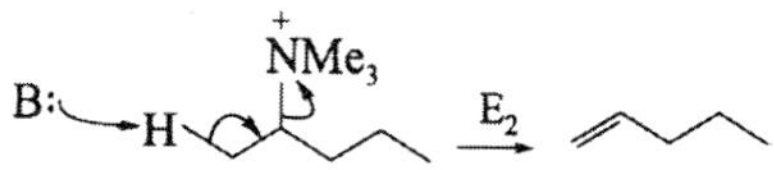

上述实例说明，生成正离子后的中心元素，由于满足了八隅律的稳定结构，因而并非亲电试剂，其电负性显著增强的分子结构导致其离去活性显著增加，因而属于离去基。

[例11] Sommelet–Hauser重排反应就是季铵盐用碱处理发生的：

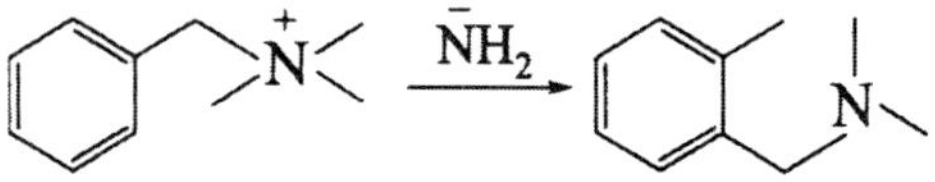

反应机理解析如下：

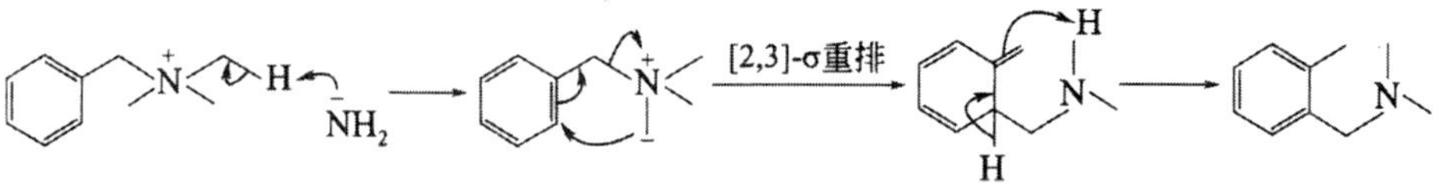

式中的 [2，3]-σ 重排反应就是利用氮正离子的强电负性作用，从缺电体亲电试剂上离去而完成后续反应的。

[例12] 取代苄胺的氰化反应经历如下两个步骤。

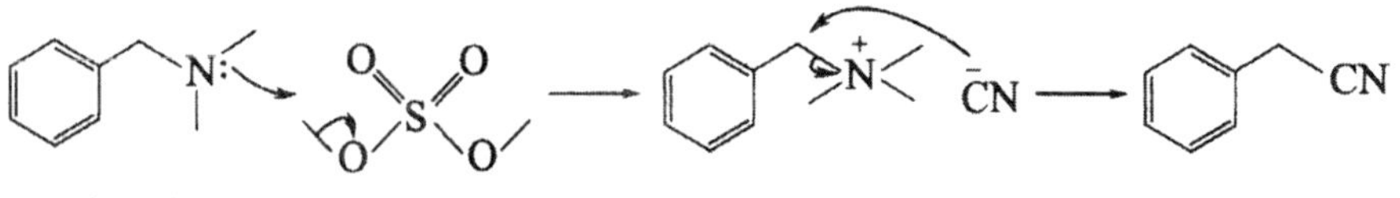

前一步反应生成季铵盐，是后一步取代反应的离去基。如若没有这前一步，后一步则不具备反应条件，氰基不能取代二甲胺基。因为：

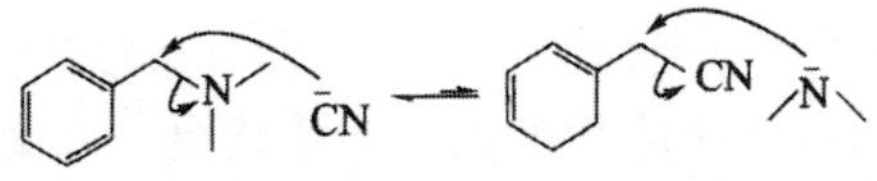

在生成中间状态后，二甲胺基重新与苄基碳原子成键，而氰基离去，从而返回到初始的原料状态，不会有反应产物生成。这是由于二甲胺基负离子的亲核活性远远强于氰基负离子；而其离去活性又远远弱于氰基的缘故。因此，无论是在热力学因素上还是在动力学因素上均对上述逆反应有利，正向反应不可能有产物生成。所有带正电荷元素的电负性均显著增加。

容易推论，在叶立德试剂的结构上，碳负离子是与带正电荷的杂原子成键的，而带有正电荷的杂原子的最外层又恰恰处于 8 电子的稳定状态而成为强离去基，因此共价键容易异裂，容易生成极具反应活性的卡宾。

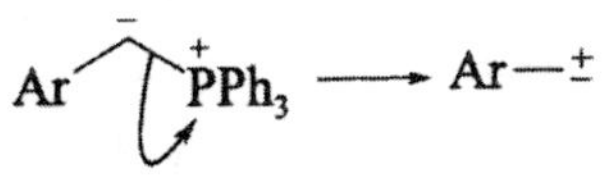

之所以凡是生成叶立德试剂的反应，都只能在较低温度条件下进行，抑制叶立德试剂的 α - 消除，避免其生成卡宾是主要原因之一。

综上所述，两种正离子的电负性均较其不带电元素显著增强。两者的区别在于：具有空轨道的路易斯酸型正离子的特征为极强的亲电试剂，而外层电子处于饱和状态的离去基型正离子的特征为极强的离去基。

三、基团电负性的动态观察

在理解正负电荷对于电负性的影响趋势基础上，就能够观察到动态条件下的电荷分布及其瞬间出现的极性反应三要素的活性变化。

[例13] 间硝基三氟甲苯与2-硝基-4-三氟甲基氯苯混合物在混酸中进行硝化反应：

上述的 P_1 与 P_2 两个硝化反应产物，哪一种容易生成呢？

似乎含有氯原子的芳烃不易反应，因为芳环上增加了一个较强电负性的氯原子，芳环上的电子云密度降低，因而使其亲核活性降低。其实不然，笔者的实验结果证明：活化能较低的反应恰恰是含有氯原子的芳烃，原因是在两个强吸电基诱导效应、共轭效应的共同影响下，硝化反应活性中间体上碳正离子的电负性强于氯原子，致使氯原子吸电子的诱导效应减弱而供电子的共轭效应增强，从而向碳正离子方向供电的缘故。

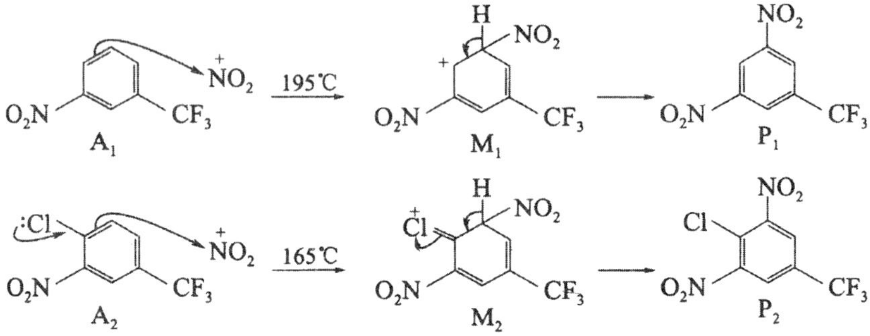

显然，在此种条件下具有-I+C电子效应的氯原子成了供电基，分散了所生成的中间体碳正离子上的电荷，使其能量降低，因而相对地活化了硝化反应。

由此可见，氯原子在芳烃上具有电容器的性质，这与基团间的瞬间相对电负性相关。

[例14] 取代苯磺酸的脱磺基反应是在稀硫酸加热条件下进行的。

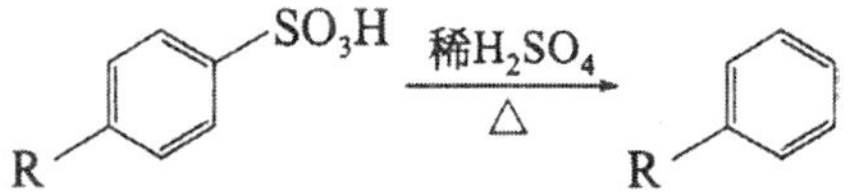

与苯环相连的是电负性较强的磺基，如若简单地考虑，磺基的电负性强于芳烃，硫—碳间的共价键应该向硫原子方向偏移，最后非均裂生成苯基正离子才对。如若这样，则只有与氢负离子成键才能再生成芳烃。

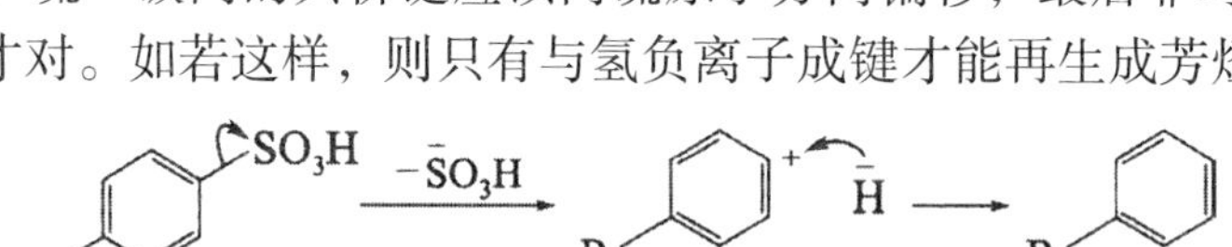

然而，体系内能够提供负氢转移的，唯有脱去的磺基转化成的亚硫酸分子才有可能。

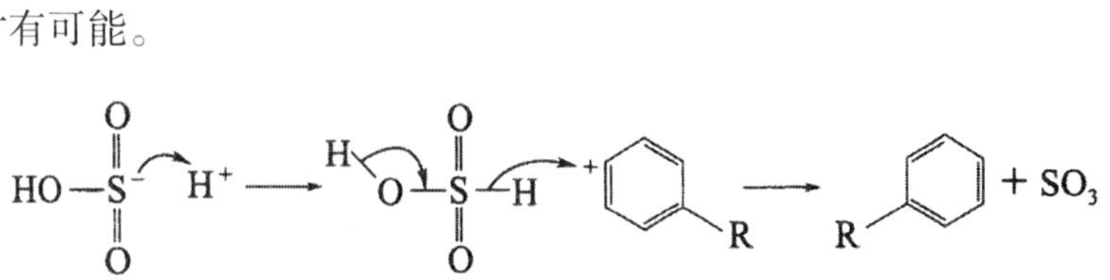

若是按照如上机理进行的，则芳基正离子容易与浓度更大的水分子成

键生成酚。

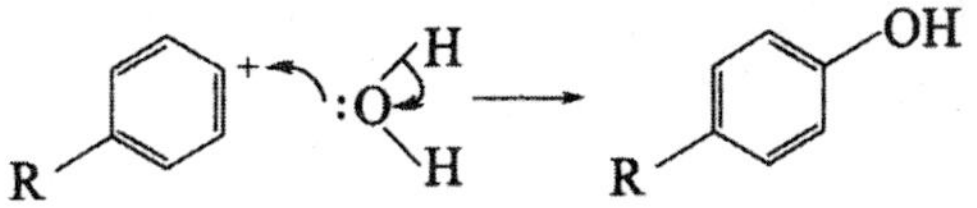

正是由于体系内几乎没有酚的生成而否定了上述机理的存在。那么，苯磺酸脱磺基反应是怎样完成的呢？

这是由于取代苯磺酸分子内存在着极性反应的三要素：亲核试剂芳环上π键、亲电试剂磺酸上的活泼氢、离去基与活泼氢相连的磺酸基。分子内容易发生极性反应而生成了如下活性中间体：

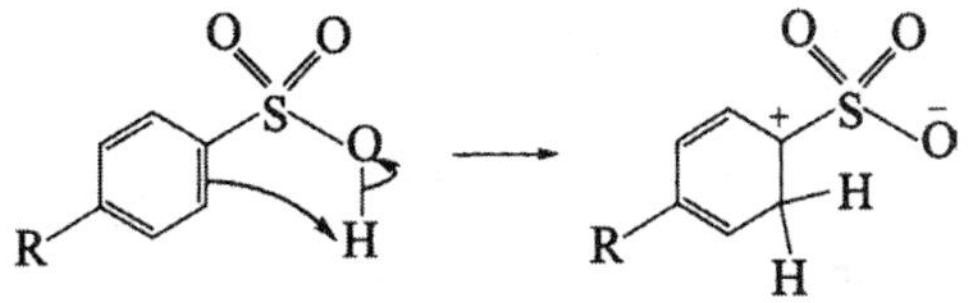

在上述活性中间体状态下，碳正离子的电负性显著增强，而与负氧相连的硫原子的电负性显著减弱，这一增一减、此消彼长的结果导致了碳与磺基负离子间相对电负性的颠倒，共用电子对向电负性较大的碳正离子方向偏移，因而导致共价键异裂生成了卡宾，再经过质子转移与重排生成芳烃。

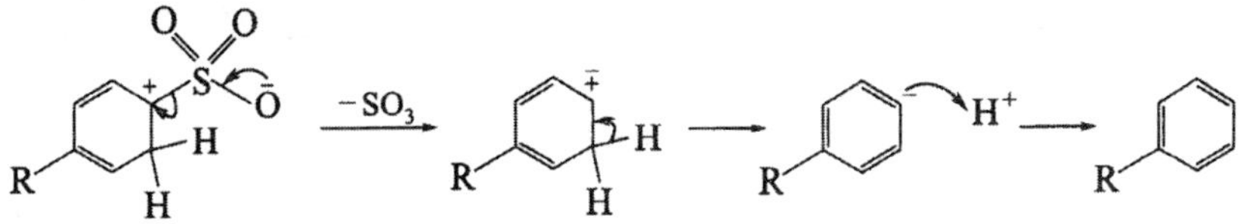

由此看来，表面上反常的现象实属正常，这是符合极性反应客观规律的必然结果。

综上所述，元素上所带电荷的不同对于该元素电负性的影响说来，可以认为是根本性质的改变。正确地观察分子结构，动态地分析中间状态，才能认识极性反应的规律，而不至于被表面现象所迷惑。

第二节 诱导效应与共轭效应

基础有机化学已经详述，分子内基团间存在着沿着化学键传播的、影响电荷分布的作用力——电子效应，它是诱导效应与共轭效应综合作用的结果。然而，人们更希望将诱导效应与共轭效应分开，以弄清分子内的电荷分布、物理性质、化学性质及其它们之间的因果关系。而只有在独立讨论诱导效应与共轭效应各自特点的基础上，再将其以某种方式进行简单叠加，才更容易理解分子内各元素的电荷分布、功能属性、反应活性，才更容易理解反应过程的基本原理及其内在规律。

一、诱导效应的孤立观察

人们通常以 +I 表示供电的诱导效应，而以 –I 表示吸电的诱导效应。显然，供电还是吸电是由两个基团间相对的基团电负性决定的。

在烷烃类脂肪族化合物中，由于不存在共轭体系，诱导效应成了唯一的电子效应。此种状态下，所有电负性大于碳原子的基团，在与烷烃碳原子成键状态下都属于吸电基 –I，如羟基、氨基、巯基、卤素等杂原子，它们与碳原子间的共价键上独对电子均是向着较高电负性的杂原子一方偏移的，故这些杂原子都属于吸电基。由于该共价键上电子的偏移，使得碳原子上带有部分正电荷而成为亲电试剂，杂原子上带有部分负电荷而成为离去基。在所有的四面体结构中，如羰基加成产物上不带电荷的杂原子基团，也同样表现为唯有诱导效应的吸电子基 –I，因而也成了离去基 Y。

上述这些具有吸电诱导效应的杂原子离去基，尽管有些离去活性不强，因其结构上具有独对电子，能与空轨道的酸性试剂缔合或络合成键（或半成键），这就催化了这些杂原子的离去活性。

因此，在非共轭体系中，我们没有必要讨论共轭效应问题，只需关注其诱导效应，即关注基团间的相对电负性就足够了。这与共轭体系毫无关联，切不可与此混淆。

像羟基、氨基、巯基等取代基，在与烯烃、芳烃、羰基等 π 键相连时，往往体现为供电子的电子效应，然而这只是其供电的共轭效应 +C 占优势地位所致，它们原本具有的吸电的诱导效应 –I 并未改变。

鉴于上述，如果孤立地讨论诱导效应对于共轭体系内电子云密度的影响，则 –I 基团总是降低共轭体系内电子云密度的。鉴于共轭体系内的电子云密度分布主要受共轭效应影响，可以大致地认为：诱导效应相当于平均地降低了共轭体系内各元素的电子云密度，而并未显著影响共轭体系内各元素间的电子云密度分布。

二、共轭效应的孤立观察

人们通常以 +C 表示供电的或推电子的共轭效应，而以 –C 表示吸电的或拉电子的共轭效应。然而在共轭体系内，共轭效应是与诱导效应同时存在的，这使得孤立地研究共轭效应不便，然而我们仍然能找到区别两种效应的突破口。

首先研究作为亲核试剂的取代芳烃与亲电试剂成键的定位规律。

容易发现：在芳环上供电的或推电子的共轭效应 +C 总是第一类定位基——邻对位定位基；而吸电的或拉电子的共轭效应 –C 总是第二类定位基——间位定位基。

如此看来，定位规律与诱导效应（+I 或 –I）并无较大关联，以诱导效应、共轭效应叠加起来的所谓电子效应决定芳烃定位规律的结论显然错误，而芳烃定位规律主要是由共轭效应决定的。正是基团的共轭效应决定了 π 键上的电子云密度分布，也正是电子云密度较大位置才是富电体亲核试剂。按上述观点去研究芳烃取代基定位规律，就不存在过去曾说的卤代芳烃属于特例了，因而也更能反映出分子结构与反应活性之间关系的内在规律。

从定位规律看出：取代芳烃的定位规律取决于芳烃上的电子云密度分布，而该密度分布主要取决于共轭效应。

其次研究取代芳烃芳环上的电子云密度。前已述及，作为亲核试剂的取代芳烃与亲电试剂成键的位置恰是其相对电荷密度较高位置。单取代苯的 ^{13}C 化学位移 δ_C 见表3–3。

表3–3 单取代苯的 ^{13}C 化学位移 δ_C

取代基X	$\delta_{C,1}$	$\delta_{C,o}$	$\delta_{C,m}$	$\delta_{C,p}$	诱导效应	共轭效应	分布作用
—F	162.9	115.5	130.4	124.4	–I	+C	推电
—Cl	134.3	128.9	130.2	126.9	–I	+C	推电
—Br	123.1	131.7	131.0	127.0	–I	+C	推电
—I	94.4	137.6	130.4	127.7	–I	+C	推电
—H	127.4	127.4	127.4	127.4	o	o	o
—OH	158.5	115.9	130.2	121.4	–I	+C	推电
—NH$_2$	148.4	116.3	129.6	118.8	–I	+C	推电
—CH$_3$	138.4	129.1	128.7	125.8	+I	+C	推电
—CN	112.6	132.2	129.5	133.3	–I	–C	拉电

表中，^{13}C 化学位移值 δ_C 的下标 1、o、m、p 分别代表芳环上取代基的直连碳原子及其邻位、间位、对位。表中数据充分证明：芳环上的电子云

密度分布主要由共轭效应决定。对于以取代芳烃为亲核试剂的反应说来，反应发生于其电子云密度相对较大之处；对于以缺电芳烃为亲电试剂的反应说来，反应发生于其电子云密度相对较小之处。

共轭效应除了影响 π 键两端的电子云密度分布之外，还有一个使电荷平均化的效应：即参与共轭的 π 键越多，共轭体系越大，其电荷的增减幅度就越小。

如在羰 – 烯共轭体系中，羰基上所带正电荷分散于羰基碳原子及其烯烃的共振位置。

这就相当于共轭体系分散了原有的正电荷，显然其亲电活性降低。总之，共轭效应是使电荷平均化的效应，对于分子内电荷分布的影响是个普遍规律。

三、诱导效应、共轭效应的叠加

由于作用方式不同，很难将诱导效应、共轭效应简单叠加。约定俗成的所谓电子效应，也仅反映了基团对芳环上总的电子云密度增减，并不能证明其定位规律，故此概念的应用受到了限制。为了综合研究诱导效应、共轭效应，我们尝试两种效应、三种作用的叠加方法。

我们不妨采用反证法研究诱导效应、共轭效应的叠加。首先假设一个结论，再按此思路推理，最后用实验结果验证假设结论。若实验结果与假设一致，则承认此假设结论成立，反之则否定。

设定在取代芳烃上存在着两种效应、三种作用：第一种是诱导效应 I，它的作用是能使芳环上电子云密度比较均匀地增加或减少；第二种是共轭效应 C，它的作用是使芳环上电子云密度比较均匀地增加或减少；第三种是共轭效应对于 π 键电子云的分配作用，是它决定了 π 键的偏移方向。在芳环上的总的电子云密度是三者的叠加。

容易发现：上述假设与实验结果十分吻合，没有矛盾。

（一）以芳烃为亲核试剂的反应

所有的 +I+C 基团，皆为供电基团，其对位碳原子的电子云密度均值都大于间位。而其间位的电子云密度均低于标准值（以苯分子 ^{13}C 化学位移值 δ_c 为 127.4 标准）。

所有的 –I+C 基团，无论是供电基还是吸电基，其对位电子云密度总是大于间位。而其间位的电子云密度也低于标准值。

所有的 –I–C 基团，均为吸电基团，其间位的电子云密度大于对位。

上述结果完全符合前面设定的取代基的两种效应、三种作用叠加结论。以卤代芳烃为例，其诱导效应远低于硝基，但其间位的电子云密度却比硝基更低。这正是由于在其间位上既存在卤素诱导效应、共轭效应的吸电，又存在共轭效应将其间位电子推向对位，这些作用的叠加使卤代芳烃的间位更加缺电。而硝基苯则不同，尽管硝基吸电的诱导效应和共轭效应均大于卤原子，但其对 π 键电子的分布作用是将对位拉向间位，因而部分地补充了间位上的电子。

在取代芳烃分子上，诱导效应、共轭效应对于邻位的影响与对位相同。之所以暂未提及邻位，是因为除了诱导效应、共轭效应之外，还有分子内空间诱导效应在显著地影响着邻位，其影响因素更为复杂而不易作简单的类比。

由上述电子云密度分布所决定，以芳烃为亲核试剂的反应过程，其定位规律主要由其共轭效应决定，即推电子的共轭效应 +C 为邻对位定位基，而拉电子的共轭效应 –C 为间位定位基。

（二）以芳烃为亲电试剂的反应

这不同于以芳烃为亲核试剂的反应。芳烃上 π 键的一端成了缺电体——亲电试剂的条件要求芳环上必须存在较强的吸电取代基。在连有强吸电取代基的芳烃邻对位，特别是在硝基、氰基、三氟甲基这三大吸电基的邻对位，是显著缺电的位置，同时又存在着 π 键离去基，则此位置正是缺电的亲电试剂，易与亲核试剂成键。

[例15] Meisenheimer反应可视为以芳烃为亲电试剂与亲核试剂成键的典型代表。

其反应机理可以简化地解析为：

Meisenheimer 反应之所以能够进行，强吸电取代基处于离去基的邻位或对位是最根本的原因。

上述反应机理解析之所以称之为简化的反应机理，是省略了其中并不重要的中间体分子内平衡可逆的共振过程。

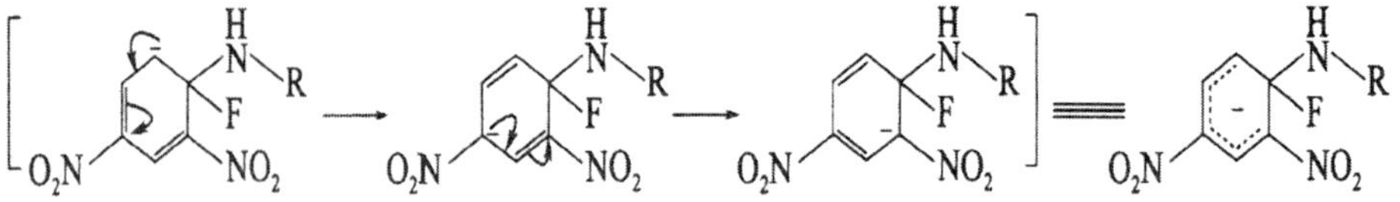

实际上，缺电芳烃与亲核试剂成键的位置不一定非要带有离去基，只要在其共振位置（间位）带有离去基便可能完成反应。

[例16] ANRORC反应，是亲核试剂加成、开环和闭环反应（Addtion of Nucleophiles，Ring and Ring Closure）。

反应生成了两个不同的产物。

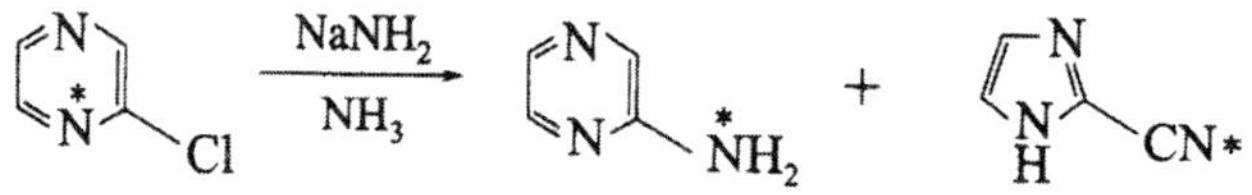

两个不同产物的生成是源于亲电试剂的共振位置存在着离去基，由此生成了开环化合物——共同的氰中间体。

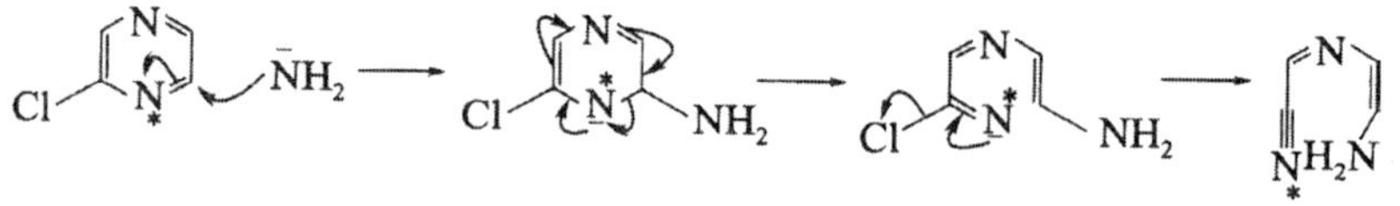

由此中间体内的同一亲核试剂氨基分别与分子内的两个不同的亲电试剂成键，因而生成了两种不同的产物。

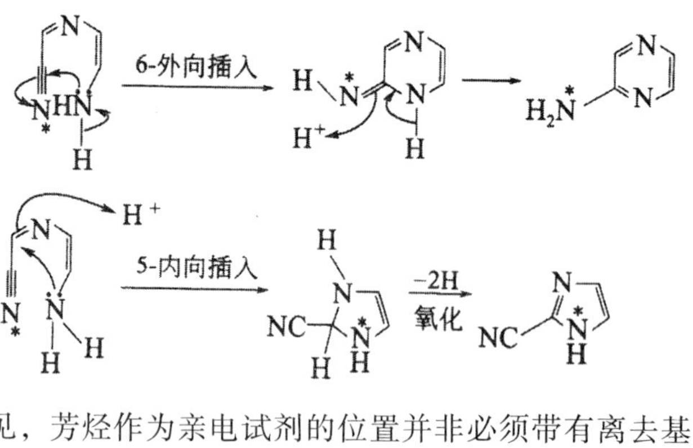

由此可见，芳烃作为亲电试剂的位置并非必须带有离去基，因为π键本身就是离去基，在缺电元素的共振位置上带有离去基，则缺电元素就可能与亲核试剂成键。

（三）多卤芳烃上的亲电试剂

前已叙述，卤代芳烃间位的电子云密度最低，这从表3-3中不难发现。因此卤代芳烃间位上若存在离去基才是亲电试剂的位置。之所以如此，是

因为卤素是 –I+C 基团，其共轭效应 +C 的分布作用决定了间位电子云密度更低。这从表面上看似乎与其他吸电基不同，而从芳环上的电子云密度及其分布的基本规律上，并不存在特殊性，只要掌握芳烃上电子云密度分布规律，就容易预测化学反应可能发生的位置。

然而，单一的卤代芳烃并非具有较强的亲电活性，即便在其最为缺电的间位上也缺电不多，难以成为亲电试剂。只有在多卤取代芳烃上，多个卤原子共同作用的结果才使得其中某个"间位"更加缺电，才能成为亲电试剂与亲核试剂成键。

[例17] 1,2,3,5–四氟苯与亲核试剂成键的位置，是由芳环上不同位置的电子云密度分布决定的。

由于 1,2,3,5– 四氟苯分子内的四个氟原子均有其共轭效应，然而不同的氟原子对于电子云密度的分布只有两个不同的方向，考虑到处于邻位的两个氟原子的共轭效应相反而相互抵消，总的共轭效应由相同方向共轭效应的多数氟原子所决定，其电子云密度分布为：

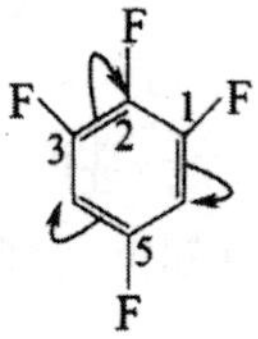

由于 1– 位碳原子比其 2– 位更缺电，亲核取代反应主要发生在 1– 位上。

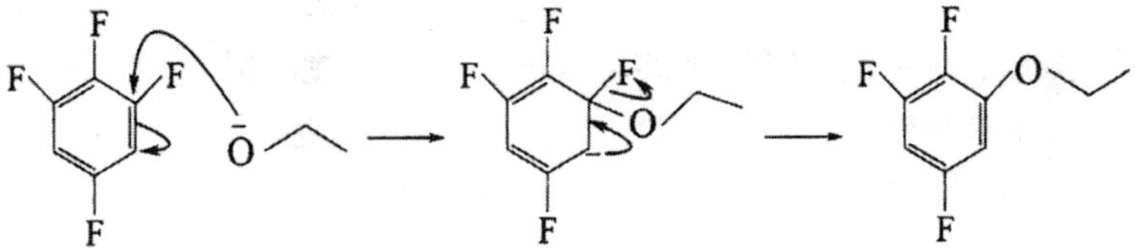

综上所述，只有孤立地研究诱导效应、共轭效应，再将两者叠加的方法研究总的电子效应，才能认清两种效应各自的作用和取代基团的性质，才能理解共轭体系内的电子云密度分布的规律，才能把握分子结构与反应活性的关系。

第三节　共轭体系内的共振状态

对于有机分子说来，同一分子有时难以用一种结构表示出来，这是由于电荷并非是在某个位置上定域的，而是处于两个或多个原子之间的离域状态。

对于芳烃说来，经常将其表示成环己三烯的形式，因为这种形式便于反应机理解析。然而环己三烯的表示方法与苯的实际结构并不相符。按环己三烯的结构，其双键键长应与单键键长不同，而实际上根本不是所谓的单键与双键相间状态，共轭状态使两者完全平均化了，其实际的键长是大于双键而小于单键，实际键级不是 1 级也不是 2 级，而恰恰是 1.5 级。

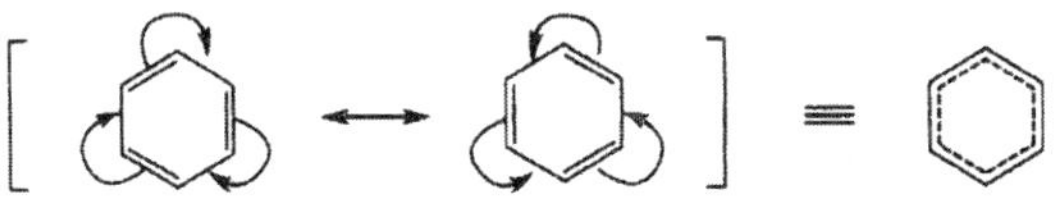

再以 DMF 为例，在常温条件下测得的质子化学位移值 δ_H 与低温条件不同。

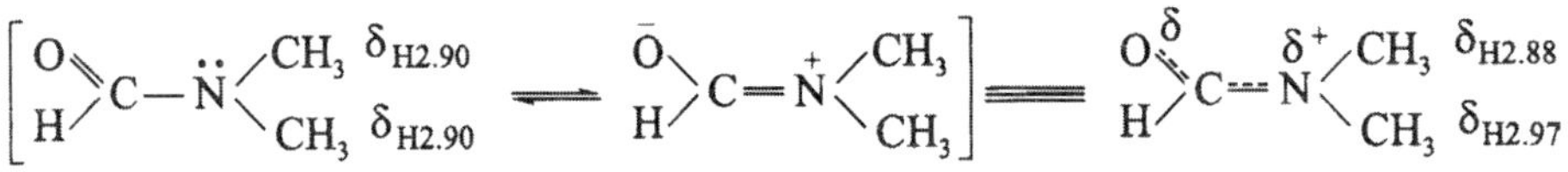

常温下 　　　　　　　　　　　　　　　　　低温下，在 CdCl$_3$ 中

DMF 两种共振结构的稳定存在，证明了在共轭体系内存在着电子的离域，即共振状态。这种共振状态有如下两种形式。

一、化学键上的共振状态

这种共振是沿着化学键发生的。这种共振有三种类型，下面分别介绍。

（一）环状共轭体系内的共振

在环状共轭体系内，π 电子呈高度离域状态。如：

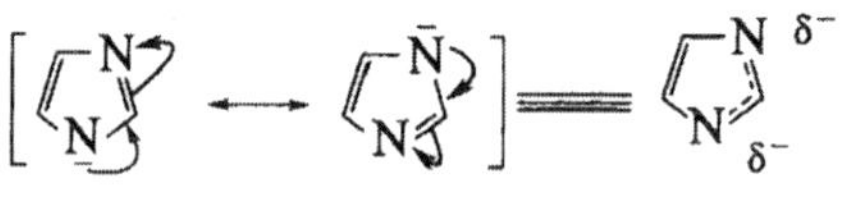

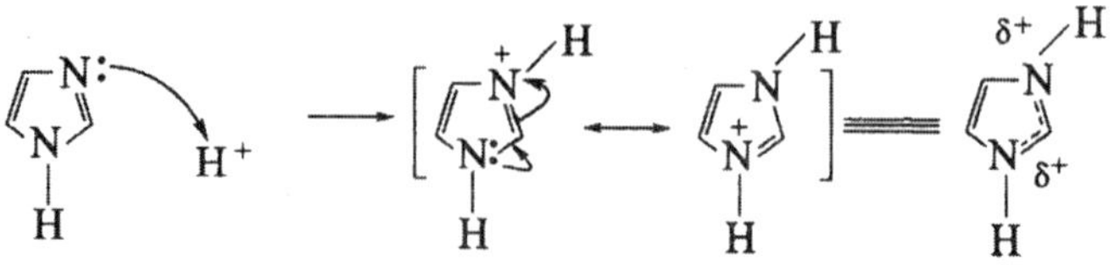

由于共振结构的存在，人们无法区分不同位置的两个相同元素，故往往以上式右端的共振杂化体来象征性地表示其分子结构。然而不应将上述共振杂化体理解为环上电荷的平均分布，因为在空间电场的极化作用之下，电荷能够重新集中起来的，即电荷处于分散与集中的可逆平衡状态，正如

前面所表述的。只有这样认识分子内的动态变化，才能理解纷繁复杂的化学反应现象。

（二）p-π 共轭体系内的共振

若带有独对 p 电子（包括负离子）的元素与共轭体系（π 键）成键，则该独对电子能与 π 键共振。例如，

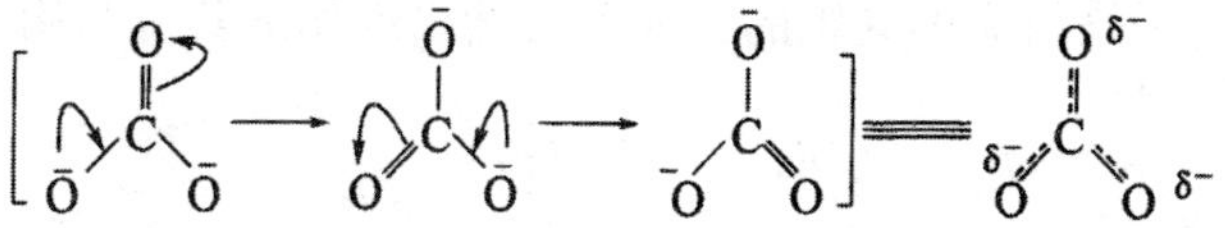

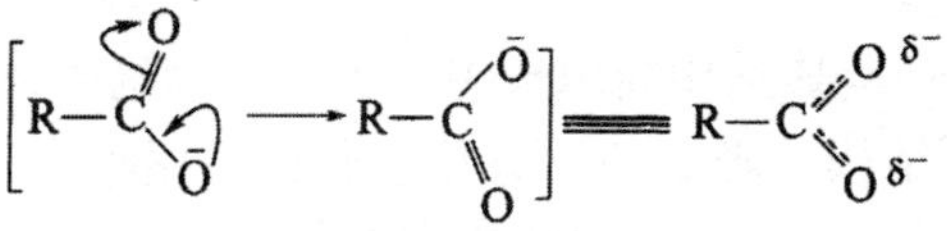

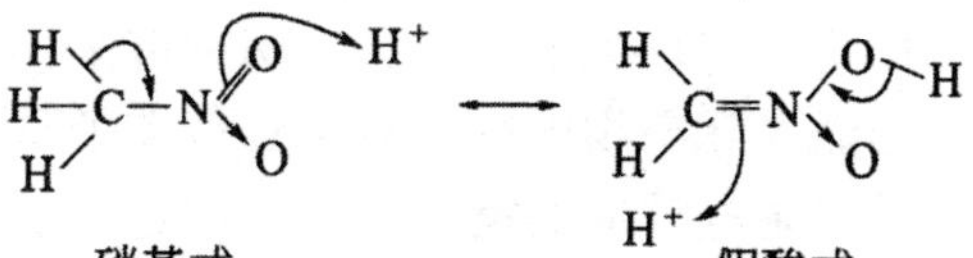

硝基式　　　　假酸式

容易推论，若干共振状态是可能存在的，区别仅在于平衡常数的大小不同。如：

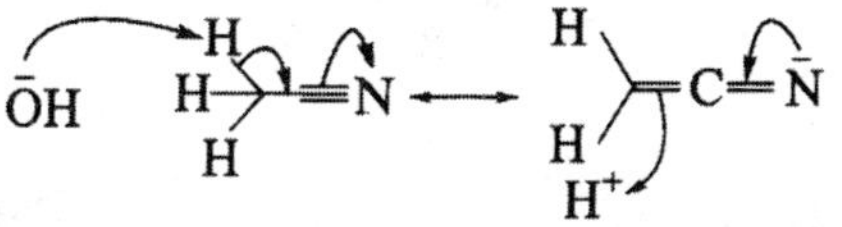

容易理解，只要独对 p 电子与 π 键处于共轭状态，共振状态就不可避免。

在化学反应进行的中间阶段，即中间体生成后的短暂瞬间，只要属于 p-π 共轭体系，就容易发生共振。如：

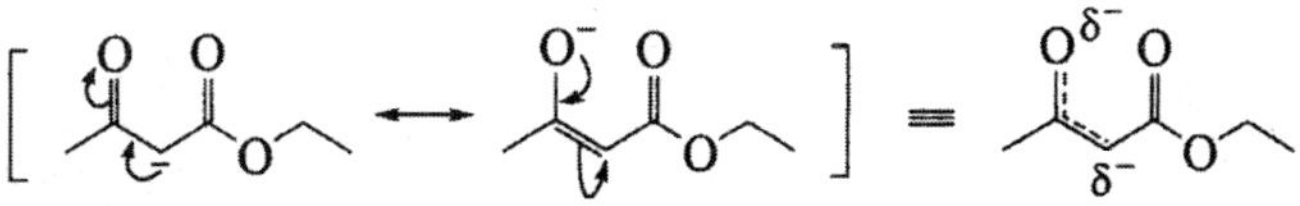

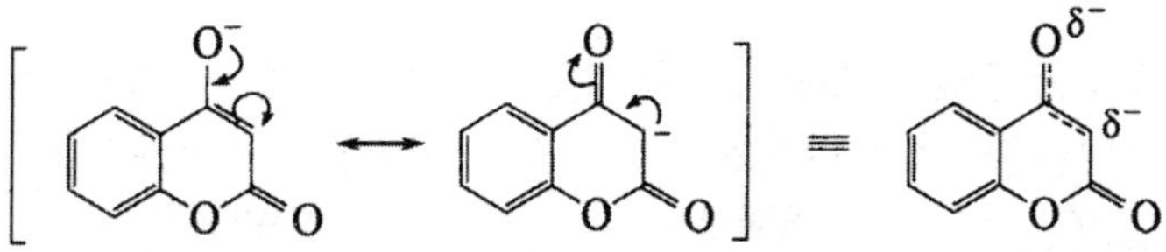

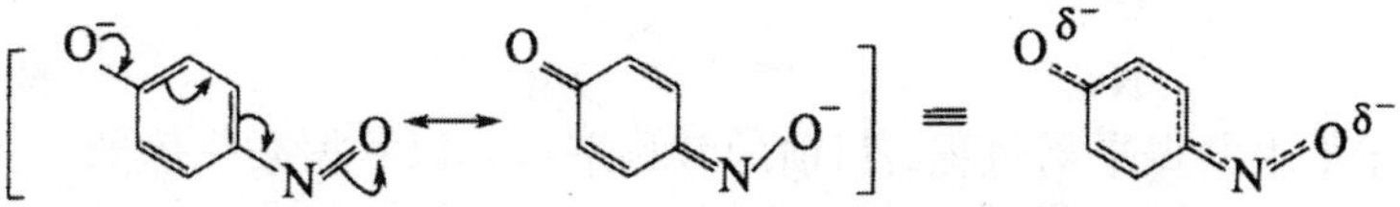

[例18] 碱催化作用下的酮醛缩合反应：

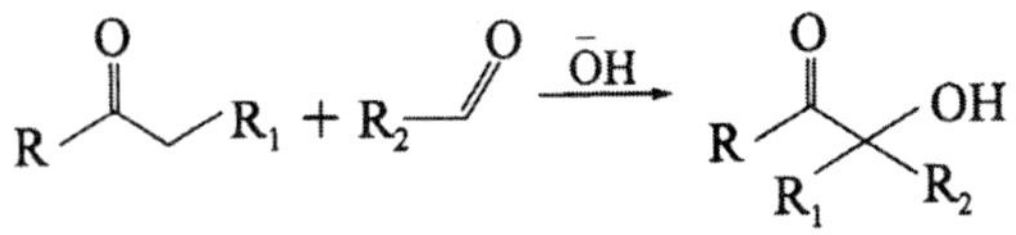

首先发生的是酮羰基上 α- 位氢原子与碱成键，离去基上带有碳负离子，生成的碳负离子是与 π 键共轭的，因此必然出现如下共振结构。

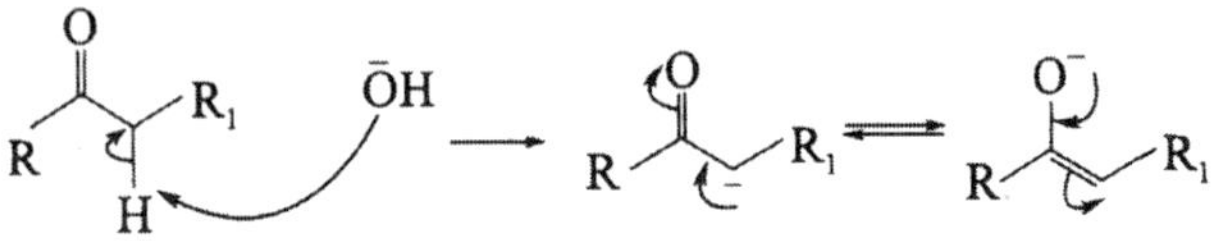

人们通常将上述两种共振结构简单地表示为单一的烯氧基负离子结构，这并非说明此种烯氧基结构是唯一的，只是在此种共振平衡条件下以烯氧基结构为主。根据共振论，负电荷主要集中在电负性较大的元素上。

上述的两种共振结构均为亲核试剂，故具有两种可亲核试剂性质，均可以与亲电试剂成键。然而实际产物中往往只见碳负离子与亲电试剂的成键产物，而未见氧负离子与亲电试剂的反应产物。这是由于两个产物的稳定性不同，烯氧基具有较大的离去活性而不易稳定存在。

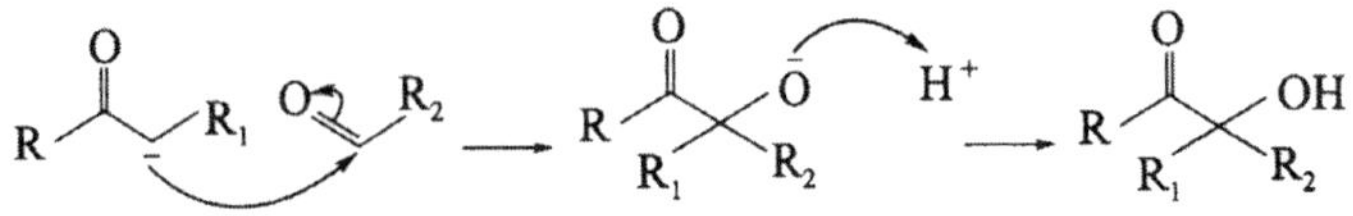

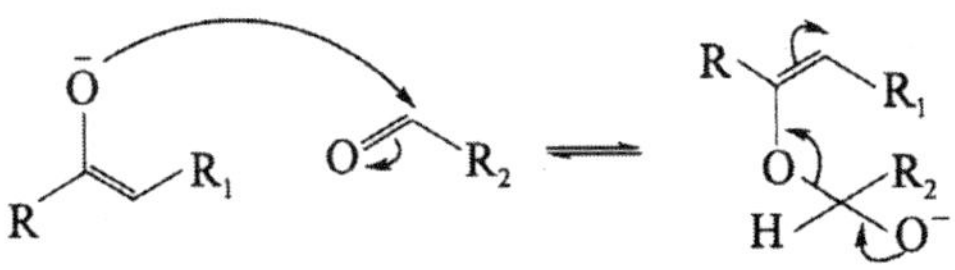

[例19] 芳烃作为亲电试剂参与极性反应的反应机理为：

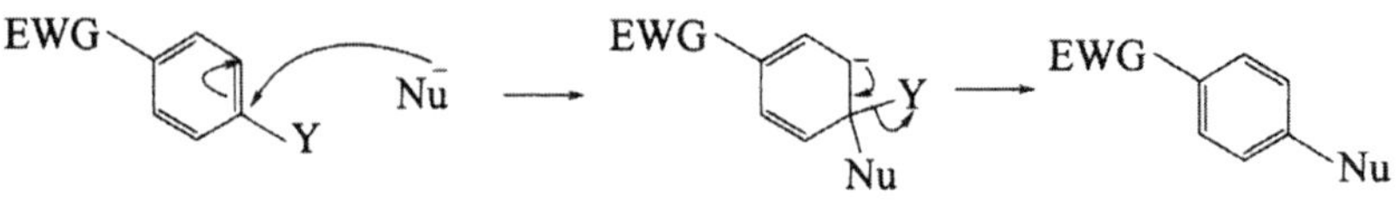

式中，EWG 为强吸电基团；Y 为离去基。在反应处于中间体 M 阶段，由于碳负离子是与共轭体系共轭的，不可避免地发生分子内的共振。

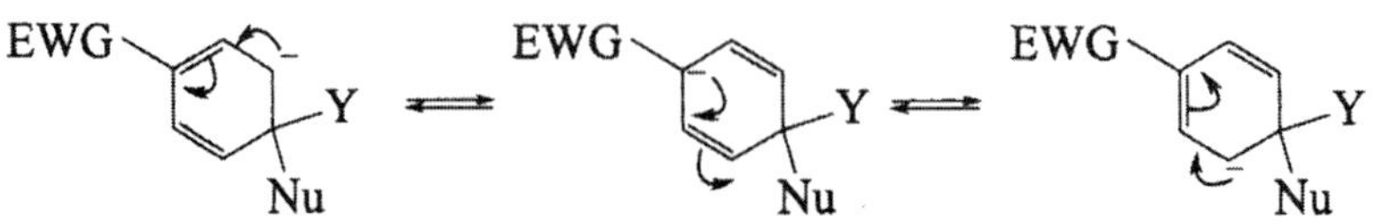

对于如上共振平衡过程，目前的教科书将其以共振杂化体的形式表示，即 Meisenheimer 络合物的形式，且将后续分解反应机理解析为：

Meisenheimer络合物

这样的反应机理解析过于模糊而令人不满意，它既未将此极性反应过程的三要素表示清楚，也未将负电荷的重新集中这一平衡过程描述清楚。只有分散了的负电荷重新集中起来生成碳负离子，才具有相对较强的亲核活性进而导致离去基的离去。

由此可见，反应过程的中间状态，只要存在 p-π 共轭，就必然存在多种共振状态。而这种共振状态就是分子内的极性反应，生成了两个或两个以上亲核试剂，这种两种可亲核试剂的存在，可能生成异构混合物，应根据产物的热力学稳定性来分析评价。

显然，对于芳烃上取代反应机理的解析过程，分子间的电子转移过程才是重点、要点和关键，显然比分子内的共振过程更为重要，因为分子内的共振过程并不影响最终结果。

（三）空轨道与 π 键的共振

众所周知，根据路易斯酸碱理论，具有空轨道的分子可归属为路易斯酸，由于它并未满足八隅律的稳定结构，因而是极强的亲电试剂。若路易斯酸与作为亲核试剂的 π 键毗邻，则势必发生分子内的极性反应，即发生分子内的共振。

[例20] 丁二烯的加成反应有两个产物，即1,4-加成与1,2-加成产物，之所以如此，概括出于其中间状态发生共振的结果。以丁二烯与溴素的加成反应为例。

在第一步极性反应之后产生了与烯烃共轭的碳正离子，而该碳正离子是与离域的烯烃 π 键成键的，在分子内发生了共振。

上式中的两种共振异构体都存在着碳正离子亲电试剂，故此共振体系为两种可亲电试剂，均可与亲核试剂成键。

由于共轭效应本身就是使电荷平均化的效应，上述共振异构体系的存在是一个普遍规律。这种共振过程也可以表示成共振杂化体的形式。

[例21] 芳烃作为亲核试剂与亲电试剂反应的活性中间状态，目前国内外教科书中的机理解析均为：

亲电试剂　　π络合物　　　σ络合物　　　一取代苯

上述所谓反应机理解析过程未见其电子转移的标注，因而并不完善。实际的、简化的反应机理为：

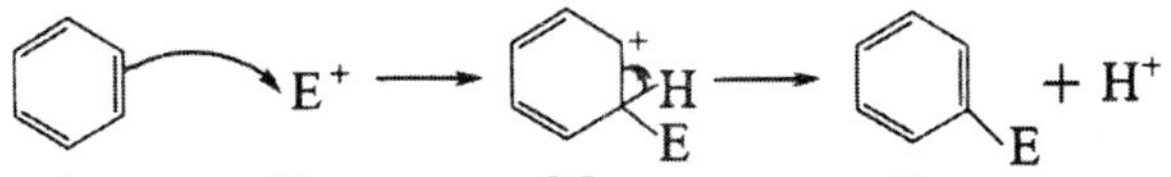

对于上述简化的反应机理，已有学者将 Friedel–Crafts 酰基化反应机理解析为：

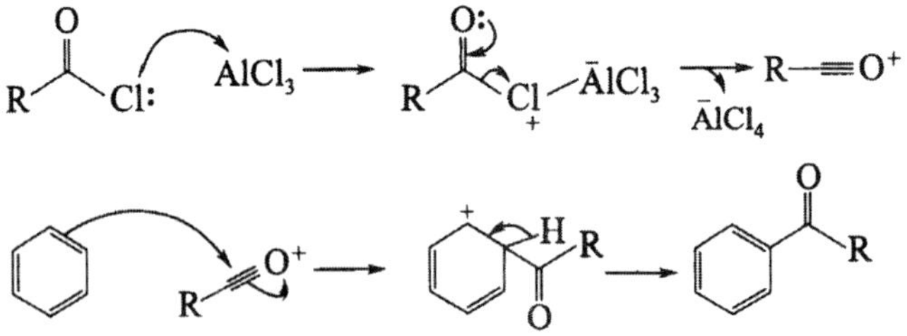

上述简化了的自 M 至 P 的机理解析过程，突出了 $\beta-$ 消除反应过程最重要的条件，就是正电荷具有再集中的条件与必要性。

当以芳烃为亲核试剂的反应处于中间体 M 阶段时，由于碳正离子是与共轭体系相连的，不可避免地发生分子内共振状态。

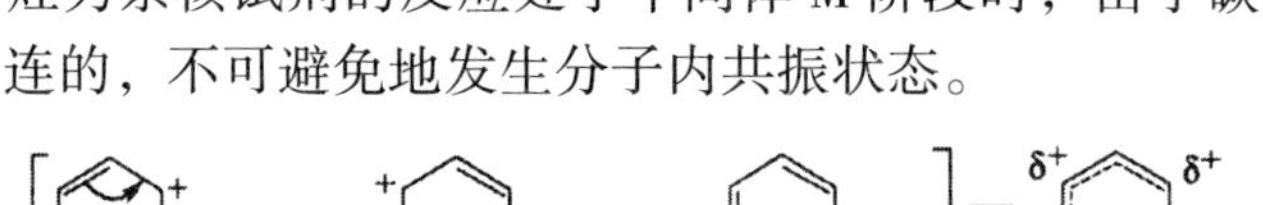

此种共振状态相当于正电荷被部分分散了。毫无疑问，上述共振状态是平衡可逆的。只有在正电荷重新聚集于初始状态时，才有利于分子内 $\beta-$ 消除反应而重新生成芳烃大 π 键共轭结构。因此，反应过程的活性中间体 M 上的正电荷处于分散与集中的平衡状态，这才符合反应进行的客观规律。

之所以认为原有机理解析不完善，是因其既未解析芳烃与亲电试剂的成键过程，也未解析活性中间体的消除脱质子过程，这里回避了最重要的分子间电子转移这一化学反应最本质的过程，这是其一。即便对于分子内共振状态的表述，也仅仅表述了电荷的分散过程而没有表述电荷的再集中过程，这是其二。

[例22] 酸催化的4,4-二取代环己二烯酮重排为3,4-二取代酚的反应，就是共振产生的碳正离子导致烷基迁移的。

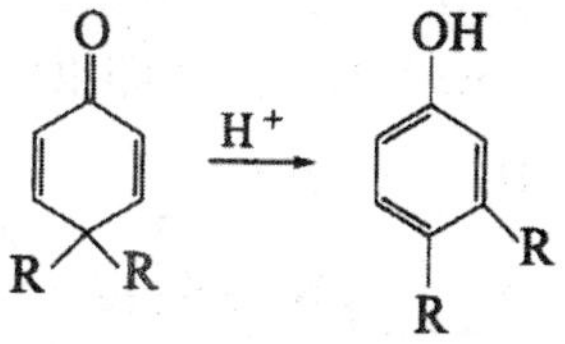

反应机理为：

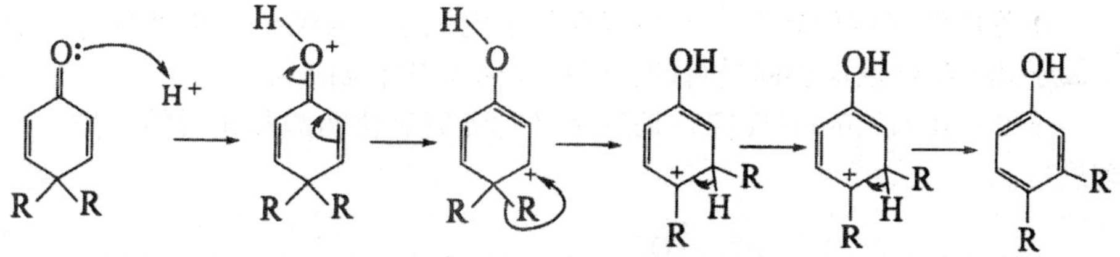

正是共振状态产生的碳正离子，才是更强的亲电试剂，才能与邻位碳－碳 σ 键成键。

（四）自由基与 π 键的共振

若自由基与 π 键相邻，活性极强的自由基极易与 π 键成键而产生新的 π 键和新的自由基，且两者自然处于平衡可逆状态。

[例23] 如下结构的杀菌剂长期储存不稳定，特别是在光照条件下。

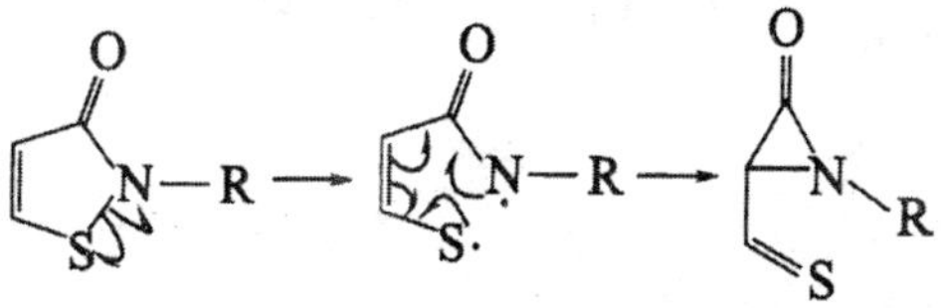

这种键长较长且电负性差距不大的共价键的离解能较低，容易在光、热或引发剂存在下均裂而生成自由基，生成的自由基是与分子内共轭体系邻近的，因而极易发生分子内重排反应。

综上所述，正离子、负离子、自由基等活性中间状态，均容易与分子内相邻的 π 键发生电子转移，即发生化学反应，结果是处于两种或多种结构的共振状态。

二、分子内的空间共振

电子的离域状态不仅发生在化学键上，当分子内带有部分异性电荷的两个原子距离足够近时，可以出现空间的电子离域也称空间共振状态。比如，药品暗罗素（Pyrithione zinc）的中间体即以两种空间共振结构存在。

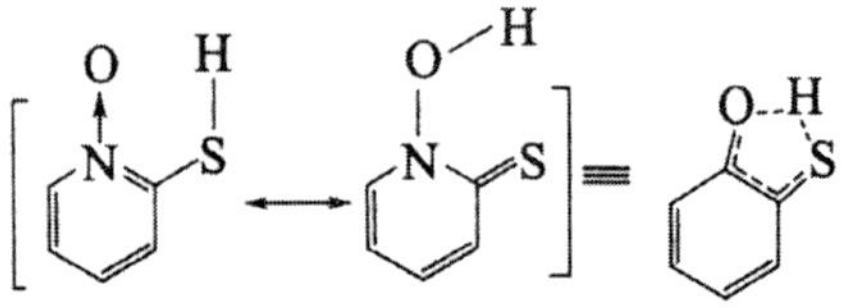

在芳烃的邻位如果存在亲核试剂与亲电试剂，容易进行极性反应。如果属于几个极性反应协同进行的，则将其称为周环反应。

[例24] Boekelheide反应，是2-甲基吡啶氮氧化物酰基化后的重排、水解反应。

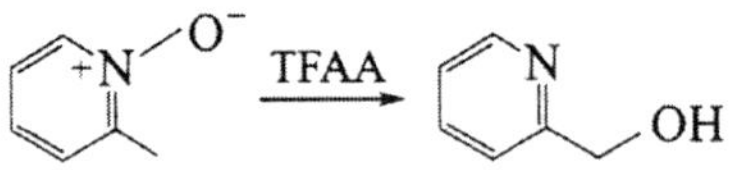

反应机理为：

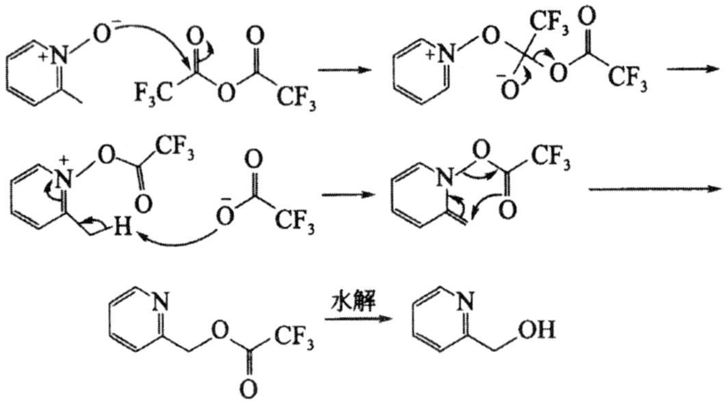

显然，此 [3，3]- 重排反应过程只能发生在邻位基团之间，而间位与对位均不具备反应所需要的空间条件。上述反应的发生也并不是非用三氟乙酸酐不可，乙酸酐已经满足要求，正像医药阿格列汀（Alogliptin）中间体的合成那样。

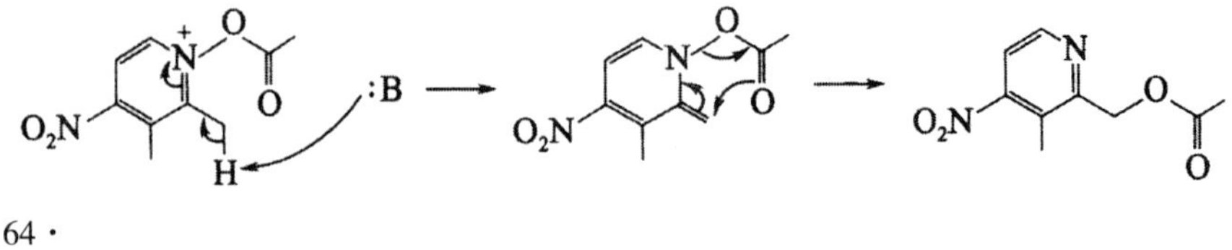

[例25] β-酮酸的脱羧反应。

脱羧反应一般是在碱性条件下实现的。

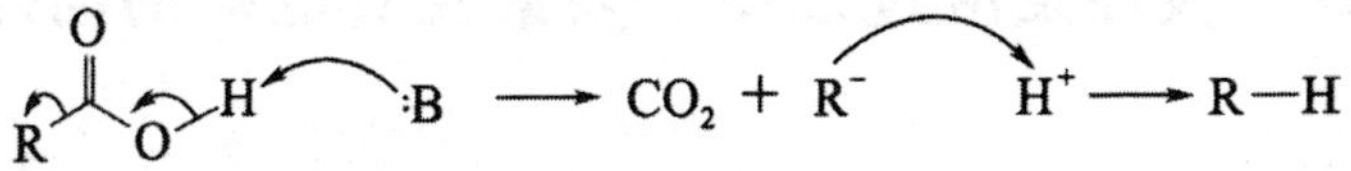

然而β-酮酸的脱羧反应却并不需要碱性条件，可以通过分子内空间共振，即通过周环反应过程来实现。反应机理为：

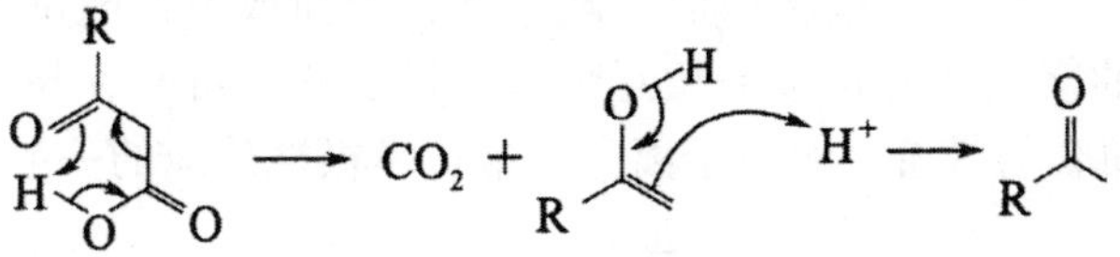

既然极性反应是亲核试剂与亲电试剂相互吸引、接近、成键的过程，那么在分子空间结构上已经处于接近位置的亲核试剂与亲电试剂之间就容易成键了。

能够在空间共振条件下进行的化学反应并不限于极性反应和周环反应，作为活性中间体的自由基也容易在邻近基团之间发生空间共振而进行自由基的转换。

[例26] Barton光解反应是将亚硝酸异戊酯光解成γ-肟醇。反应机理为：

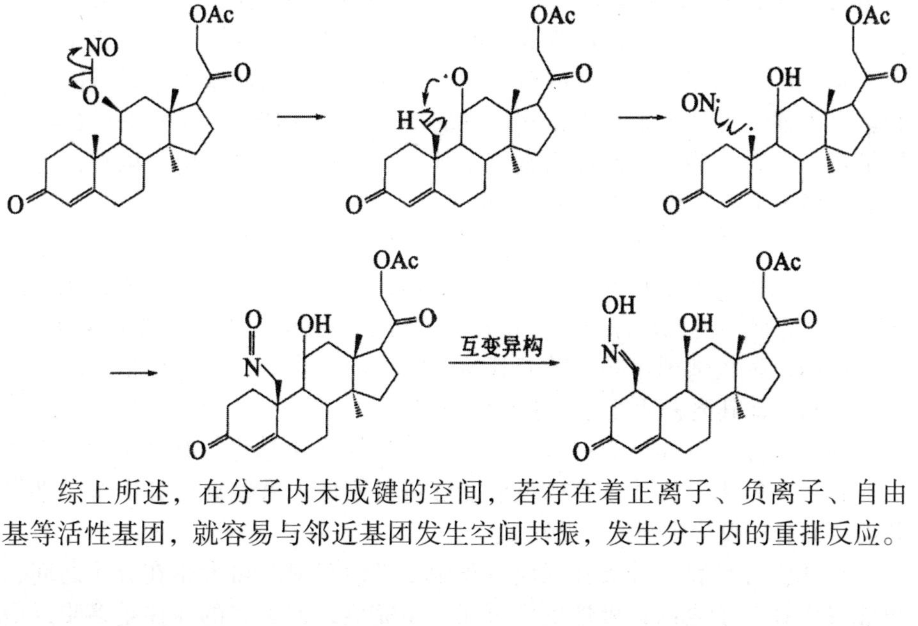

综上所述，在分子内未成键的空间，若存在着正离子、负离子、自由基等活性基团，就容易与邻近基团发生空间共振，发生分子内的重排反应。

第四节　极性反应过程中三要素及其电荷的动态变化

极性反应是共价键异裂过程，其根本原因是共价键两端的基团电负性差异较大，致使独对电子向电负性较大的一方偏移，此时电负性较小的一方的中心元素必然缺少电子而成了缺电体，因而成了亲电试剂；当其与带有异性电荷的富电体亲核试剂相互吸引、接近并成键时，与其成键的高电负性离去基团容易带着一对电子离去。这正是极性反应的一般表达式：

$$Nu^- + E\!\frown\!Y \longrightarrow Nu{-}E + Y^-$$

一、三要素的电荷动态变化趋势

从上述极性反应的一般表达式中，我们容易发现极性反应过程中三要素的动态变化：

第一，离去基本来就是具有相对较强电负性的基团，其与亲电试剂的共用电子对本来就偏向于离去基一方，否则亲电试剂也就不至于缺电。

第二，在与亲核试剂逐步成键的过程中，亲电试剂同时与亲核试剂和离去基呈部分成键状态，它的电负性也就相当于其与两个半成键基团的加和。由于逐步得到了来自于亲核试剂的部分电子而使其对于离去基的电负性呈逐渐下降趋势，因而逐渐丧失了其对该共价键上独对电子的控制力，最后由离去基将此共价键上的独对电子带走。

第三，在离去基离去过程中，因其所带有的负电荷逐渐增加，而逐步转化为富电体，其亲核性活性势必逐步增强。此时，离去基逐渐转化为亲核试剂，它既可能回攻原有亲电试剂，也可能与其他邻近亲电试剂成键。

第四，亲核试剂势必会随着其所带电荷的减少而亲核活性呈逐渐减弱趋势，相应地其离去活性也呈逐渐增强趋势。

动态地分析极性反应过程中三要素电荷的变化趋势，有利于理解极性反应过程与结果，为什么有的反应能够进行到底，有些反应处于可逆平衡状态，而有些反应则没有产物生成。

在共价键异裂这种极性反应过程中，极性反应既可发生在分子之间，也能发生在分子之内；极性反应可能一步完成，而更多的往往是多步反应串联完成的。

[例27] 乙酰乙酸乙酯在乙醇钠催化条件下与卤代烃的缩合反应。

反应机理如下：

在上述第一步反应过程中，乙氧基为亲核试剂，两羰基之间亚甲基上的 $\alpha-$ 位氢原子为亲电试剂，其余为离去基。如此看来，亲电试剂未必具有较大的质量，而离去基也未必质量较小。

第二步极性反应也是发生在分子间的。其中碳负离子为亲核试剂，与卤素成键的碳原子为亲电试剂，卤素为离去基，反应到此完成。

应该指出：上述反应机理是个简化的机理。在其中间体 M 状态下，由于碳负离子与 π 键共轭，必然导致分子内的共振，因而存在着如下可逆的共振重排反应过程：

上述共振重排反应过程是可逆的，且可逆的两个反应均是分子内的极性反应，故在上述机理解析过程中省略掉了，此种省略是为了简化反应机理解析过程。在正向反应过程中：失去质子的碳负离子为亲核试剂，邻位的酮羰基碳原子为亲电试剂，酮羰基上的碳氧双键（π 键）为离去基。在逆向反应过程中，氧负离子为亲核试剂，与其成键的碳原子为亲电试剂，烯醇中的 π 键为离去基。尽管上述反应是平衡可逆的，但根据共振论负电荷主要集中于电负性较大的原子一方，由于碱性条件下生成的烯醇式结构相对稳定，故文献中往往以烯醇式表达上述中间结构。

从上述平衡可逆反应过程可以看出：此种结构具有两可亲核试剂的性质，至于未见氧负离子为亲核试剂的反应产物是因其离去活性较强之故。正是由于存在如上共振结构，就相当于负电荷在分子内得到了一定程度的分散，相当于生成了电荷分散的、相对稳定的杂化异构体。

由于上述分子内的共振重排反应是平衡的，分散的电荷在一定条件下能够重新集中起来生成了碳负离子，为后续极性反应提供了能量和条件。

例 27 具有一般性，即一步完成的极性基元反应并不多见，多数极性反应往往是几步极性反应串联完成的。

上述实例中，所有亲核试剂均为富电体，均带有单位或部分负电荷；而所有亲电试剂均为缺电体，一般带有单位或部分正电荷；而离去基在其离去的瞬间，其电负性总是大于亲电试剂的。

迄今为止的现有文献中，一般将共振异构过程导入主反应机理解析式中，再将两个解析式合并处理：

就反应机理解析结果说来，这种机理解析没有不合理之处，且更符合共振论结构，因此为广大专家、学者所接受，已经成为约定俗成之方法。但对于初学者说来，应特别注意几个概念以避免误读：一是并非所有的碳负离子均转化成了烯醇式，而是两种结构同时共存、共处平衡，也就是说碳负离子也是客观存在的；二是电荷的分散与集中也是个可逆平衡过程，分散的电荷是能够重新集中起来的；三是作为两可亲核试剂的上述共振结构均可发生极性反应，未见氧负离子作为亲核试剂产物是因其离去活性较强之故；四是在其与亲电试剂成键的瞬间，负电荷是重新集合于碳原子上的。

笔者习惯并推荐采用碳负离子的表达方式，旨在分清主次、全面理解、避免误读。因为分子内的共振结构并不影响反应机理的解析结果，反倒容易淡化反应过程中至关重要的分子间电子转移过程描述。

在上述机理解析过程中，无论采用何种方法，其三要素的一般性原理均贯穿始终。

二、电荷分布与反应机理的关系

前已述及，酸碱性对于有机反应过程是十分重要的，它能改变极性反应三要素的性质，能将同一基团的一种功能或属性改变为另一种功能或属性。因此，何时质子化、何时脱质子不是表示方法问题，也不是可以任意表述的。它涉及了化学反应中最本质因素——三要素的性质与活性问题。

（一）含有活泼氢亲核试剂的反应机理

当氮、氧、硫、卤等杂原子与氢原子成键时，由于其与氢原子之间较大的电负性差距，其共价键上的独对电子远离氢原子而靠近杂原子，此时这些杂原子相对带有负电荷,因而成为较强的亲核试剂。在其与亲电试剂相互吸引、接近并逐步成键过程中,也就逐渐将共价键上独对电子吸引过来,氢原子也就逐渐失去电子而转化成游离的质子了。

这就说明游离的质子是协同生成的,而不可能是提前或者延后生成的。我们简单地以醇类氧原子上独对电子与卤代烃碳原子成键的过程为例,通过其中间过渡态的活性,来判断反应进行的方向,最终证明脱质子的时机。

[例28] 不同烷氧基的亲核性比较。

首先以乙醇钠与溴乙烷生成乙醚的反应为例,其生成中间过渡态及其后续反应的机理为:

在中间过渡态 M 结构上,作为亲核试剂中心元素的氧原子仍然带有部分负电荷,仍具有较强的亲核活性,能够继续与亲电试剂成键,因而能够完成反应过程。

其次以乙醚与溴乙烷的反应为例,看其反应中间过渡状态便容易预测最终结果。反应机理为:

在中间过渡态 M 结构中,中心氧原子上已经带有部分正电荷,其亲核活性下降且其离去活性增强。此时溴原子的亲核活性反倒比乙醚中心氧原子更强,离去活性却不及带有部分正电荷的氧原子,因而反应只能朝相反方向进行,只能从中间过渡状态 M 返回到初始的原料状态而不会生成任何产物。

最后研究乙醇与溴乙烷的反应。假设乙氧基是先从氢原子上离去的,则反应速度应与乙醇钠一致,而实际上反应速度远远低于乙醇钠,这就与前面假设矛盾,故质子并非是先脱去的。

假设乙氧基是后从氢原子上离去的,则在中间状态下,氧中心元素上应带部分正电荷,这就接近于乙醚与溴乙烷的反应,反应可能没有产物,这又与假设的前提矛盾,说明质子并非后脱去的。

既然乙醇的亲核活性是既不同于乙醇钠也不同于乙醚,质子就不是预先脱去的也不是后来脱去的,则只有协同脱去这一种可能性了。反应机理及其中间过渡状态应为:

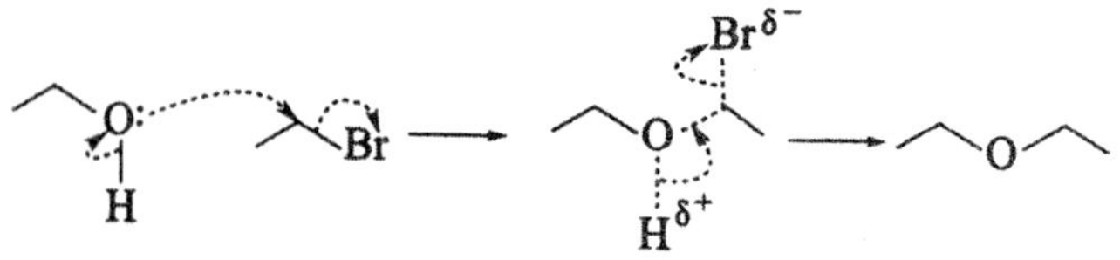

在中间过渡态分子结构上，作为亲核试剂的中心氧原子始终不带电荷，因而始终保持着一定的亲核活性，而氢氧键的断裂与碳氧键的生成是协同进行的。

实际上，醇类与溴代烷烃的反应确实是个平衡可逆过程，醚类是能够与溴化氢生成溴代烷烃与醇的：

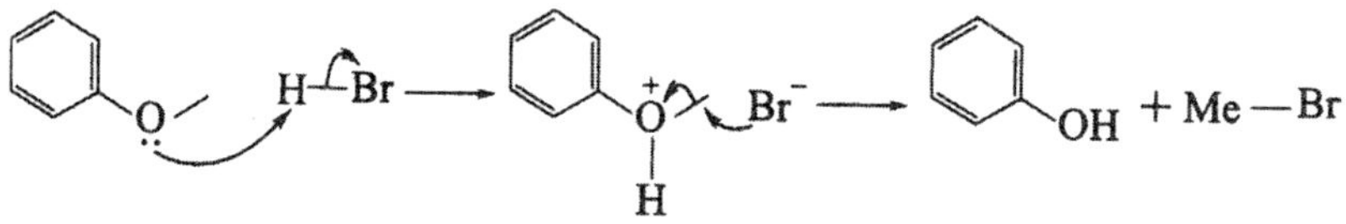

由此可见，质子的离去次序与试剂活性相关，若干文献中那些模糊质子转移次序的机理解析应予否定，由于这种质子转移次序解析的任意性颠倒了三要素的活性次序，误导了分子结构与反应活性之间的对应关系。

[例29] Pinner合成，是由腈转化为亚氨基醚，再继续转化为一个酯或脒的反应：

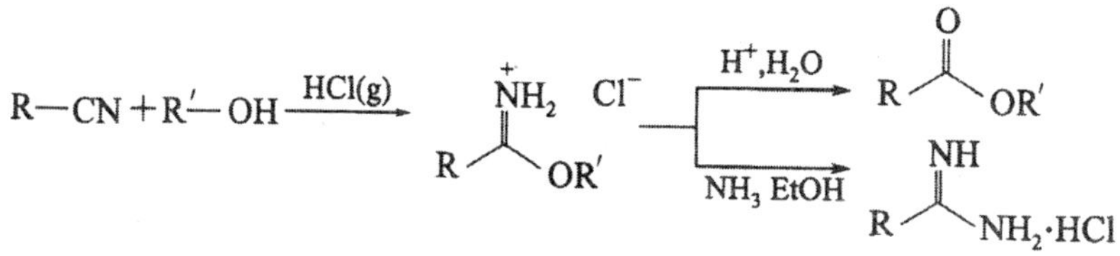

显然，生成酯的反应是在酸性条件下完成的，而生成脒的反应是在碱性条件下完成的。

现有的机理解析认为首先生成了一个共同中间体：

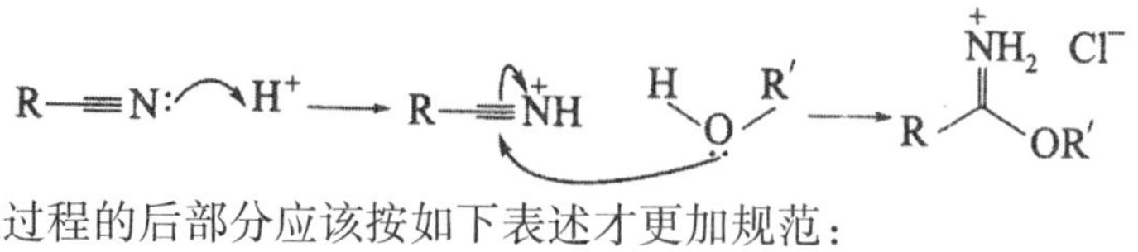

上述过程的后部分应该按如下表述才更加规范：

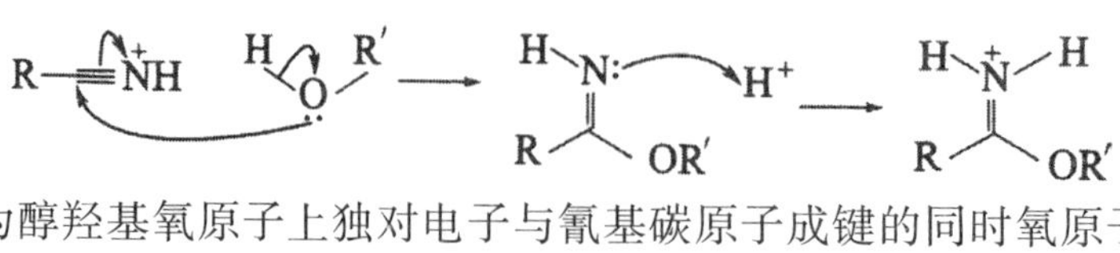

因为醇羟基氧原子上独对电子与氰基碳原子成键的同时氧原子协同地从氢氧共价键上收回了一对电子。

而后续过程的机理解析，就严重脱离离去基活性与其所带电荷关系的基本原理了。

原有的酸性条件下水解反应机理解析为：

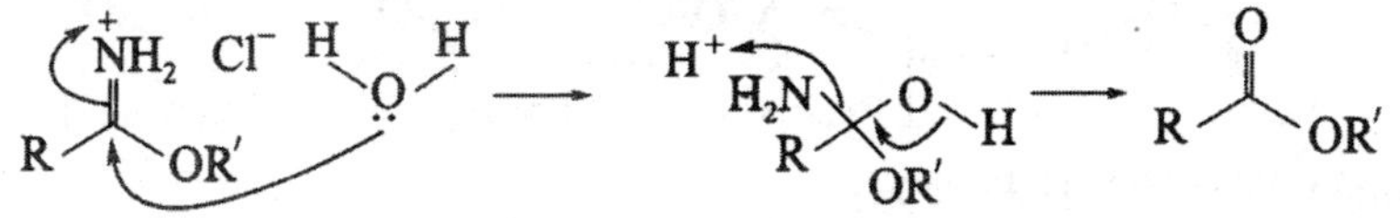

这里最主要的问题是氨基上独对电子是什么时候与质子成键的。不可能在离去之后，也不可能是协同进行，必须是在离去之前，否则烷氧基的离去活性大于氨基，就不可能是氨基优先离去了。规范的反应机理应解析为：

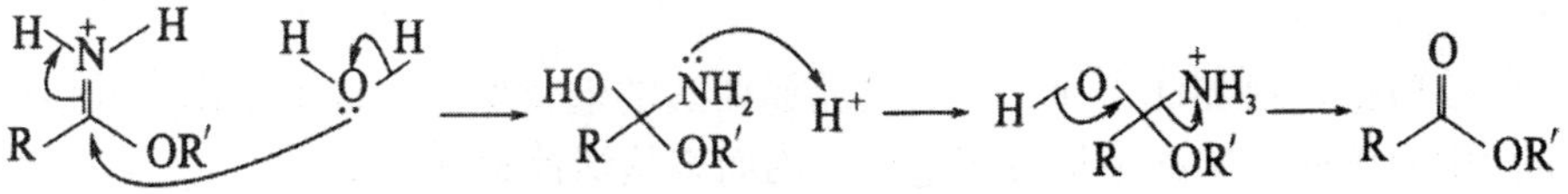

原有的碱性条件下氨基取代反应机理解析为：

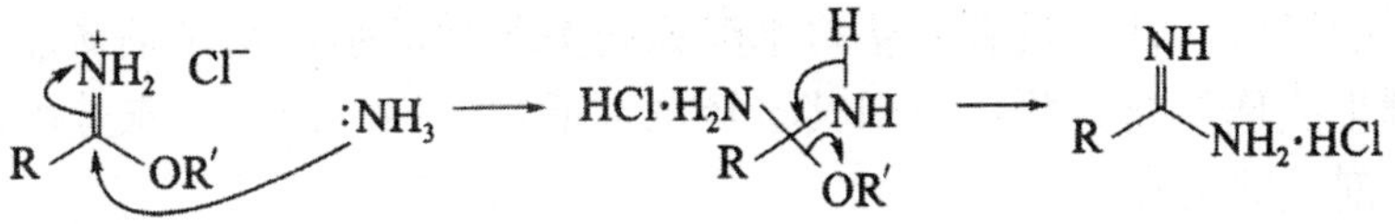

这里最主要的问题是氨基在成盐状态下，氨基正离子的离去活性竟然低于烷氧基。这颠倒了离去基的离去活性次序，违反了结活关系最基本的常识。规范的反应机理应解析为：

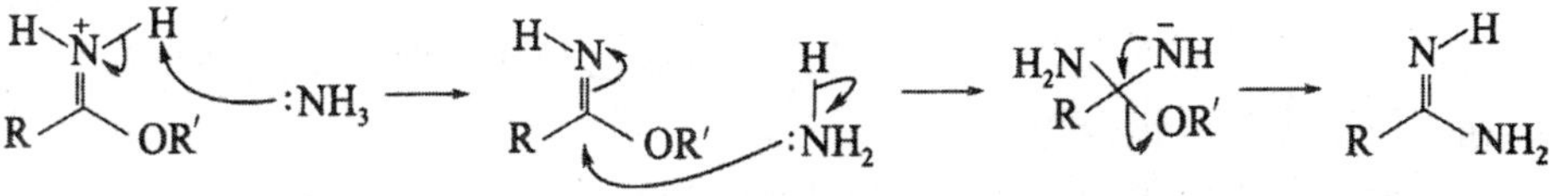

这种脒类产物只有在低温、酸性条件下才能生成盐酸盐：

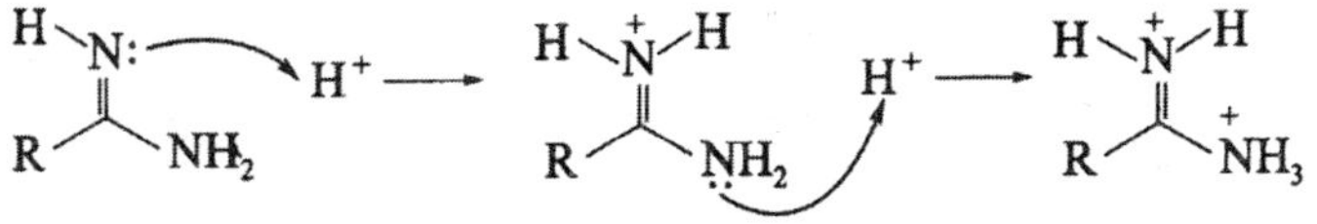

比较两种不同的机理解析结果，容易判断真伪与优劣。在不同的酸碱性条件下，氨基与羟基的离去活性不同，因而最终产物不同。由这一基本规律容易推测，基团的质子化与脱质子次序不可能是任意的，也绝不可以任意表述。

（二）含活泼氢芳烃的反应机理

含有一个协同脱除的活泼氢，是含氢亲核试剂较强活性的主要原因，脂肪族化合物是如此，芳香族化合物也是如此。

例如，苯酚、苯胺的亲核活性之所以较其他芳烃更强，其原因可从其反应机理解析过程中观察到。以苯酚为例，分子上含有三个亲核质点——氧独对电子、羟基邻位与羟基对位。其共振结构为：

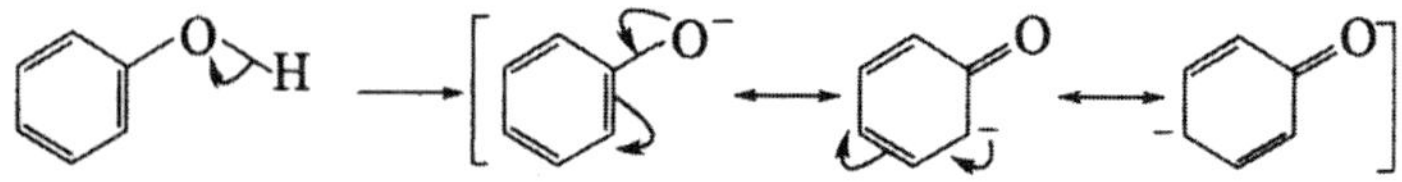

苯酚与溴素的反应机理为：

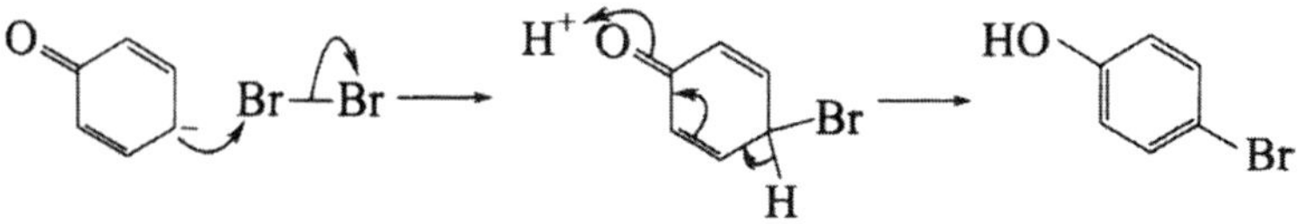

反应进行得如此迅速，不需要路易斯酸的催化作用，皆由于作为亲核试剂的中心碳原子始终不带有正电荷，因而亲核活性较强。

可以理解为：以芳胺为亲核试剂的反应遵循与上述类似的机理，且具有类似的反应活性。只有芳胺与苯酚这两类芳烃的强亲核试剂才能与重氮盐成键生成偶氮化合物，是因其亲核试剂活性较强，能与尚未分解的重氮亲电试剂成键之故。

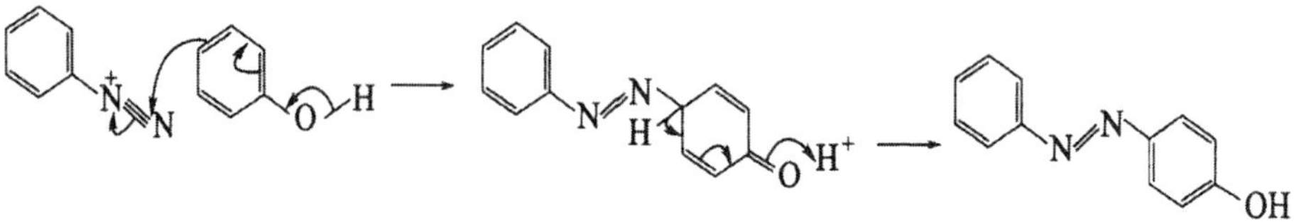

而当其他芳烃具备反应活性时，重氮盐已经热分解成了芳基正离子，因而不能生成偶氮化合物。

可以理解为甲苯相对其他芳烃活泼，也存在类似的共振结构。

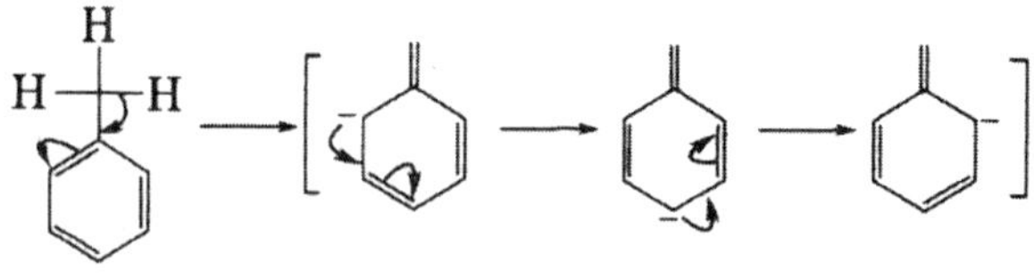

由此可见，含活泼氢亲核试剂之所以活泼，是由其质子协同脱去的反应机理决定的。

综上所述，认识和把握亲核试剂与亲电试剂成键过程中各元素的电荷变化，特别是含有活泼氢亲核试剂的电荷变化，对于认识和评价三要素的反应活性至关重要，是正确解析反应机理的理论基础。

第五节　分子内空间诱导效应

在分子内空间距离不超过范德华半径之和的两个未成键原子间，存在着一种同性相斥、异性相吸的静电作用力，此现象被定义为分子内空间诱导效应。它直接影响分子内电子云密度分布，因而对分子的物理性质、化学性质均产生显著的影响。

一、分子内空间诱导效应的起源、特点、作用与形式

有机分子是共价键化合物。共价键是以一定杂化轨道的原子间形成的，它有一定的键角与键长，由此容易想象出它们的空间结构与距离。

原子间距离的概念非常重要，因为无论是万有引力还是电荷之间的引力，无不与质点间距离相关，且距离越近的质点间的作用力也就越大。原子间距离不能无限制缩小，因为当它们之间的距离小于它们的成键半径之和时，原子核间电子云密度增加形成斥力，该斥力会使原子核彼此远离至成键的平衡位置——共价半径的位置，因此讨论小于共价半径的原子间距离没有意义。当原子间距离足够大，大于两原子的范德华半径之和时，原子间的作用力很小，对化合物的物理化学性质影响很小甚至可以忽略不计，故讨论大于范德华半径之和的原子间距离也无必要。

我们将要讨论的是原子间距离大于原子的成键半径之和因而未成键，而又小于原子间的范德华半径之和而又未彼此远离，因而相互间作用力，无论是引力还是斥力，均不容忽视分子内空间诱导效应的作用。

由分子内空间诱导效应的定义可以得出：

（1）它是分子内处于范德华半径距离以内的未成键原子间的静电作用力，是分子内两个带电的原子间形成了空间电场，根据两质点所带电荷的差异，同性相吸、异性相斥。

（2）既然是在两质点间形成的空间电场，则分子内空间诱导效应不是沿着化学键传播而是在空间沿着直线传播的，故原子间距离只能按原子间的空间距离计算。

（3）未成键原子间异性电荷引力的存在，相当于两原子间处于半成键或部分成键状态，显著地影响了分子内的电子云密度分布，进而影响该分子的物理性质和化学性质。

（4）这种分子内未成键原子间的静电作用，体现为多种影响方式。目前所见到的相关现象，如氢键效应、γ-位效应、邻位基效应等，均属于分子内空间诱导效应的不同形式。

由此看来，分子内空间诱导效应涉及概念之广、影响范围之深，均属不容忽视的、非常重要的客观现象。

对于分子内空间诱导效应之影响，邻位基效应可作为典型实例。在芳烃邻位未成键的原子处于空间五元环或空间六元环条件下，由于共价键的转动和振动，总有一个时刻使得两元素间距离最小化，此时未成键两个原子X、Y间处于半成键或部分成键状态，此种状态下分子内空间诱导效应也最显著。

二、分子内空间诱导效应与分子内氢键

氢键的概念为人们所熟知：当氢原子与强电负性原子（如氟、氧、氮）形成共价键时，由于电负性的较大差异使共用电子对偏向于电负性较大的原子一方，氢原子便带有部分正电荷而形成活泼氢；由于活泼氢的原子半径小、屏蔽效应小，容易与另一电负性大的原子（如氟、氧、氮）非共用独对电子间产生静电引力而形成氢键。氢键是个比较强的静电作用力，远比范德华力大，能量范围在2~10kcal/mol之间，氢键能够发生在分子间，也能发生在分子内而形成分子内氢键。

分子内氢键的概念承认了分子内不同原子间异性电荷的相互吸引，这与分子内空间诱导效应的概念十分契合。然而两者仍有区别：

一是分子内氢键所关注的是几个最强电负性原子（N、O、F）与活泼氢之间的静电作用力，并未涉及其他较强电负性原子和非活泼氢原子。

二是分子内氢键所关注的是2~10kcal/mol之间的较强的静电作用力，而能量范围小于2kcal/mol的不够强的静电作用力并未涵盖其中。

由此可见，分子内空间诱导效应的概念是对于分子内氢键概念的拓展与延伸，它涵盖了氢键的概念又不限于氢键的范围。而恰恰此种拓展与延伸具有十分重要的意义，因为只有分子内空间诱导效应，才能解释分子内电子云密度分布规律，才能解释不同异构体物理性质规律，才能解释异构化合物的不同化学性质。

[例30] 甲基吡啶的邻、间、对位异构体在光氯化反应过程中，只有邻甲基吡啶可以制成氯甲基、二氯甲基和三氯甲基吡啶化合物，其余两个异

构体在光氯化反应过程中结合。

因为吡啶的分子结构比较特殊，尽管氮原子的杂化轨道为 sp^2 杂化，基于这点其碱性不应太强，但因氮原子具有较大的电负性，使得芳环上大 π 键显著向氮原子方向偏移，致使吡啶上氮原子具有较大的碱性，因此具有较大的亲核性，是较强的亲核试剂。

当间位或者对位的甲基上发生氯代反应而生成氯甲基后，氯甲基上碳原子就成了含有离去基的较强的亲电试剂了，故分子间缩合反应能够发生，必然导致多分子聚合而结焦。以间甲基吡啶为例，其氯代物不会稳定，反应机理为：

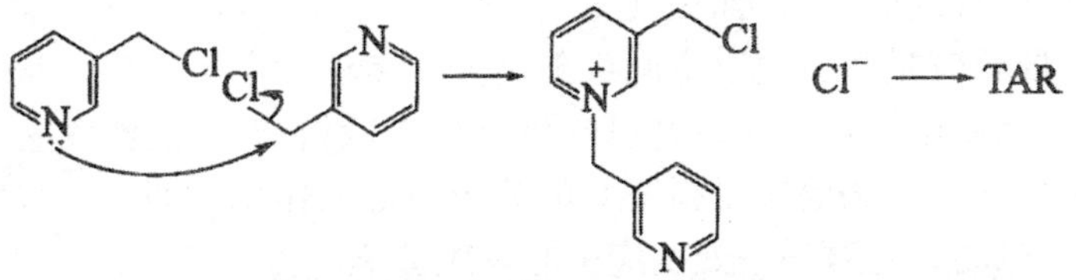

对甲基吡啶与此类似，而邻甲基吡啶就不同了。由于邻位甲基上的氢原子与吡啶环上氮原子间存在着分子内空间诱导效应，致使其原料、一氯代产物、二氯代产物的亲核活性下降而化学性质比较稳定。

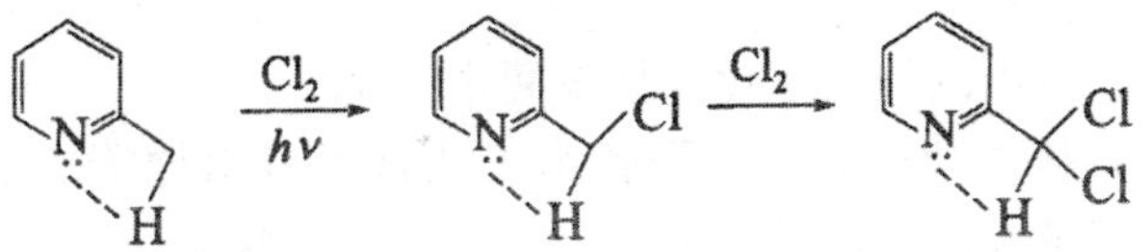

在邻二氯甲基吡啶生成邻三氯甲基吡啶后，虽然分子内空间诱导效应消失，但此时生成的三氯甲基是高电负性基团，具有较大的诱导效应，其位置也刚好处于吡啶氮原子的邻位，其吸电的诱导效应显著减少了邻位氮原子上的电子云密度，致使其亲核活性明显下降。故邻三氯甲基吡啶的碱性与亲核活性显著地减弱了，化学性质也相对稳定。

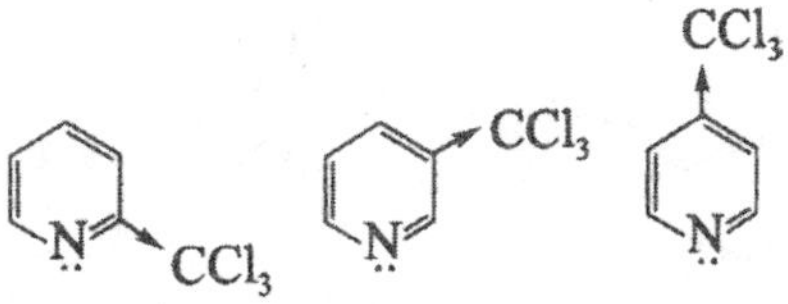

容易理解：对位三氯甲基吡啶的化学稳定性高于间位三氯甲基吡啶。

本例证明：空间诱导效应对于化学性质的影响十分显著，是不容忽视的静电作用力。这是用氢键概念所无法解释的，因为此种结构下并不存在活泼氢，也就不存在氢键。

由此可见，分子内空间诱导效应是分子内氢键概念的拓展和延伸，分子内氢键是分子内空间诱导效应的特殊形式，这就是两者之间的区别与内在联系。

三、分子内空间诱导效应与场效应

场效应（Field effect，记作 F）的概念是国外学者戈尔登与斯托克提出来的，因其屡屡出现在国内外的教科书或学术专著上而闻名于世。然而，所有文献总是列举那么两个相同的实例，且场效应概念本身也经不起理论上的推敲，在实践上又未见其对于研究化学反应过程的指导作用。

场效应通常以如下两句话描述：

（1）场效应是直接通过空间或溶剂分子传递的电子效应，是一种长距离的极性相互作用，是作用距离超过两个 C—C 键长时的极性效应。

（2）化学中的场效应是指空间的分子内静电作用，即某一取代基在空间产生一个电场，它对另一处反应中心发生影响。

关于场效应的概念也认为：场效应的方向与诱导效应的方向往往相同，一般很难将两种效应区别开。

上述所谓的场效应概念，在其起源、传播、作用等各个方面，均具有模模糊糊的神秘色彩。

场效应概念提出的依据是发现如下两个实例：

一是如下结构的化合物，当取代基 X 为卤素或氢原子的不同结构状态下，羧酸水溶液中 pK_a 值差异较大。

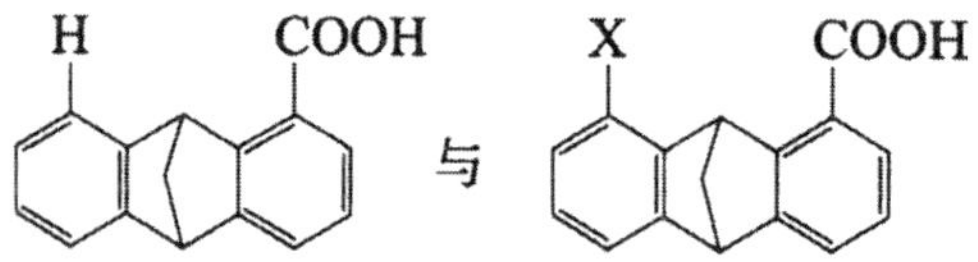

二是如下不同空间异构体的 pK_a 值差异较大：

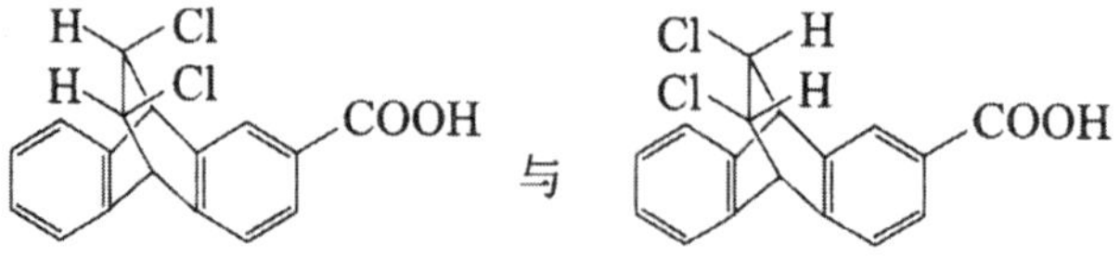

在用场效应的概念解释如上实例中基团之间的相互关系时，认为生成分子内氢键的可能性小，而—X 与—COOH 之间距离较远，相当于 4 个化学单键的距离。

上述关于场效应的讨论是缺乏理论依据的：

（1）在场效应的起源上，说是"某一取代基在空间产生电场，它对另一反应中心发生影响"。那么，电场是否需要正负两极呢？是某个取代基还是分子内两个未成键的带电的原子间？

（2）在电场的传播方式上，所谓"空间的分子内静电作用"未免过于模糊与抽象了，而"直接通过空间或溶剂传播"更让人产生无穷的想象空间。

（3）在场效应的作用距离上，是"超过两个 C—C 键长"。这个键长的标准是什么？是沿着化学键测量的折线还是空间距离的直线？研究空间作用力而不采用空间距离显然不合适。

（4）在场效应的作用上，是"对另一处反应中心发生影响"。是什么样的影响？影响的趋势是什么均无答案。

由于场效应概念的模糊与错误使得人们无法沿袭使用，只有运用分子内空间诱导效应的概念，才能准确地解释上述实例的因果关系。

对于实例一来说，将化合物结构改写为如下结构：

从此分子的空间结构观察，芳环上 X 原子与羧基上的活泼 H 原子间的空间距离已经处于两个未成键元素范德华半径之和的范围内了，再考虑到上述结构中两芳环之间并非平面，而是带有 109° 的角度，实际两元素的空间距离就更加接近，两者之间范德华力的作用——分子内空间诱导效应更为显著。当 X 为较强电负性基团时，其与氢原子之间的相互引力形成了空间环状结构，使得"环上"各元素间的电子云密度趋于平均，因而抑制了羧基的离解，因而酸性势必弱些。总之，此化合物的空间作用力并不复杂，就是作用于 X 原子与羧基 H 原子之间的空间诱导效应。

对于实例二说来，将化合物结构改写为如下结构：

改写后分子的空间结构已经表明：羧基的活泼氢原子与氯原子间的空间距离已经处于两元素的范德华半径之和范围内，同样是"空间环状结构"抑制了羧基的离解，归根结底是 Cl 或 H 原子与羧基 H 的作用力方向完全不同所导致的差异。

由此可见，场效应的概念并未发现和解释分子结构的内在规律，仅仅是对于分子内空间诱导效应做出了模糊的、错误的解释。

由此可见，空间诱导效应的概念无论在其起源、传播、影响、作用的各个方面都是具体的、明确的和科学的。对于结构简单的芳烃说来，邻对位异构体之间物理性质、化学性质的差异概出于此。

四、分子内空间诱导效应对于反应活性的影响

分子内空间诱导效应显著影响分子内带电原子的电荷分布，因而势必影响反应活性。

所有基团都有一定的体积因而占有一定空间，所有的基团总是比氢原子的体积大得多。故从空间障碍角度看，芳烃邻位的反应活性无疑是占劣势的，因其受到了空间障碍的影响。然而，空间障碍只是影响因素之一，还有电子因素的影响存在着，纵观芳烃作为亲电试剂的反应，两个邻位取代基间能够形成五元环或六元环的芳烃，取代基邻位上的反应活性往往高于对位异构体。

[例31] 医药Sulfalene原料的合成：

这是由于分子内空间诱导效应之影响决定的，空间诱导效应的作用相当于生成了五元环状的共振杂化体：

当邻位活泼氢与溴原子间相互吸引而形成空间诱导效应时，相当于溴与氢间处于半成键状态，这同时也削弱了原有的溴－碳 σ 键。

即便在两个邻位取代基所带电荷相同时，由于它们之间的距离足够接近，在其振动或转动的过程中，其距离在范德华半径范围内甚至已经接近于成键半径，此时两元素间的电子云呈现部分重合或部分交盖状态，已经具有半成键的特点，邻位基的反应活性势必增强。

上述这种由于两个未成键元素之间电子云的部分重合而导致的反应活性的增加，我们称之为空间共振的另一种形式，空间共振现象仍使得半成环状态的电子云密度趋于平均，从而使得反应活性增强。

[例32] S,S-（2,8）-二氮杂双环[4,3,0]壬烷结构中，两个氮原子（N,N*）在药物合成过程中的亲核活性差异甚大：

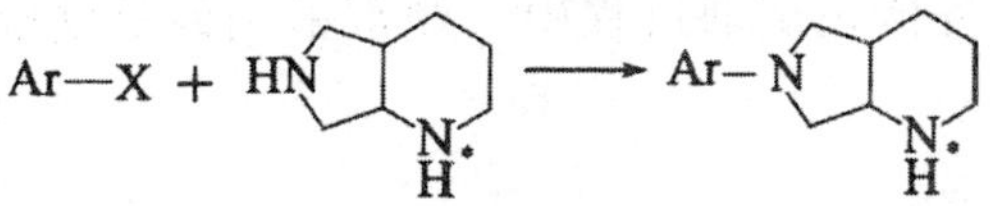

这是由于空间诱导效应影响的必然结果。观察下面的分子结构：

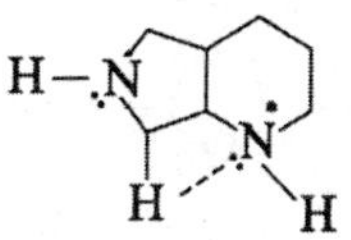

显然，氮原子上的独对电子为裸露的独对电子，具有较强的碱性也具有较强的亲核活性，而 N* 原子的独对电子与氢原子之间处于空间诱导效应状态下，其碱性与亲核活性显著降低。正是 N 与 N* 在分子内的空间诱导效应不同，决定了亲核活性的较大差异。在独对电子与邻位氢原子生成不规范的空间五元环状的空间诱导效应时，其亲核活性显著降低。

无独有偶，对氨基说来，其范德华半径距离范围内存在另一原子时，容易与氨基之间形成分子内空间诱导效应：

（1）如果氨基邻位为缺电体如活泼氢，则其与氨基独对电子之间处于半成键状态而减弱了氨基的碱性。

（2）如果氨基邻位为较大电负性的元素，则其与氨基上活泼氢处于半成键状态也减弱了氨基的碱性。

总之，氨基邻位的所有基团均减弱其碱性。一般来说，碱性越强，其亲核活性也就越强。既然分子内空间诱导效应均减弱了有机胺的碱性，则势必减小其亲核活性。

[例33] 环丙沙星的合成机理如下：

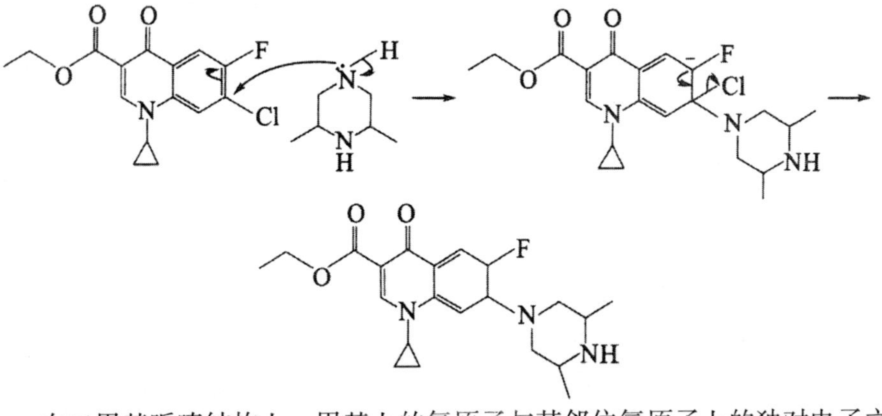

在二甲基哌嗪结构上，甲基上的氢原子与其邻位氮原子上的独对电子之间形成了分子内空间诱导效应，因而使其碱性与亲核活性均显著下降。而邻位无甲基的氮原子的亲核活性则不受影响，反应过程没有异构体产生。

[例34] 在制备格氏试剂过程中，经常采用四氢呋喃为溶剂参与络合反应。

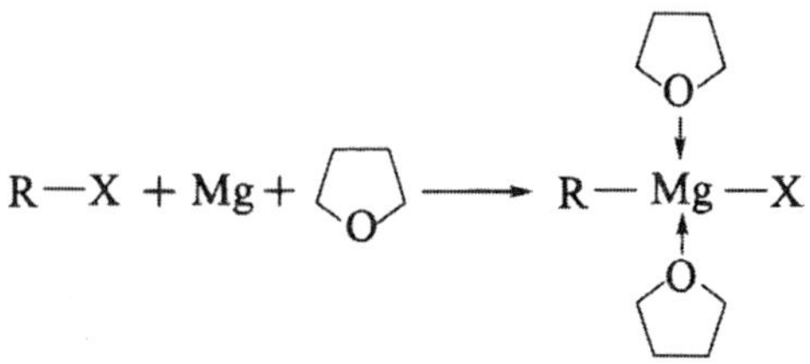

$$R-X + Mg + \langle O \rangle \longrightarrow R-Mg-X$$

为了解决四氢呋喃难于回收的问题，人们试图以甲基四氢呋喃代替四氢呋喃，然而成功的案例甚少。只要了解了空间诱导效应的概念就很容易辨别两者差异。甲基四氢呋喃的碱性与亲核活性远小于四氢呋喃，这是其不能代替四氢呋喃的主要原因。

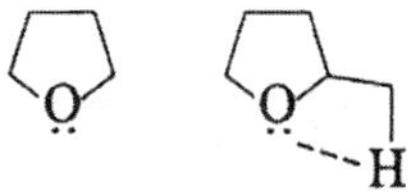

邻位基之间的分子内空间诱导效应是比较容易观察到的。而更复杂的分子结构则需了解其空间状态。

本章强调了化学反应机理解析的理论基础，反应机理解析不能偏离这些基本原理。

第四章
加成反应机理研究

加成反应是有机反应中最常见的反应类型之一，由多个反应物加合生成一个产物。被加成反应物含有不饱和键，如碳碳双键、碳碳三键、碳氧双键、碳氮双键等，加成过程中不饱和键的数目减少，单键的数目增加。根据加成试剂的性质不同，加成反应可分为亲电加成反应、亲核加成反应、自由基加成反应和环加成反应，其中环加成反应按协同机理进行，将在周环反应部分讨论。

亲电加成反应：

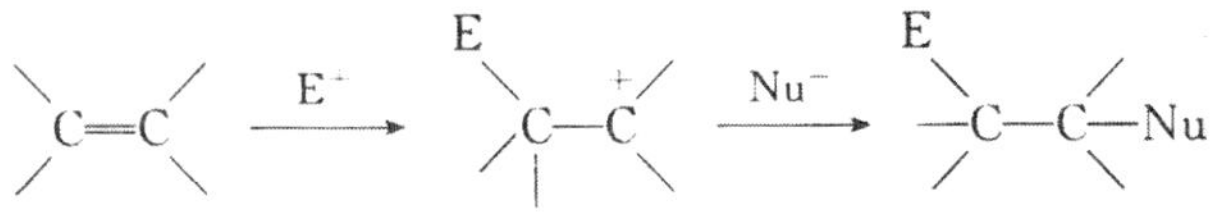

亲核加成反应：

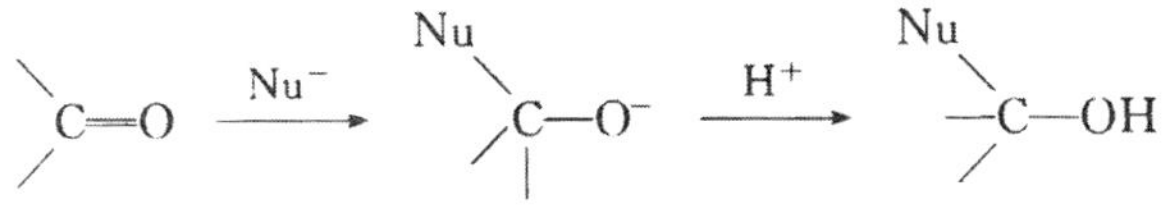

自由基加成反应：

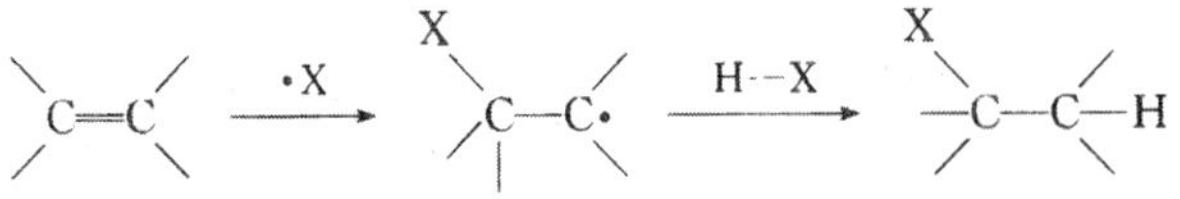

第一节　亲电加成反应

一、反应概述

烯烃是平面结构，π电子云在分子平面的上部和下部，受核引力小。电子向外暴露的态势较为突出，使烯烃成为富电子分子，容易给出电子、受到缺电子试剂（即亲电试剂）进攻而发生加成反应生成饱和化合物。这种亲电试剂进攻不饱和键而引起的加成反应称为亲电加成反应。

二、反应活性

通常不饱和键上的电子云密度越高，亲电加成反应速率越快。亲电加成是烯烃和炔烃的特征反应，因为碳碳三键的供电子能力不如碳碳双键，所以炔烃比烯烃较难进行亲电加成反应。亲电加成活性：烯烃 > 炔烃。

1870 年，俄国化学家 V.M.Markovnikov 首次提出了烯烃与卤化氢加成的区域选择性规律，即不对称烯烃与卤化氢等极性试剂进行加成反应时，氢原子总是加到含氢较多的碳原子上，氯原子（或其他原子、基团）则加到含氢较少或不含氢原子的碳上。因此称 Markovnikov 规则（Markovnikov rule）。当分子中不含氢原子的亲电试剂或不饱和烃中含有吸电子基团时，Markovnikov 规则还可以用如下方式表达：不对称烯烃与极性试剂加成时，首先试剂中的正离子或带部分正电荷部分加到重键中带部分负电荷的碳原子上，然后试剂中的负离子或带部分负电荷部分加到重键中带部分正电荷的碳原子上。即如果烯烃的双键碳原子上连有—CF_3、—CN、—$COOH$、—NO_2 等吸电子基团（electron-withdrawing group），常生成反马氏加成的产物。

三、共轭二烯烃的亲电加成反应

共轭二烯烃的亲电加成反应活性比简单烯烃快得多。这是由于共轭二烯烃受亲电试剂进攻后所生成的中间体是烯丙型碳正离子，由于烯丙型碳正离子存在共轭效应，其稳定程度较大。共轭二烯烃由于其结构的特殊性，与亲电试剂——卤素、卤化氢等能进行 1,2- 加成和 1,4- 加成反应，二者是同时发生的，两种产物的比例主要取决于试剂的性质、溶剂的性质、温度和产物的稳定性等因素，一般情况下，以 1,4- 加成为主。反应条件对产物的组成有影响：高温有利于 1,4- 加成，低温有利于 1,2- 加成；极性溶剂有利于 1,4- 加成，非极性溶剂有利于 1,2- 加成。

第二节 亲核加成反应

一、反应概述

由亲核试剂与底物发生的加成反应称为亲核加成反应。反应发生在碳氧双键、碳氮叁键、碳碳叁键等不饱和的化学键上。

二、反应机理

醛、酮的羰基在亲核试剂进攻下，可以发生亲核加成反应。亲核加成反应的历程可表示如下：

首先，亲核试剂进攻羰基碳原子，并与之结合成 σ 键，该步慢反应是亲核加成反应的决速步骤。然后反应试剂中的亲电部分与带有负电荷的氧原子结合生成加成产物，这是一步快反应。反应过程中，带负电的亲核试剂先进攻羰基中的正电中心碳原子，原因在于这样反应后生成的氧负离子是比较稳定的八隅体结构；反之，若进攻试剂中的亲电部分先与带负电的羰基氧原子反应，生成的碳正离子周围只有 6 个电子，这样的结构是不稳定的。

下面以与亚硫酸氢钠的加成为例进行介绍。

醛、脂肪族甲基酮和少于 8 个碳的环酮与过量的饱和亚硫酸氢钠水溶液发生亲核加成反应生成 α- 羟基磺酸钠，该产物不溶于饱和亚硫酸氢钠溶液，以白色晶体的形式析出。

羰基化合物与亚硫酸氢钠的加成反应历程为：

反应过程中，作为亲核试剂进攻羰基的是亚硫酸根负离子。硫原子的亲核能力强于同周期的氧原子，因而亚硫酸根是较强的亲核试剂，故反应不需要催化剂。但由于亚硫酸根体积较大，所以反应过程中的空间位阻也大。当它与连接有较大烃基的羰基化合物反应时，反应进程会受到明显的影响。下面列出的是几种羰基化合物与浓度为 1mol/L 的亚硫酸氢钠溶液反应 1h 后的产率，可以清楚地看出随着烃基体积的增大，反应的产率不断下降。

Grignard 试剂中碳镁键的极化程度高，碳原子电负性大于镁，因而带有部分负电荷。反应过程中，Grignard 试剂的碳镁键异裂，烃基负离子作为亲核试剂带着 C—Mg 键的一对键合电子进攻羰基的碳原子，形成新的 C—C 键。然后，—MgX 与生成的氧负离子结合，这是一步快反应。生成的加成产物不需分离，可直接进行水解反应生成醇。

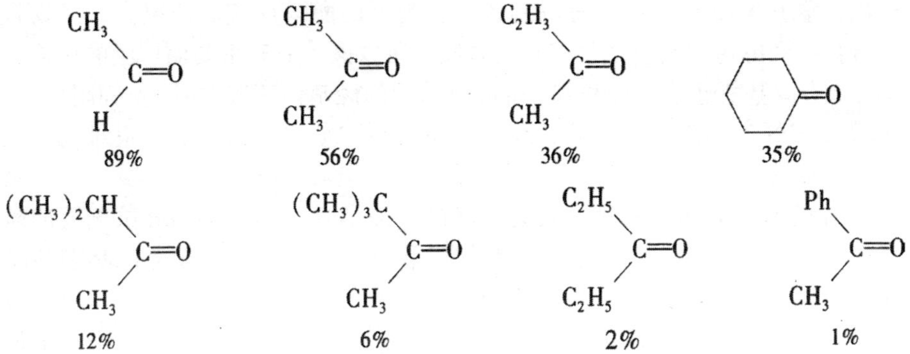

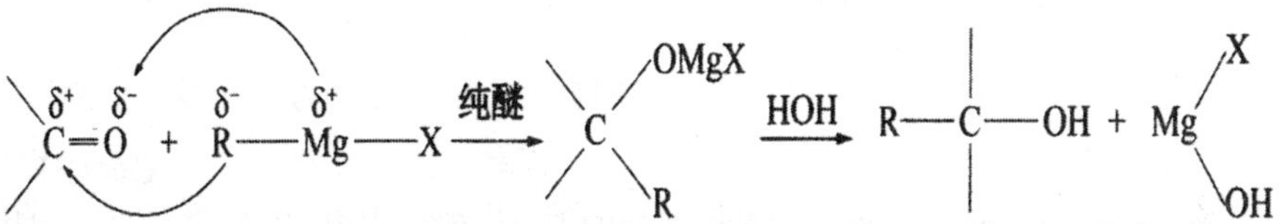

Grignard 试剂与甲醛反应后水解生成伯醇，与其他醛反应后水解生成仲醇，与酮或酯反应得到的是叔醇。例如：

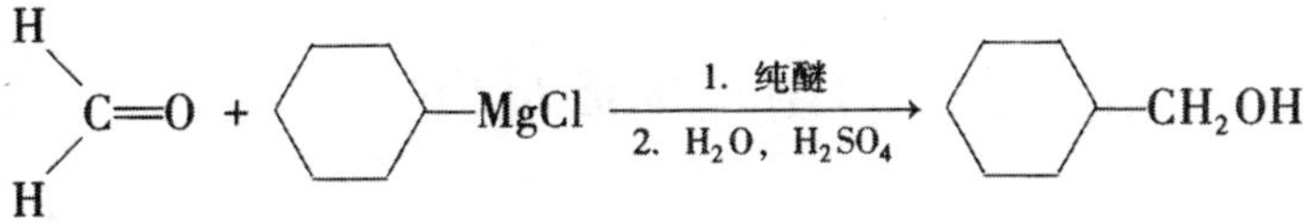

$$(CH_3)_2CHCOCH(CH_3)_2 + C_2H_5MgBr \xrightarrow[2.\ H_2O,\ H^+]{1.\ \text{纯醚}} (CH_3)_2CH\underset{OH}{\overset{C_2H_5}{C}}CH(CH_3)_2$$

$$2CH_3MgBr + (CH_3)_2CH\underset{\|\atop O}{C}\text{—}OMe \xrightarrow[2.\ H_2O,\ H^+]{1.\ \text{纯醚}} (CH_3)_2CH\text{—}\underset{OH}{\overset{CH_3}{C}}\text{—}CH_3$$

叔醇很容易脱水生成烯烃，Grignard 试剂与酮反应后的混合物用稀盐酸分解，生成的叔醇会立刻发生脱水反应，得到烯烃。例如：

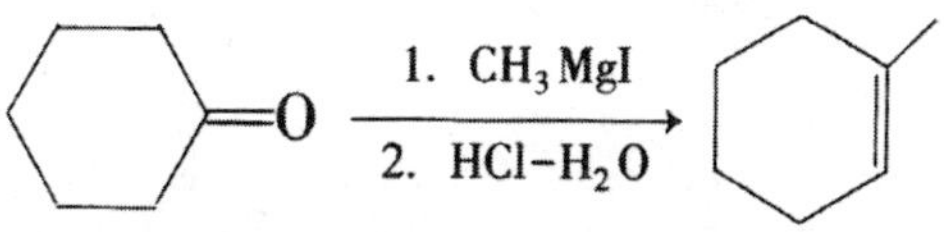

用酸性的磷酸盐缓冲溶液，将反应体系的 pH 值控制在 5 左右，可以避免脱水反应的发生。

Grignard 试剂的亲核能力很强，并且与大多数羰基化合物的反应是不可逆的。采用 Grignard 试剂可以制备多种类型的醇，反应的产率高，产物容易分离。而醇可以转变成很多种化合物，所以该反应有重要而广泛的用途。但是，当羰基所连接的烃基或 Grignard 试剂的烃基体积较大时，空间阻碍大，导致反应的产率降低，甚至使反应无法进行。如 Grignard 试剂很难与二叔丁基酮反应。

有机锂试剂体积较小，具有较高的反应活性。当 Grignard 试剂反应效果不好时，可选用有机锂试剂进行反应。例如：二叔丁基酮与叔丁基锂反应，仍然可以生成叔醇。

$$(CH_3)_3C\!-\!\overset{\overset{\textstyle O}{\|}}{C}\!-\!C(CH_3)_3 \ +(CH_3)_3CLi \xrightarrow[-70℃]{醚} [\,(CH_3)_3C\,]_3COH$$

醛、酮也可以与炔钠发生反应，产物经水解后转化为含有炔基的醇。

第三节　自由基加成反应

一、自由基的产生方法

自由基反应为链式反应，过程包含三个阶段：链引发、链增长和链终止。自由基引发和反应试剂、反应条件有关。常用的引发方法有四种：高温裂解、过氧化物或偶氮化合物的裂解、光解均裂、电子转移。高温裂解常见于石油重整，在高温下发生 C—C 键的均裂，使重油变成轻油。和 C—C 键（键能 =355.8kJ/mol）、C—H 键（键能 =414.4kJ/mol）相比，过氧化物中的 O—O 单键（键能 =142.3kJ/mol）在较低的温度下发生均裂，产生氧自由基。

偶氮化合物对热敏感，加热条件下可以产生烷基自由基，如常用自由基引发剂偶氮异丁腈在 70℃ ~ 80℃下的热解，分解活化能为 129kJ/mol。

$$NC \overset{\frown}{\underset{}{\cap}} N = N \overset{\frown}{\cap} CN \xrightarrow{\triangle} 2 NC\!\cdot + N_2$$

卤素（Cl_2，Br_2，I_2）能吸收紫外光，发生基态到激发态的跃迁，产生光致共价键的均裂，次氯酸酯也是如此：

$$Cl \overset{\frown}{\cap} Cl \xrightarrow{h\nu} 2\ Cl\!\cdot$$

$$RO \overset{\frown}{\cap} Cl \xrightarrow{h\nu} RO\!\cdot + Cl\!\cdot$$

一些无机金属离子具有氧化还原的性质，在氧化还原过程中势必涉及电子转移，如 Fenton 试剂，可作为自由基引发剂：

$$RO{-}OH + Fe^{2+} \longrightarrow RO\!\cdot + OH^- + Fe^{3+}$$

除高温裂解在实验室难于控制以外，过氧化物或偶氮化合物的低温裂解、光致裂解和电子转移是实验室常用的自由基反应引发方法。

二、烯烃的自由基加成反应

（一）烯烃与溴化氢的自由基加成反应

通常烯烃和 HBr 反应生成马氏规则加成产物，但当混合物中有过氧化物存在时，反应主要生成反马氏规则加成产物。

$$\diagup\!\!\!= + HBr \xrightarrow{ROOR} \diagdown\!\!\!\diagup^{Br}$$

在过氧化物存在下，加 HBr 的反应通过自由基机理进行。自由基链的增长主要取决于新自由基的相对稳定性，这也决定了反应的区域选择性。在上述异丁烯和 HBr 的反应过程中，异丁烯和溴自由基的反应能生成两种自由基中间体 A 和 B，A 为叔碳自由基，较伯碳自由基 B 稳定，A 优先于 B 生成，夺取 HBr 中氢原子，最后生成的主要产物为 1-溴-2-甲基丙烷。

链引发：

$$RO \overset{\frown}{\cap} OR \xrightarrow{\triangle} 2RO\!\cdot$$

$$R\overset{\cdot}{O} + H \overset{\frown}{\cap} Br \longrightarrow RO{-}H + Br\!\cdot$$

链增长：

A　　较稳定

B

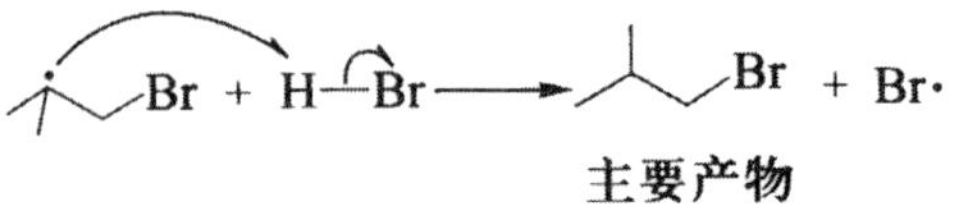

主要产物

链终止：

$$Br\cdot + Br\cdot \longrightarrow Br_2$$

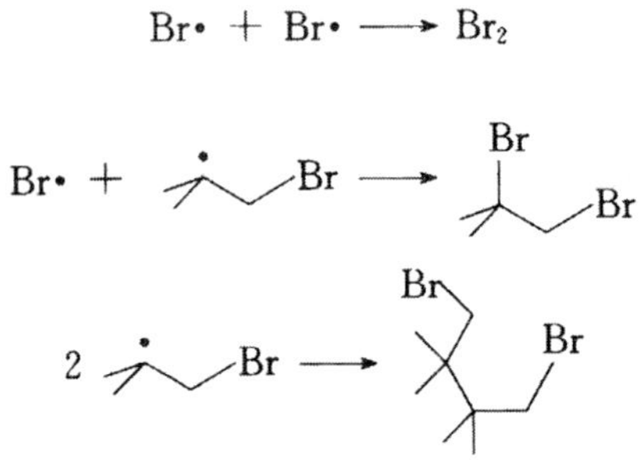

（二）烯烃与卤代烷的自由基加成反应

在光照、加热或自由基引发剂存在下，卤甲烷与烯烃发生自由基加成反应，末端烯烃的加成具有区域选择性。例如，

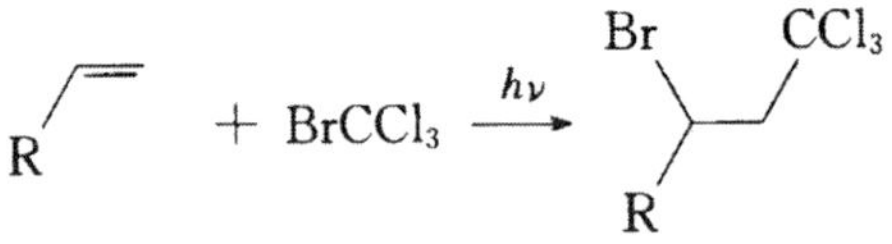

反应机理与加 HBr 相似。首先，在光照下 $BrCCl_3$ 中易断裂的 C—Br 键发生均裂，形成两个自由基，即 $Br\cdot$ 和 $Cl_3C\cdot$。然后，$Cl_3C\cdot$ 加成到烯烃末端碳原子上，形成较稳定的仲碳自由基，后者夺取 $BrCCl_3$ 的溴原子，导致 C—Br 键断裂，形成新的 $Cl_3C\cdot$，从而实现链增长。

链引发：

$$Br\!-\!CCl_3 \longrightarrow Br\cdot + \cdot CCl_3$$

链增长：

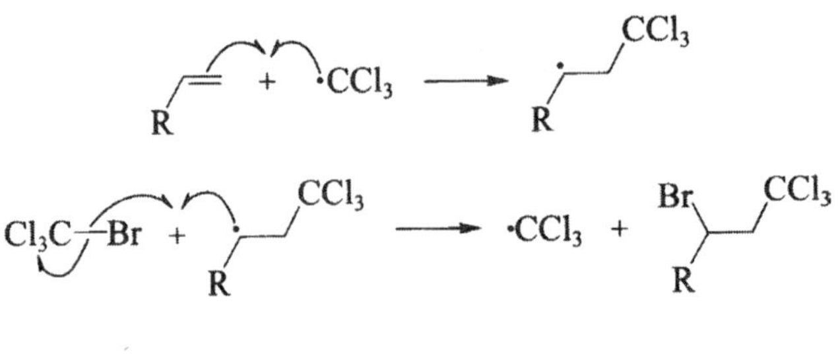

链终止：

$$2 \cdot CCl_3 \longrightarrow Cl_3CCCl_3$$

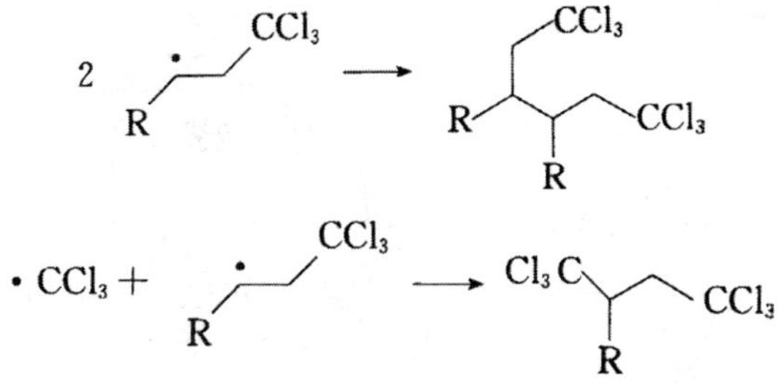

烯丙基溴化物的 C—Br 键容易发生均裂，形成溴自由基和烯丙基自由基，后者由于共轭效应而比一般的烷基自由基稳定。

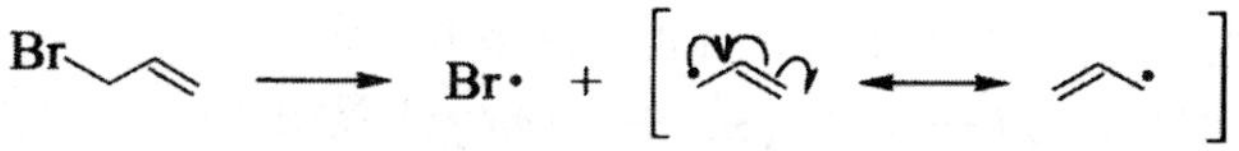

在自由基引发剂作用下，烯丙基溴化物可对烯烃进行加成。例如，在偶氮二异丁腈引发下，烯丙基溴化物可与联烯发生区域选择性加成反应。

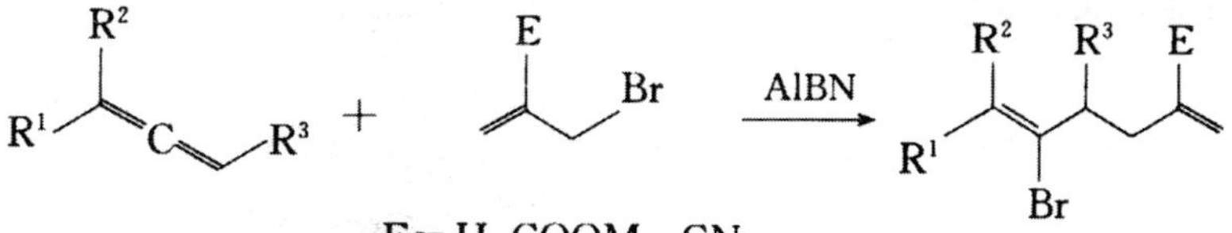

E＝H，COOMe，CN

首先，由偶氮二异丁腈分解成的异丁腈自由基，加到烯丙基溴化物的末端碳原子上，同时产生溴自由基。然后，溴自由基区域选择性地加到联烯中间碳原子上，产生较稳定的烯丙基型自由基，后者进一步与烯丙基溴化物继续作用，产生新的溴自由基，由此进行链式反应。

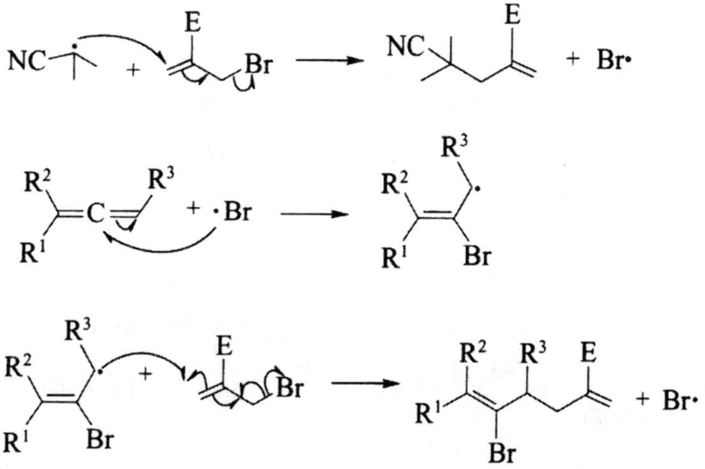

自由基加成的立体化学可以通过空间效应进行控制。如在以下反应中，乙基和烯丙基加到双键上去，受到路易斯酸的约束，烯丙基加上去的时候，从远离苯基的一面加上去。

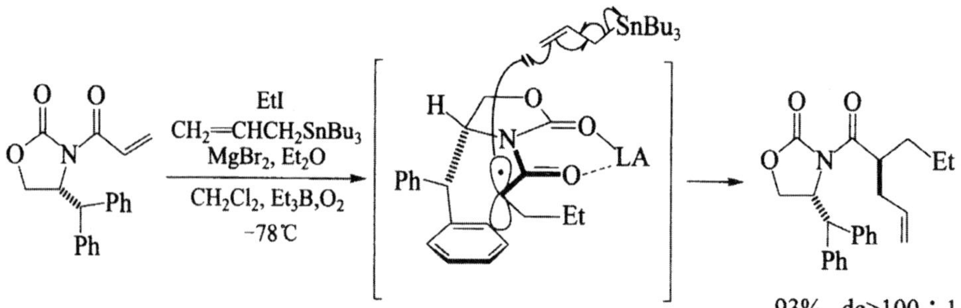

93%，de>100∶1

（三）烯烃与含硫化合物的自由基加成反应

含硫化合物中的 C—S，S—S，S—H 键容易发生均裂，从而导致自由基反应。如下 S- 烷基二硫代碳酸酯在过氧化物引发下，发生 C—S 键的均裂生成 α- 氟代乙酸乙酯自由基，后者区域选择性地对二氢呋喃中的双键发生自由基加成，立体专一性地得到反式加成产物。

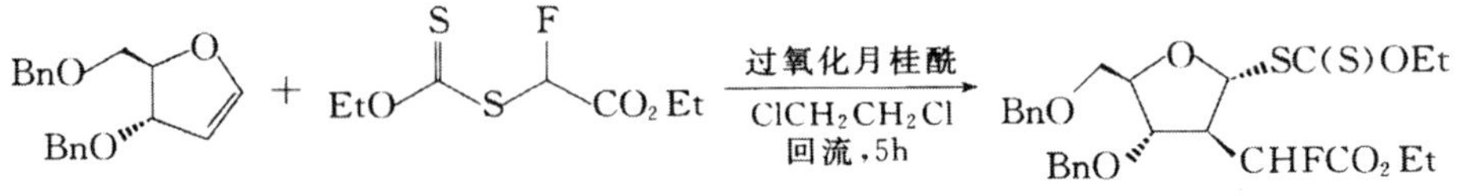

57%

这个反应的可能机理如下：

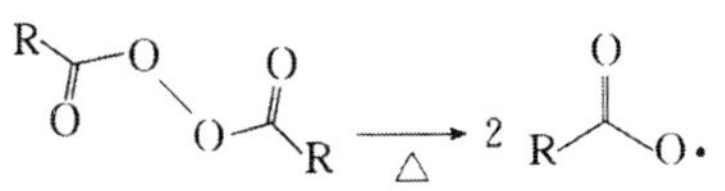

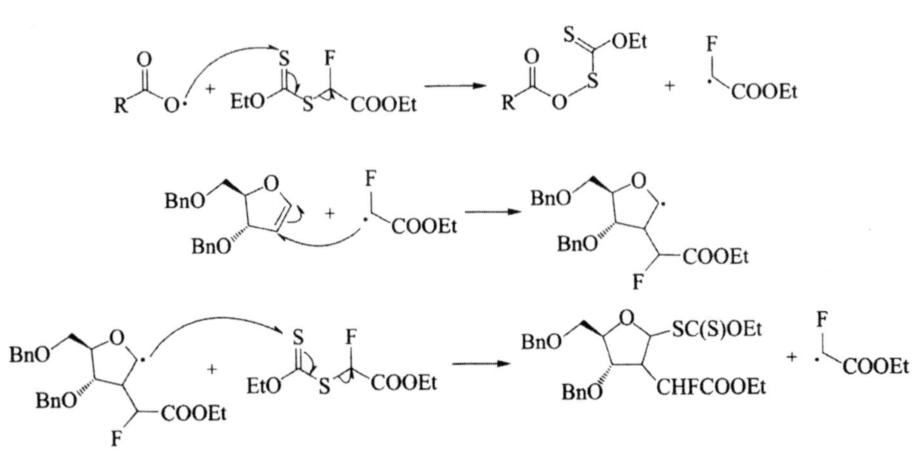

（四）烯烃的自由基环化

分子内的自由基加成要比分子间容易得多，因此在链增长阶段一旦形成的自由基中间体中含有碳碳双键，则下一步发生分子内自由基加成就非常可能了。例如，在自由基引发剂三乙基硼作用下，N-烯丙基-N-氯代磺酰胺产生N-烯丙基-N-磺酰基氮自由基，对双键加成，最后得到四氢吡咯衍生物。

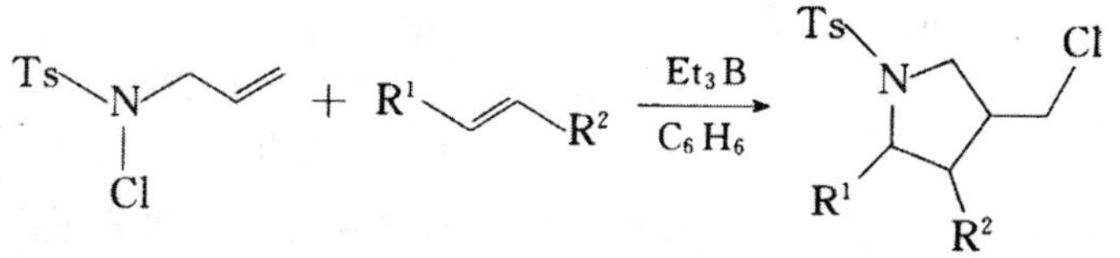

这个反应的可能机理如下：

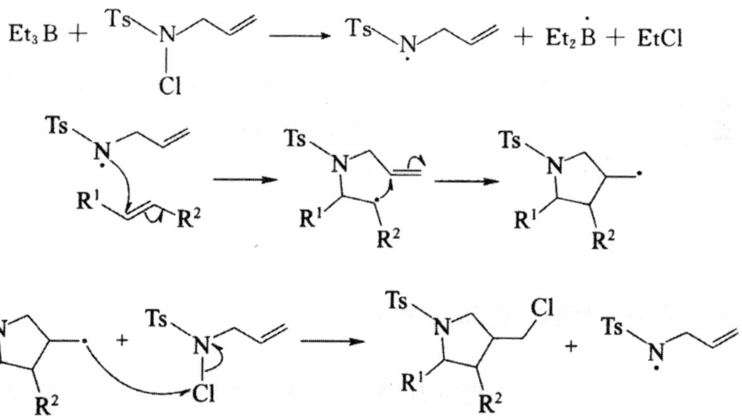

三、炔烃的自由基加成反应

自由基亦可对炔烃的碳碳三键发生加成。例如：

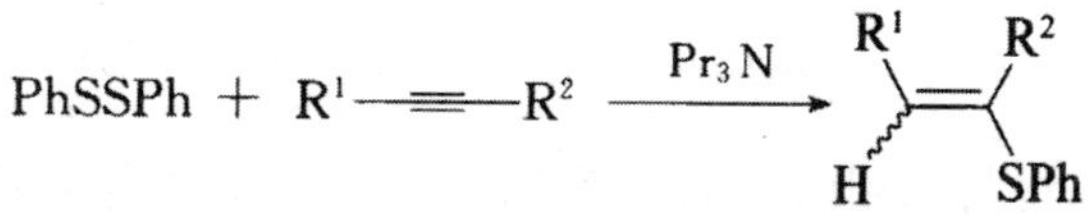

在这个反应中，叔胺和二苯基二硫醚作用，通过单电子转移（SET）产生出苯硫自由基，继而发生自由基加成反应。

$$PhSSPh + Pr_3N \xrightarrow{SET} PhS\cdot + PhSH + Et\overset{\displaystyle\cdot}{\underset{}{}}NPr_2$$

$$R^2 \!=\!=\!=\! R^1 + PhS\cdot \longrightarrow \overset{PhS}{\underset{R^2}{}}\!\!\!\!\!\diagdown\!\!\!\!\diagup^{R^1}\cdot$$

$$\underset{R^2}{\overset{PhS}{}}\!\!\!\!\!\diagdown\!\!\!\!\diagup^{R^1}\cdot + PhSH \longrightarrow \underset{H}{\overset{R^1}{}}\!\!\!\diagup\!\!\!\overset{R^2}{\underset{SPh}{}} + PhS\cdot$$

如果底物中含有多个不饱和键，生成的烯基自由基将分子内进攻空间上有利的不饱和键得到环合产物。例如，

$$\leqslant 81\%$$

四、亚胺的自由基加成反应

烃基自由基对C=N键的加成有两种区域选择性：一是烃基加在碳原子上（途径a），即形成C—C键；二是烃基加在氮原子上（途径b），形成C—N键。通常情况下，C=N键的自由基加成反应主要形成C—C键。

由邻羟基苯胺与苯甲醛缩合产生的醛亚胺与烷基自由基反应时，烷基加在了碳原子上：

在这个反应中，三乙基硼在氧存在下所产生的乙基自由基首先与亚胺

的三乙基硼络合物 A 发生加成,乙基加在碳原子上形成新的自由基中间体 B,其羟基上的氢原子在氮原子和氧原子之间转移形成 C,从而稳定了自由基中间体,得到区域选择性加成产物。

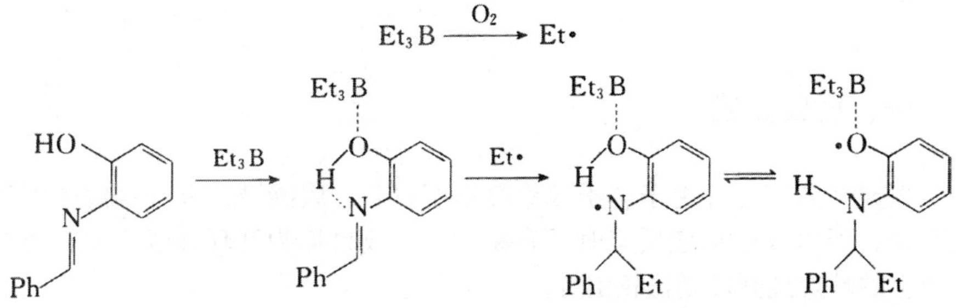

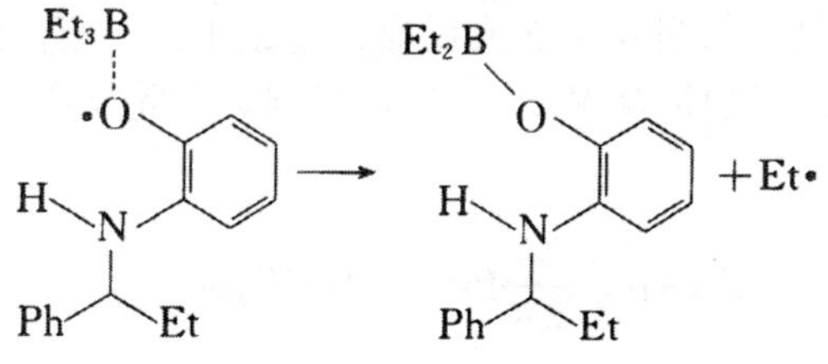

尽管亚胺的自由基加成通常主要生成 C—C 键,但非常规的 C—N 键形成也会发生。下述例子中芳基自由基对分子内亚胺的加成发生在氮原子上,反应具有良好的区域选择性:

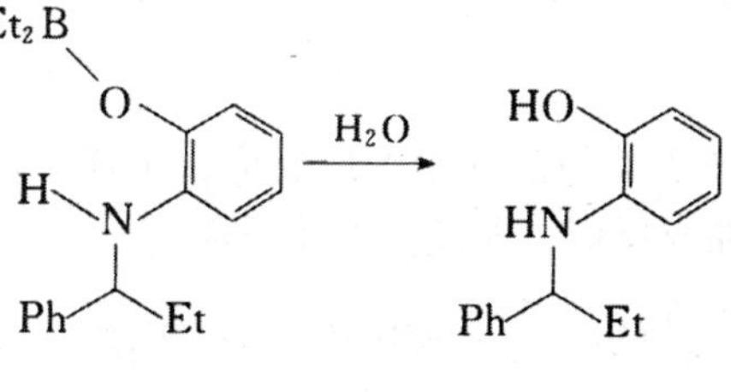

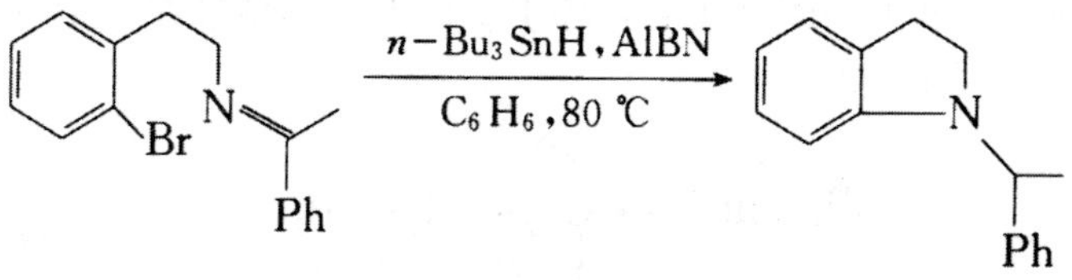

第四节　开环加成反应

一、反应概述

三元环和四元环由于电子云重叠程度较差，碳碳键没有开链烃中碳碳键稳定，所以发生加成反应时环容易破裂，故也称为开环加成反应，而五元以上的环烷烃开环则比较困难。

（一）与卤素的反应

环丙烷在常温下与溴发生加成反应，生成 1,3- 二溴丙烷。取代环丙烷发生加成反应时，产物符合 Markovnikov 规则。用此反应可以区别丙烷与环丙烷。

$$\triangle + Br_2 \xrightarrow[\text{室温}]{CCl_4} BrCH_2CH_2CH_2Br$$

$$\underset{3}{\overset{1\ \ 2}{\triangleright\!\!\!\!\!\!\diagup}} + Br_2 \xrightarrow[\text{室温}]{CCl_4} CH_3\overset{1}{C}H\overset{2}{C}H_2\overset{3}{C}H_2Br$$
$$\underset{Br}{|}$$

在加热条件下，环丁烷与溴发生加成反应，生成 1,4- 二溴丁烷。五元环和六元环则不发生加成反应，而发生取代反应。

$$\square + Br_2 \xrightarrow{\triangle} BrCH_2CH_2CH_2CH_2Br$$

（二）与卤化氢的反应

卤化氢也能使环丙烷和取代环丙烷开环，产物为卤代烷。取代环丙烷与卤化氢反应时，容易在取代基最多和取代基最少的碳碳键之间发生断裂，加成符合 Markovnikov 规则，即环破裂后氢原子加到含氢最多的碳原子上，卤原子加到含氢最少的碳原子上。环丁烷以上的环烷烃在常温下则难于与卤化氢进行开环加成反应。

$$\triangle + HBr \longrightarrow \underset{Br}{\overset{|}{C}H_2} - CH_2 - \underset{H}{\overset{|}{C}H_2}$$

$$\overset{1}{\triangle}\overset{2}{}+HBr \xrightarrow{\text{室温}} \underset{1}{CH_3}\overset{Br}{\underset{|}{CH}}CH_2\overset{3}{CH_3}$$

$$\overset{1}{\triangle}\overset{2}{} \xrightarrow{HBr} (CH_3)_2\overset{Br}{\underset{|}{\underset{|}{\overset{2}{C}}}}\overset{3}{CHCH_3}$$

（三）与硫酸的反应

环丙烷及其衍生物还可以与硫酸开环加成，断键方式与和卤化氢的反应相同。

$$\triangle\hspace{-2pt}\diagup\hspace{-2pt}+H_2SO_4 \longrightarrow CH_3-\overset{CH_3}{\underset{OSO_3H}{\overset{|}{\underset{|}{C}}}}-\overset{CH_3}{\underset{|}{CH}}-CH_3 \xrightarrow[\Delta]{H_2O} CH_3-\overset{CH_3}{\underset{OH}{\overset{|}{\underset{|}{C}}}}-\overset{CH_3}{\underset{|}{CH}}-CH_3$$

环烯烃与烯烃相似，易与氢、卤素、卤化氢、硫酸等发生加成反应。例如，

$$\text{环戊烯} + Br_2 \xrightarrow{CCl_4} \text{邻二溴环戊烷} \qquad \text{甲基环戊烯} + HI \longrightarrow \text{1-甲基-1-碘环戊烷}$$

（四）催化加氢

小环环烷烃在催化剂作用下，发生催化加氢生成烷烃。由于环的大小不同，催化加氢（catalytic hydrogenation）的难易也不同。环丁烷比环丙烷开环困难，需要在较高的温度下进行加氢反应，而环戊烷则必须在更强烈的条件下（如 300℃、铂催化）才能加氢，高级环烷烃加氢则更为困难。

$$\triangle + H_2 \xrightarrow{\text{Ni}}_{80℃} CH_3CH_2CH_3$$

$$\square + H_2 \xrightarrow{\text{Ni}}_{200℃} CH_3CH_2CH_2CH_3$$

$$\pentagon + H_2 \xrightarrow{\text{Pt}}_{300℃} CH_3(CH_2)_3CH_3$$

不易开环

从上述反应条件可以看出，环的稳定性顺序为：五元环 > 四元环 > 三元环。

常温下，环烷烃与一般氧化剂（如高锰酸钾溶液、臭氧等）不起作用，

即使是环丙烷也是如此。

（五）环醚、环氧乙烷

环醚的性质随环的大小不同而异，其中五元环醚和六元环醚性质比较稳定，具有一般醚的性质。但具有环氧乙烷结构的化合物（环氧化合物）与一般醚完全不同。由于其三元环结构所固有的环张力及氧原子的强吸电子诱导作用，使得环氧化合物具有非常高的化学活性，与酸、碱、金属有机试剂、金属氢化物等都能很容易的发生开环反应。例如：

环氧丙烷与 Grignard 等各种试剂的开环反应如下：

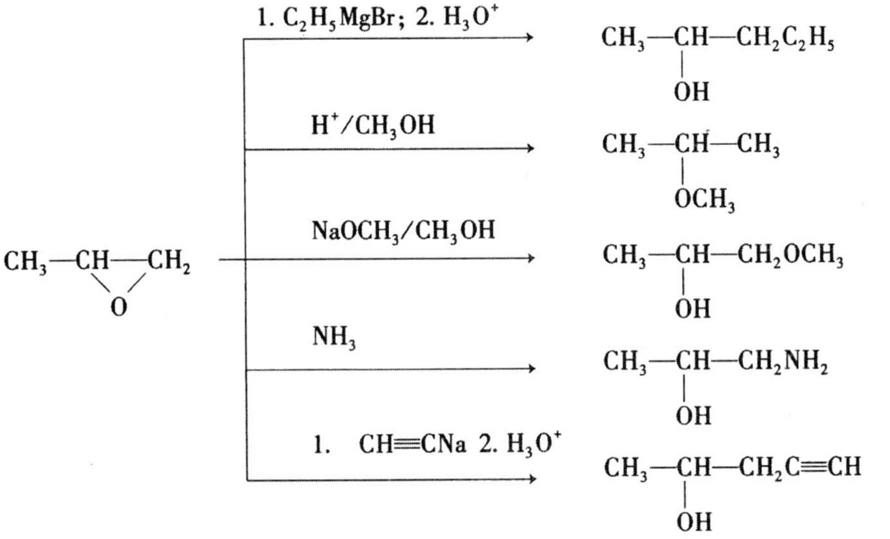

由于环氧乙烷非常活泼，所以在制备乙二醇、乙二醇单乙醚、2–氨基乙醇等化合物时，必须控制原料配比。否则，生成多缩乙二醇，多缩乙二醇单醚和多乙醇胺，例如，

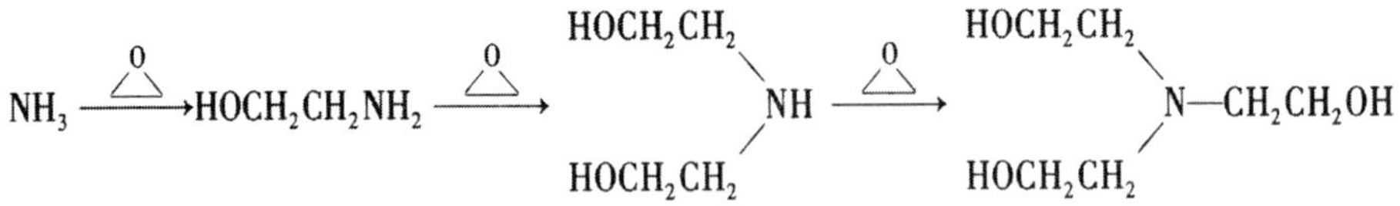

二、反应机理

环氧化合物可在酸或碱催化下发生开环反应，即碳氧键的断裂反应。环氧化合物的开环反应的取向主要取决于是酸催化还是碱催化。例如：

$$H_3C \quad C \overset{\cdot\cdot}{\underset{O}{\diagdown}} CH_2 + H_2O^{18} \xrightarrow{H^+} H_3C - \overset{CH_3}{\underset{{}^{18}OH}{\underset{|}{C}}} - \overset{CH_2}{\underset{OH}{\underset{|}{}}}$$

$$H_3C \quad C \overset{}{\underset{O}{\diagdown}} CH_2 + CH_2 \overset{\cdot\cdot}{O} H \xrightarrow{CH_3ONa} H_3C - \overset{CH_3}{\underset{OH}{\underset{|}{C}}} - \overset{CH_2}{\underset{OCH_3}{\underset{|}{}}}$$

酸催化时，环氧化合物的氧原子首先与质子结合生成盐，盐的形成增强了碳氧键（C—O）的极性，使碳氧键变弱而容易断裂。随后以S_N1或S_N2反应机制进行反应。对于不对称环氧乙烷的酸催化开环反应，亲核试剂主要与含氢较少的碳原子结合。

碱催化时，首先亲核试剂从背面进攻空阻较小的碳原子，碳氧键异裂，生成氧负离子，然后氧负离子从体系中得到一个质子，生成产物。

酸催化（S_N1）：

$$H_3C - \overset{CH_3}{\underset{O}{\underset{|}{C}}} - CH_2 \xrightarrow[CH_3OH]{H^+} H_3C - \overset{CH_3}{\underset{\overset{+}{O}}{\underset{|}{C}}} \overset{}{\underset{H}{}} CH_2 \longrightarrow H_3C - \overset{CH_3}{\overset{+}{C}} - \overset{CH_2}{\underset{OH}{\underset{|}{}}} \quad CH_3OH$$

$$H_3C - \overset{CH_3}{\underset{\overset{+}{CH_3OH}}{\underset{|}{C}}} - \overset{CH_2}{\underset{OH}{\underset{|}{}}} \xrightarrow{-H^+} H_3C - \overset{CH_3}{\underset{CH_3O}{\underset{|}{C}}} - \overset{CH_2}{\underset{OH}{\underset{|}{}}}$$

碱催化（S_N2）：

$$H_3C - \overset{CH_3}{\underset{O}{\underset{|}{C}}} - CH_2 \xrightarrow[CH_3OH]{CH_3O^-} H_3C - \overset{CH_3}{\underset{O^-}{\underset{|}{C}}} - \overset{OCH_3}{\underset{}{CH_2}} \xrightarrow[-CH_3O]{CH_3OH} H_3C - \overset{CH_3}{\underset{OH}{\underset{|}{C}}} - \overset{OCH_3}{\underset{}{CH_2}}$$

第五章
取代反应机理研究

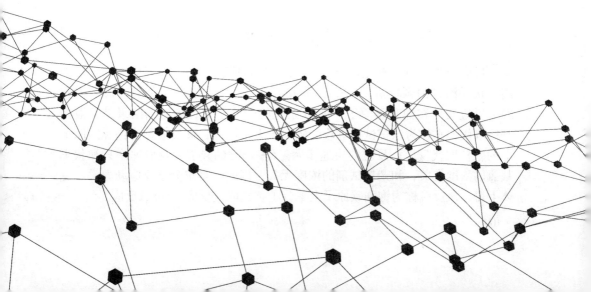

有机化合物分子中任何一个原子或基团被试剂中同类型的其他原子或基团所取代的反应称为取代反应（substitution reaction），可用如下通式表示：

$$R—L + :Y \longrightarrow R—Y + :L$$

按照反应机理的不同，有机化学中的取代反应可分为亲核取代（nucleophilic substitution）、亲电取代（electrophilic substitution）和自由基取代（free radical substitution）三大类型。

第一节　饱和碳原子上的亲核取代反应

发生在卤代烷、醇、磺酸酯等有机化合物的饱和碳原子上的亲核取代主要有两种机理，即单分子亲核取代反应（用S_N1表示）和双分子亲核取代反应（用S_N2表示），其中S代表取代（substitution），N代表亲核（nucleophilic），1代表单分子，2代表双分子。在少数情况下，尚有分子内的亲核取代反应（internal nucleophilic substitution），用S_Ni表示，其中i代表分子内。

一、S_N1机理

饱和碳原子上单分子亲核取代反应用S_N1表示，以叔丁基氯的水解为例：

$$\diagdown\!\!\!-Cl + 2H_2O \longrightarrow \diagdown\!\!\!-OH + Cl^- + H_3O^-$$

$$v = k[RX]$$

反应机理如下：

反应分步进行。首先C—Cl键发生异裂生成碳正离子和氯负离子，碳正离子接受溶剂的亲核进攻，生成质子化的醇，和水发生质子交换最后得到醇。反应发生在饱和碳原子，即sp^3杂化的碳原子上，最后的结果是氯被羟基所取代，水作为亲核试剂进攻到碳原子上，因此，此反应称为饱和碳原子上的亲核取代反应。反应的决速步骤是C—Cl键的异裂，反应速率只和叔丁基氯的浓度有关，和亲核试剂的浓度无关，因此，是单分子反应动力学。总体上讲，该反应称为饱和碳原子上单分子亲核取代反应，即S_N1反应。

反应的决速步骤是C—X键的异裂，因此，离去基团对S_N1反应速率的影响如下（氟代烃不能作为S_N1反应的底物）：

$$R—I > R—Br > R—Cl$$

S_N1反应为单分子反应动力学，反应速率只和底物的浓度有关，和亲核试剂的浓度无关，因此，亲核性的强弱对S_N1反应无影响。

反应涉及碳正离子中间体的生成，生成的碳正离子越稳定，越有利于S_N1反应，因此，卤代烃中烃基对S_N1反应速率的影响如下：

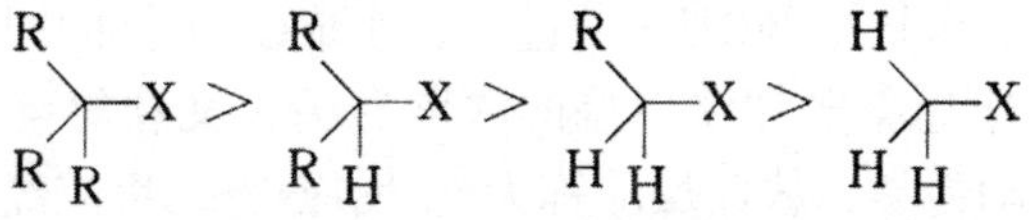

能稳定碳正离子和离去基团的溶剂，如极性质子性溶剂，能加速 S_N1 反应。

碳正离子一旦形成就会涉及碳正离子的重排，生成更稳定的碳正离子；加上碳正离子的多命运，如 β–H 消除等，使产物复杂化。

碳正离子是一个平面结构，亲核试剂可以从平面的两侧进攻碳正离子，理论上产物是一对对映体，没有立体选择性。例如，

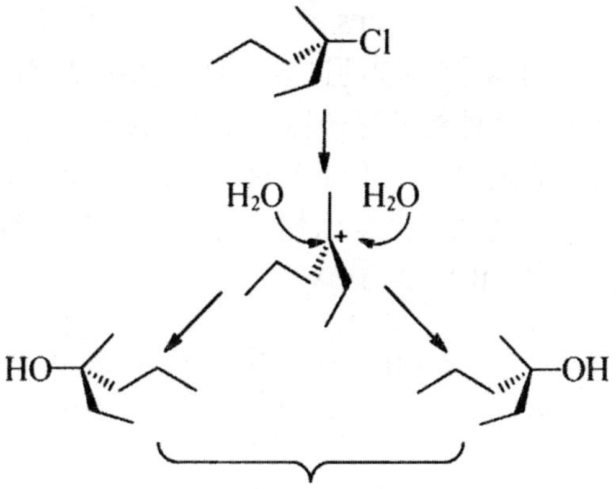

对映体

多数情况下，S_N1反应优先得到构型翻转的产物。这可从离子对理论进行解释。离子对理论认为，C—X键的异裂经过紧密离子对、溶剂间隔离子对，最后成为自由的碳正离子。只有自由的碳正离子才是以均等的概率接受亲核试剂的两面进攻。亲核试剂进攻底物、紧密离子对、溶剂间隔离子对时，都是从离去基团的反面进行进攻。因此，主要产物为构型翻转的产物。

$$R—X \longrightarrow R^+ X \longrightarrow R^+ \| X \longrightarrow R^+ + X$$

底物　　　紧密离子对　溶剂间隔离子对　　　碳正离子

二、S_N2机理

S_N2反应一步完成。以溴甲烷与NaOH的反应为例，在底物分子中，由于溴的电负性比碳大，C—Br键的共价电子偏向溴原子，使得碳原子带有部分正电荷，能接受亲核试剂OH—的进攻，生成C—O键的同时溴原子带着一对电子离去。反应速率既和溴甲烷的浓度有关，又和氢氧根的浓度有关，属于双分子反应动力学，故此反应称为S_N2反应。S_N2反应经过一个假想的五价碳的过渡态（TS），其中HO—C键和C—Br键均有部分成键的性质，故用虚线表示。

TS

在S_N2反应中，由于亲核试剂的进攻总是从离去基团的背面进攻，从而得到构型翻转的产物。这种构型翻转称为Walden翻转，它是S_N2反应的立体化学特征。当被进攻的碳原子为手性碳原子时，S_N2反应能够立体专一性地生成构型翻转的产物。例如，光学活性的（S）-2-溴辛烷在碱性条件下水解得到构型翻转的产物（R）-2-辛醇。

（S）-2-溴辛烷　　　　　　　　　　　　　　　　　　（R）-2-辛醇

影响S_N2反应速率的因素包括离去基团的离去能力、底物中烷基的结构、亲核试剂的亲核性、溶剂效应等。底物中离去基团的离去能力越强，S_N2反应越快。因此，卤代烷的相对反应速率顺序为：

$$R—I > R—Br > R—Cl$$

底物中的烷基对亲核试剂的进攻有较大的影响，受进攻的碳原子空间位阻越小，亲核进攻越有利。对于卤代烷，α-碳原子上的烷基越多，位阻越大，反应速率越小。因此卤代甲烷、伯卤代烷、仲卤代烷和叔卤代烷发生S_N2反应的相对速率依次降低：

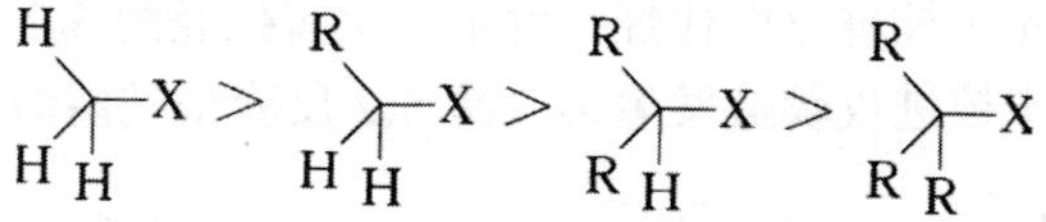

亲核试剂的亲核性越强，S_N2 反应越快。例如，亲核性较强的甲硫基负离子与（R）-2-溴丁烷的 S_N2 反应很快，而亲核性较弱的甲硫醇的反应则相对很慢。

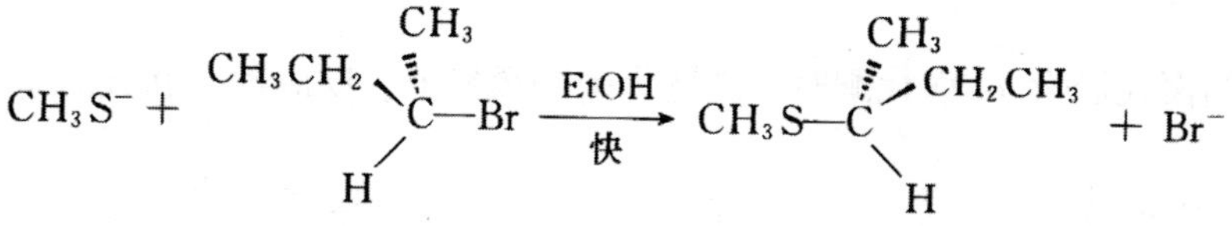

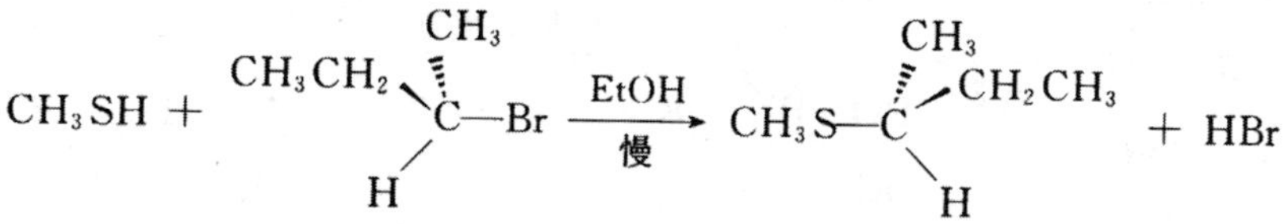

溶剂能影响亲核试剂的亲核性。通常质子性的溶剂能使亲核试剂溶剂化，从而降低其亲核能力。非质子性极性溶剂（如 DMF，DMSO，丙酮，乙腈等）则对 S_N2 反应有利。

醇与二氯亚砜的反应是将醇转化为氯代物的常用方法。在二氧六环中，仲醇与二氯亚砜反应，经历两次 S_N2 反应，发生两次构型翻转，故最终得到构型保持产物；若在吡啶中进行反应，则只发生一次 S_N2 反应，故得到构型翻转产物。

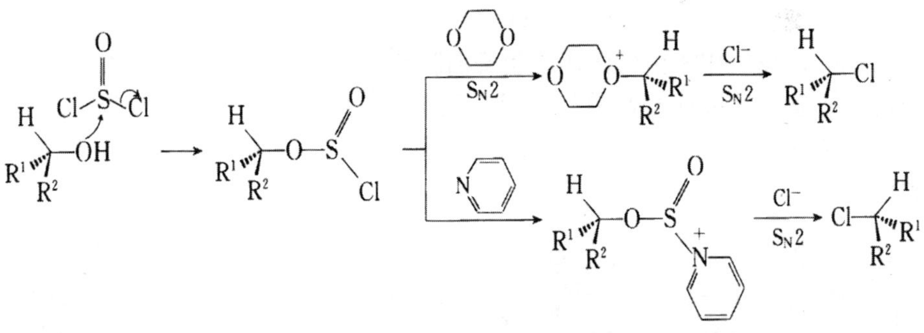

经典的 Arbuzov 反应和 Gabriel 反应是 S_N2 机理的两个重要应用实例。亚磷酸酯和卤代烃在加热条件下生成磷酸酯的反应称为 Arbuzov 反应。

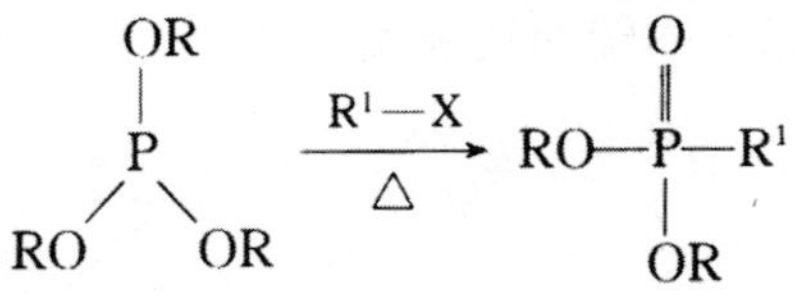

亚磷酸酯首先亲核进攻卤代烃，发生一次卤代烃的 S_N2 反应得到磷盐；然后，卤阴离子亲核进攻磷盐发生第二次 S_N2 反应得到磷酸酯和卤代烃。

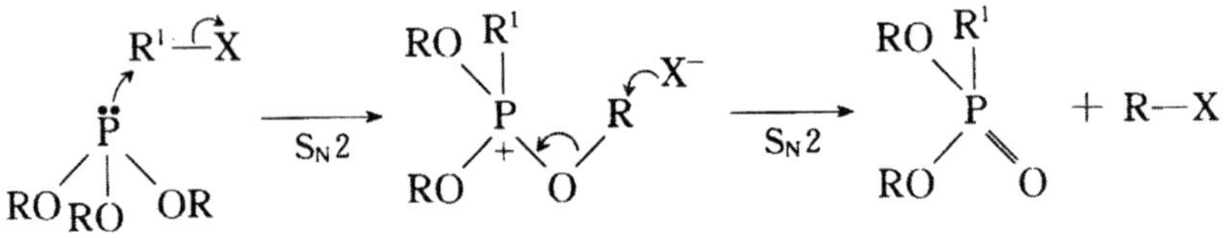

当卤代烃为 $\alpha-$ 卤代酮时，产物为磷酸烯烃酯，反应称为 Perkow 反应。

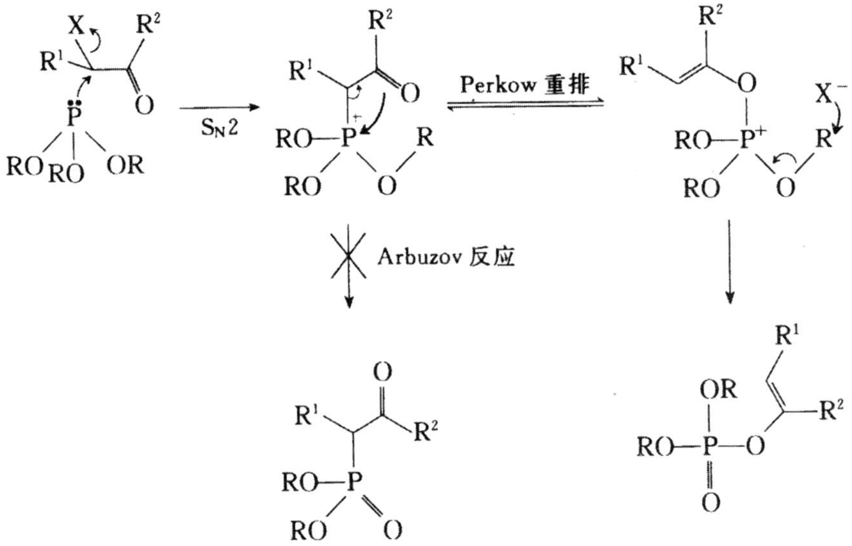

Gabriel 反应用于由伯卤代烷制备伯胺和 $\alpha-$ 氨基酸。邻苯二甲酰亚胺的钾盐在非质子性极性溶剂中与空间位阻小的伯卤代烃或仲卤代烃发生亲核取代反应得到 N- 烷基化的邻苯二甲酰亚胺，通常通过酸或碱，或肼处理得到伯胺。

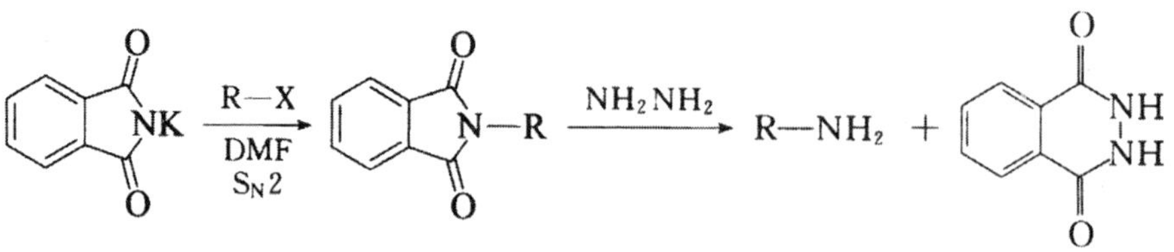

肼解机理如下所示。连续两次酰胺的胺解，反应得到伯胺和邻苯二甲酰肼。

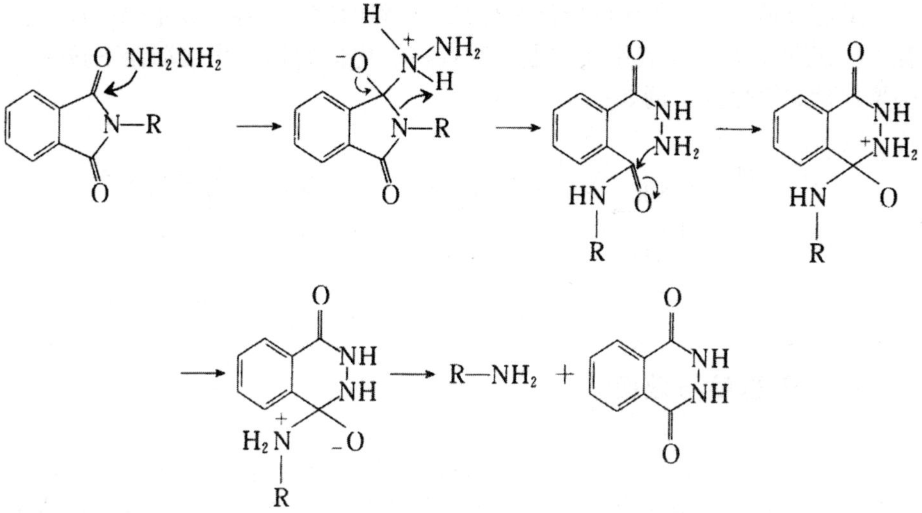

三、S_Ni机理

分子内亲核取代反应（internal nucleophilic substitution）用 $S_N i$ 表示。在上述醇与二氯亚砜作用生成氯代烷的反应中，若在无溶剂条件下进行，或在非亲核性溶剂（如二氯甲烷）中进行，反应也得到构型保持的氯代产物。在此情况下，反应按照 $S_N i$ 机理进行，而不是两次 $S_N 2$ 过程。

$$R\text{—}OH + SOCl_2 \xrightarrow{\triangle} R\text{—}Cl + SO_2 + HCl$$

反应首先形成氯亚磺酸酯，氯亚磺酸酯在加热分解时通过一个协同的四元环过渡态，一步生成构型保持的氯代烷（途径 a），或先生成离子对，然后离去基团作亲核试剂，同面进攻碳正离子，生成构型保持的产物（途径 b）。这两个机理目前尚存争论。

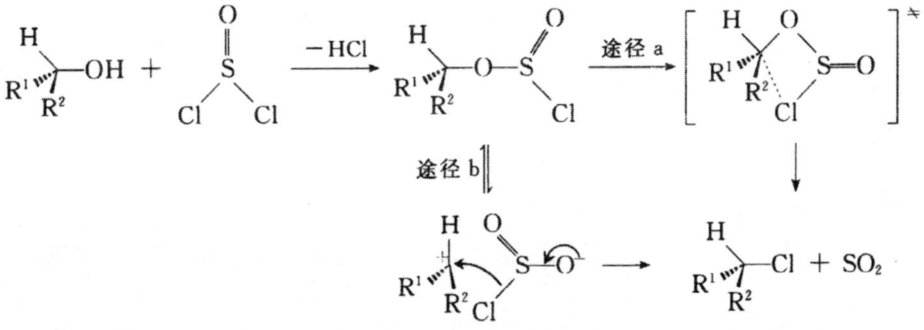

离子对

最近报道，四氯化钛可催化醇与二氯亚砜的反应。在二氯甲烷溶剂中，醇和二氯亚砜先生成氯亚磺酸酯，后者在催化量的四氯化钛存在下转化为构型保持的氯化物。例如：

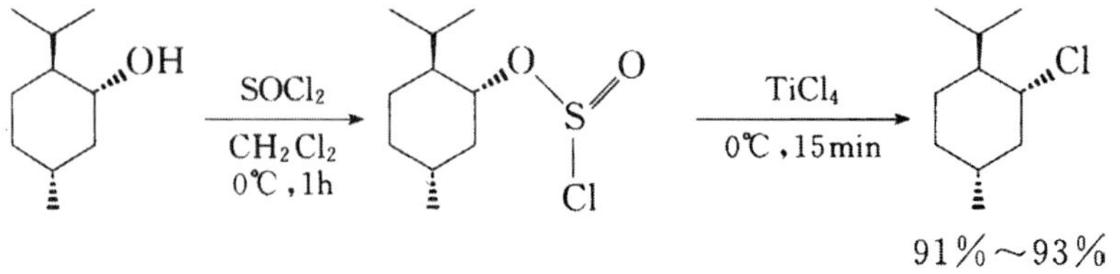

91%～93%

四、邻基参与效应

邻近基团参与，简称邻基参与（neighboring group participation，NGP）是饱和碳原子上亲核取代反应中一种常见现象，邻基参与效应不仅能导致反应速率的加快和重排的发生，而且还可控制反应的立体化学，因而在有机合成中得到广泛应用。能够产生邻基参与效应的基团通常含有带孤对电子的原子（如氧原子、硫原子、氮原子和卤原子等），或是具有 π 电子的基团（如苯环、碳碳双键等）。这些具有孤对电子或 π 电子的基团在反应过程中能够作为亲核试剂优先发生分子内的亲核取代，形成的不稳定环状中间体，再接受亲核试剂的进攻，得到稳定的取代产物。

（一）氧原子的邻基参与

羧基的氧原子容易发生邻基参与。例如，（S）-2-溴代丙酸在氢氧化钠水溶液中水解生成构型保持的（S）-2-羟基丙酸，反应具有立体专一性：

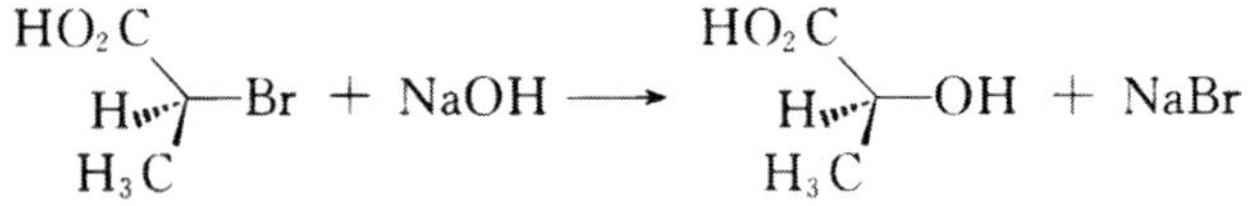

在这个过程中，羧基与碱作用首先形成羧酸根阴离子；然后，羧酸根阴离子亲核进攻 α- 碳原子，发生分子内的 S_N2 反应，形成不稳定的 α- 内酯中间体；后者继而与 OH— 发生分子间的 S_N2 反应，生成最终的亲核取代产物 2- 羟基丙酸。由于经历了两次 S_N2 反应，故两次构型翻转的结果是构型保持。

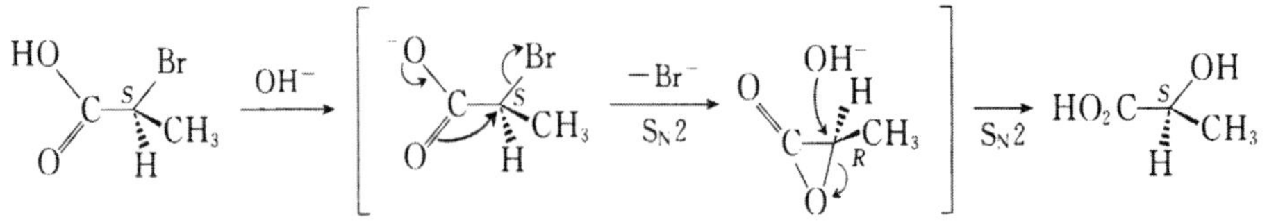

酯基的氧原子亦容易发生邻基参与效应。例如，反 -1- 乙酰氧基 -2-

对甲苯磺酸酯基环己烷在醋酸中与醋酸钠的亲核取代反应速率比其顺式异构体快 1000 倍，而且得到构型保持的取代产物，而顺式异构体反应生成构型翻转的产物。

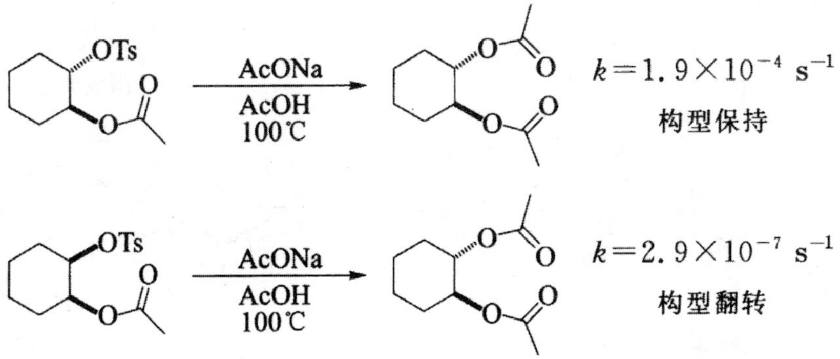

$$k = 1.9 \times 10^{-4} \text{ s}^{-1}$$
构型保持

$$k = 2.9 \times 10^{-7} \text{ s}^{-1}$$
构型翻转

在反-1-乙酰氧基-2-对甲苯磺酸酯基环己烷的反应中，底物中离去基团（$^-$OTs）邻近的酯羰基参与了反应。酯羰基从离去基团的背面亲核进攻 α-碳原子，经 S_N2 机理形成五元环状氧鎓离子中间体，后者继而与醋酸根阴离子发生 S_N2 反应，生成构型保持的取代产物。

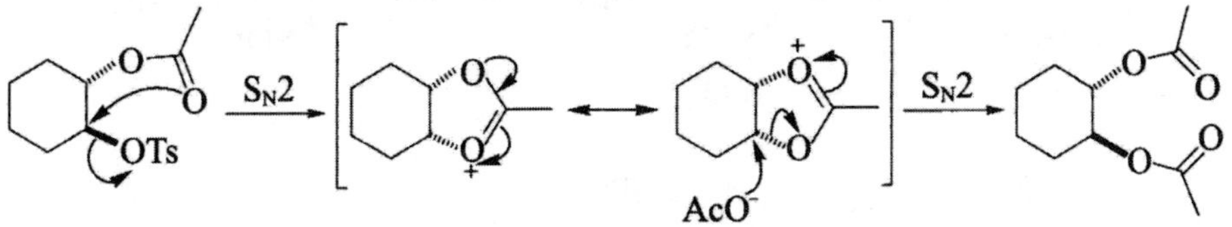

若为顺-1-乙酰氧基-2-对甲苯磺酸酯基环己烷，则因立体构型不允许直接邻基参与，但可通过 S_N1 机理，先生成碳正离子，再发生邻基参与，最后得到构型翻转的产物。

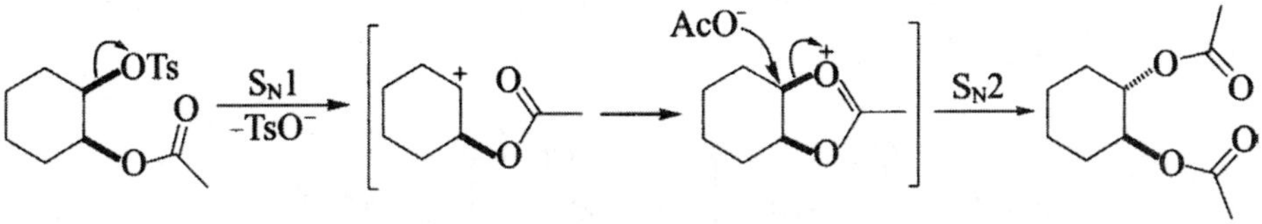

由于邻基参与的第一步 S_N2 反应是分子内反应，具有较低的活化能，而这一步是整个反应的决速步骤，导致反应在动力学上非常有利，故反应速率显著增加。

羟基、烷氧基、亚砜等基团的氧原子也是邻基参与的常见基团。例如：

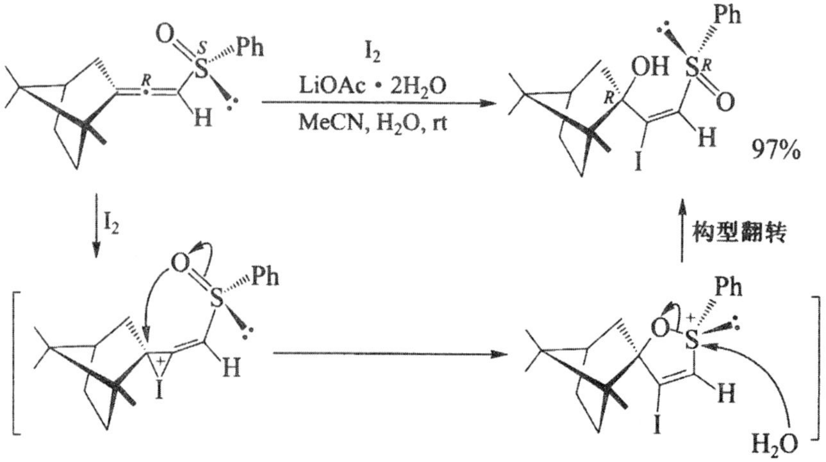

（二）硫原子的邻基参与

与氧原子相比，硫原子具有更强的亲核性，故也容易发生邻基参与效应。1-苯硫基-2-氯环己烷在THF中水解时，反式异构体因具有邻基参与效应，要比顺式异构体的反应快105倍，且立体选择性地生成构型保持产物。

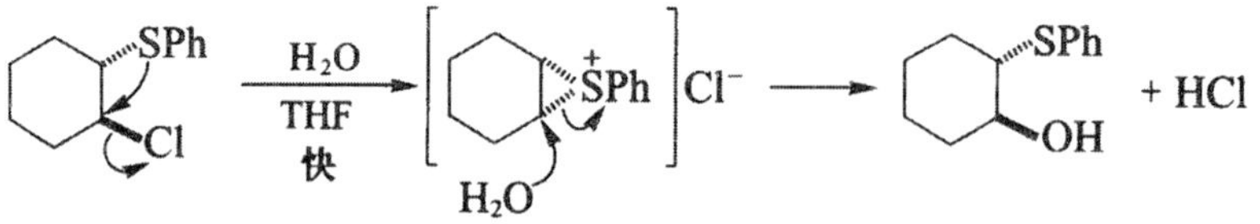

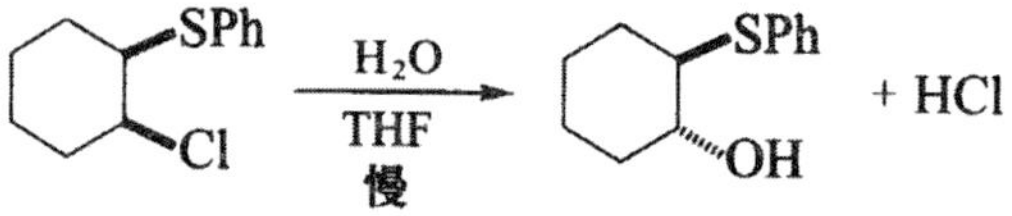

（三）氮原子的邻基参与

与氧原子和硫原子相似，拥有孤对电子的氮原子也能发生邻基参与，例如，N-乙基-2-氯甲基吡咯烷能够通过氮原子的邻基参与发生扩环，生成N-乙基-3-氯六氢吡啶：

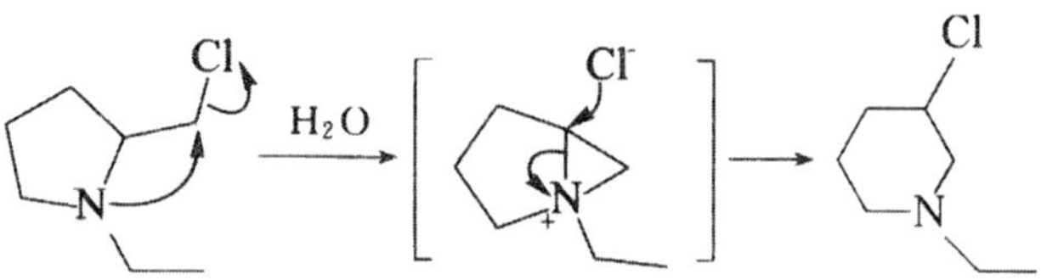

氮原子的邻基参与能力很强，即使氮原子上连有吸电子基团，也可发生邻基参与。如下化合物 A 在加溴时，除了得到正常的反式加成产物 B 外，还得到一种重排了的二溴化合物 C。在此过程中，第一步所形成的溴鎓离子中间体 D 被 Br—进攻，得到加成产物 B（途径 a）；D 中磺酰胺的氮原子通过邻基参与，形成吖丙啶鎓离子 E（途径 b），后者经 Br—进攻开环得到 C。

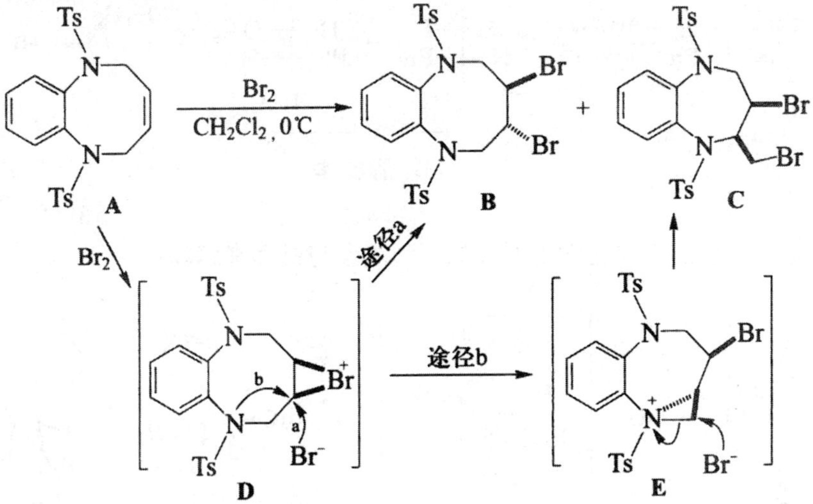

（四）芳环的邻基参与

具有 6π 电子体系的苯环是常见的邻基参与基团。苯环的邻基参与经历一个具有螺环结构的苯鎓离子（phenonium ion）中间体，共振导致了这种苯鎓离子中间体比较稳定。实际上，苯鎓离子在超酸中相当稳定，以至于可用核磁共振（NMR）来测定其结构。

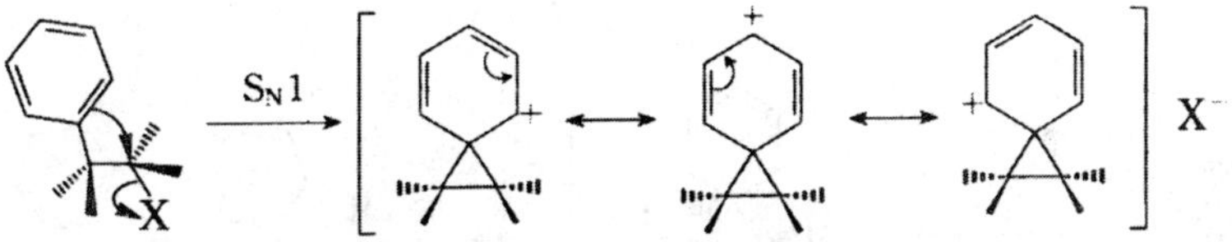

苯鎓离子

苯环的这种邻基参与效应得到了立体化学研究结果的支持。例如，在如下 2- 苯基 -3- 对甲苯磺酸酯基丁烷的溶剂解反应中，赤式底物生成了一种赤式的取代产物和少量消除产物，而苏式底物则得到外消旋的苏式产物和少量消除产物。

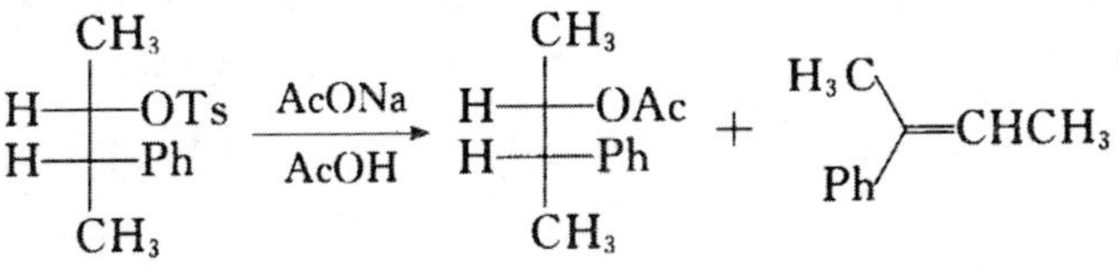

赤式　　65%　　20%

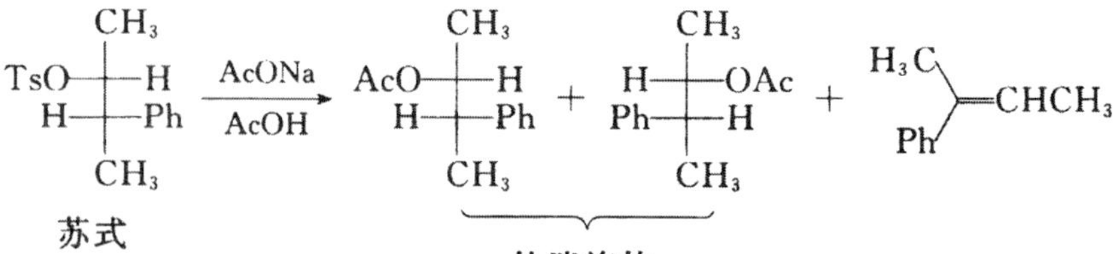

苏式

外消旋体

59%　　　　　　　　38%

这组反应的立体化学可通过如下邻基参与机理来解释：

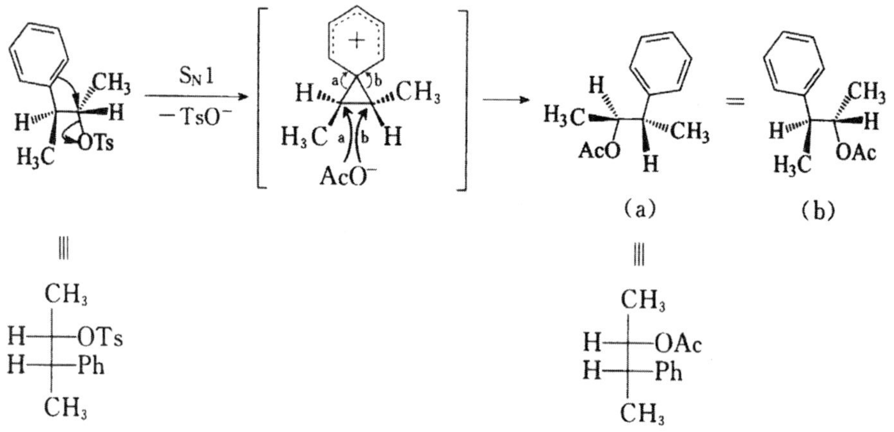

赤式

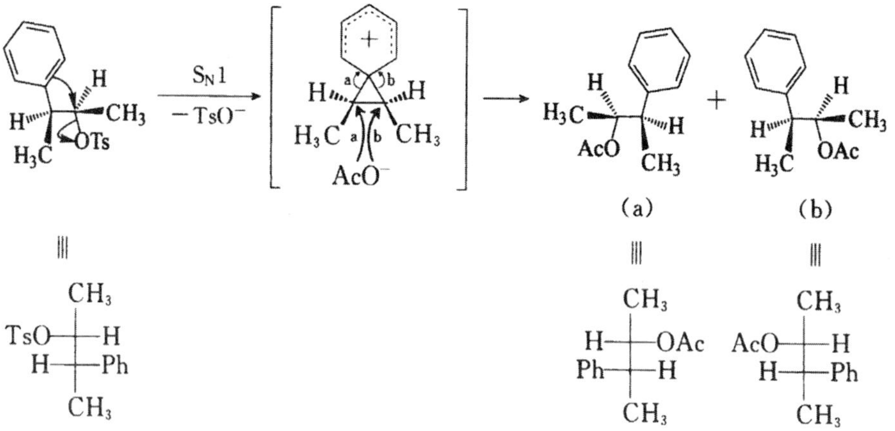

苏式

邻基参与的基团是电子的给予体，那么越富电子性的基团邻基参与效应越显著。例如，在下述苯磺酸酯的溶剂解反应中，苯环上连有吸电子基团（硝基、三氟甲基或氯）时，反应不发生。当苯环上无取代基或连有给电子基团（甲基、甲氧基）时，反应容易进行，而且给电子作用越强，反应速率越快。显然，给电子基团稳定了苯鎓离子中间体，从而使反应容易进行。相反，吸电子基团的去稳定化作用导致了邻基参与不能发生。

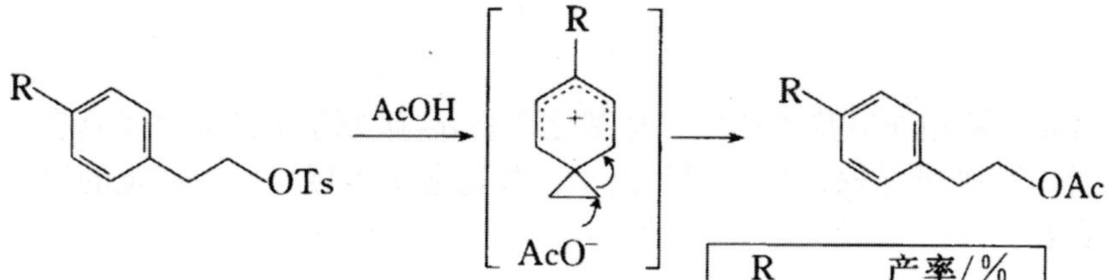

R	产率/%
NO$_2$	0
CF$_3$	0
Cl	0
H	38
CH$_3$	71
OCH$_3$	94

（五）碳碳双键的邻基参与

烯烃能提供 π 电子而产生邻基参与效应。例如，在下述两个桥环化合物的溶剂解反应中，具有双键的磺酸酯（I）比无双键的磺酸酯（II）反应快 10^{11} 倍。

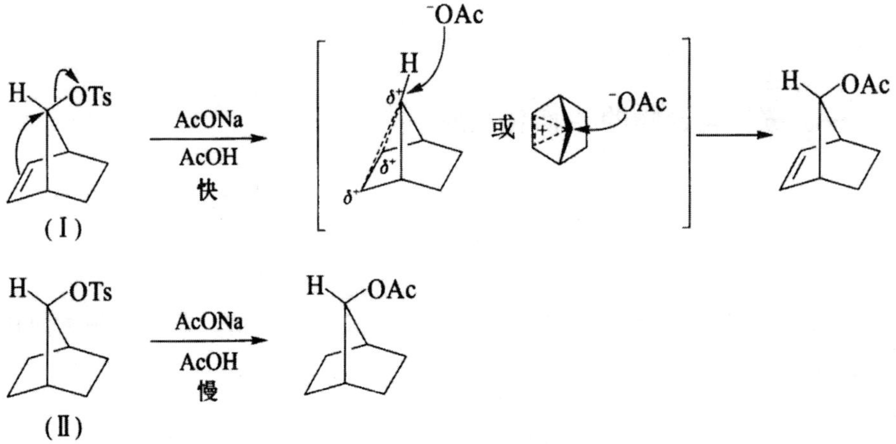

第二节 羰基化合物 α- 碳原子上的亲电取代反应

受羰基吸电子效应的影响，羰基化合物 α- 碳原子上的氢原子具有一定的酸性，可被碱夺取，形成碳负离子，共轭电子离域，以较稳定的烯醇负离子存在。

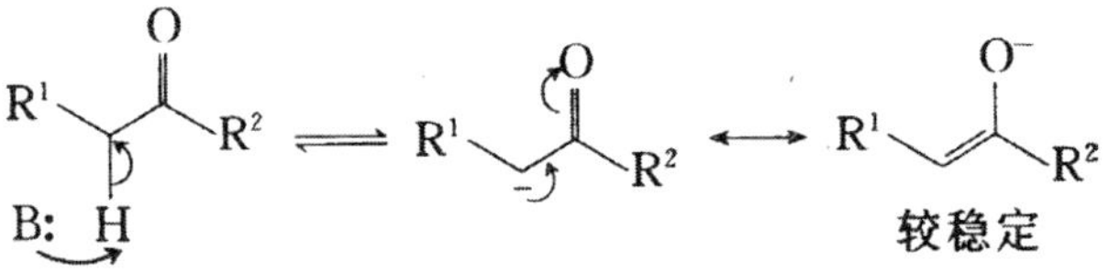

烯醇负离子的共振杂化体表明，碳端和氧端均可进攻缺电子性的中心，反应的区域选择性通常可用软硬酸碱理论来解释。通常情况下，当亲电试剂为卤素或卤代烷烃时，反应遵循"软亲软"规律，分别生成 α- 卤化产物和 α- 烷基化产物。

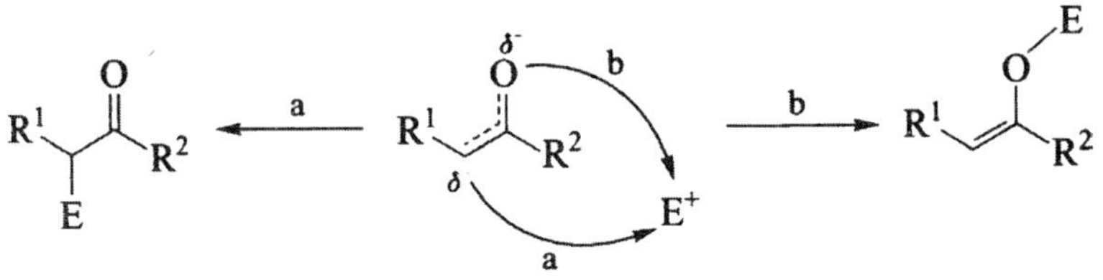

一、羰基化合物的α-卤化反应

羰基化合物能够与卤素发生 α- 碳原子上的卤化反应，卤化反应可在酸性条件下和碱性条件下进行，但结果不同。

（一）碱性条件下的 α- 卤化反应

在碱性条件下，甲基酮与卤素反应生成羧酸和卤仿，此反应称为卤仿反应（haloform reaction）。

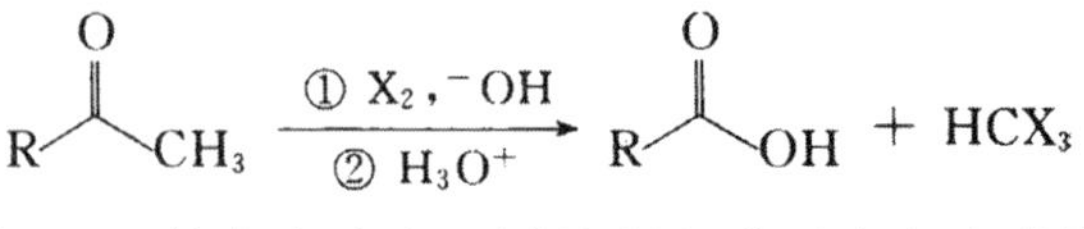

在 NaOH 或 KOH 的水溶液中，甲基酮和碘反应生成碘仿，此反应称为碘仿反应。

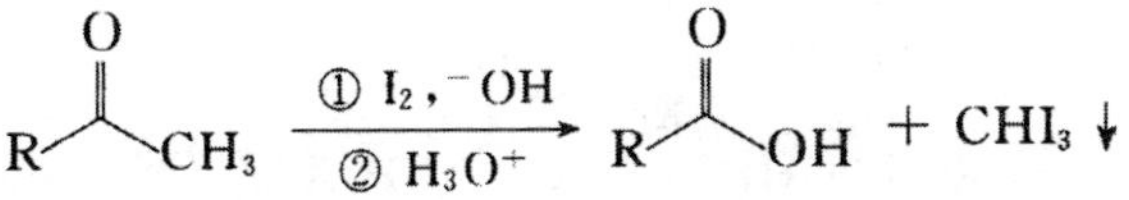

$$R-CO-CH_3 \xrightarrow[\text{② } H_3O^+]{\text{① } I_2,\ ^-OH} R-CO-OH + CHI_3 \downarrow$$

（黄色沉淀）

首先，碱夺取甲基酮的α–H，形成烯醇负离子A，后者发生碘代反应生成α–碘代酮B。受碘吸电子性的影响，B中α–H的酸性比原来甲基酮中α–H的酸性还要大，故进一步烯醇化，发生第二次和第三次碘代，生成三碘代羰基化合物F。由于三个碘的吸电子性，羰基更易受到羟基的亲核加成而生成G。最后，三碘甲基负离子H离去，并经质子交换生成碘仿和羧酸根阴离子。

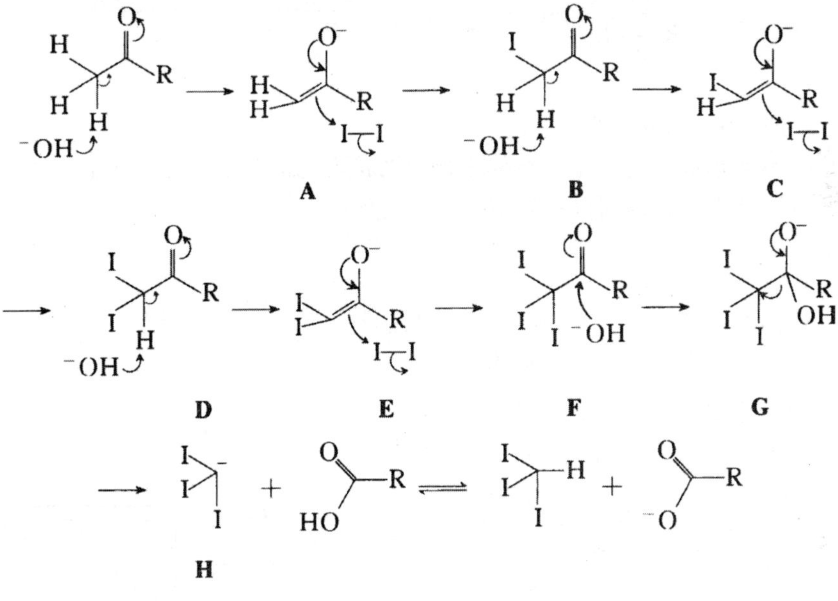

含有1–羟乙基的物种也能发生碘仿反应。由于碘的氧化性，1–羟乙基先被氧化成甲基酮，进而发生碘仿反应：

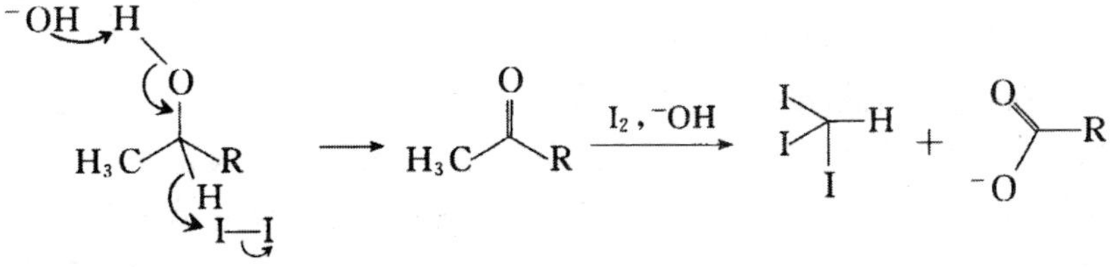

（二）酸性条件下的 α–卤化反应

1.酮的 α–卤化反应

含有 α–氢原子的酮在酸催化下可与卤素作用，发生 α–卤代反应。

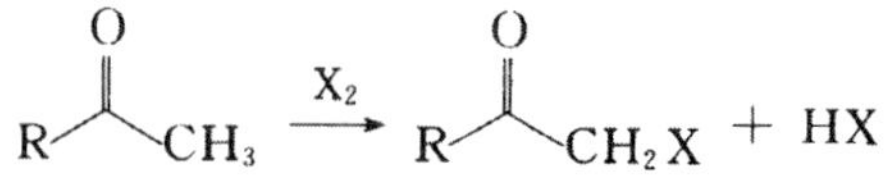

首先，在酸催化下酮互变异构化为烯醇，然后烯醇进攻亲电试剂 X_2，生成卤化产物，并产生卤化氢。由于反应过程中能够产生卤化氢，故该反应也可不加酸催化，一旦反应发生了，产生的卤化氢即可自动催化，反应就能很快进行。

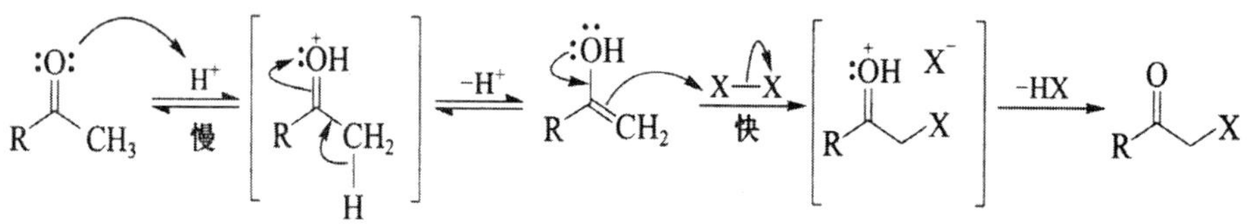

2. 醛的 $\alpha-$ 卤化反应

醛不能直接卤化，因为醛容易被氧化成酸。如将醛转化成缩醛后再卤化，然后将缩醛水解，即可间接得到 $\alpha-$ 卤代醛：

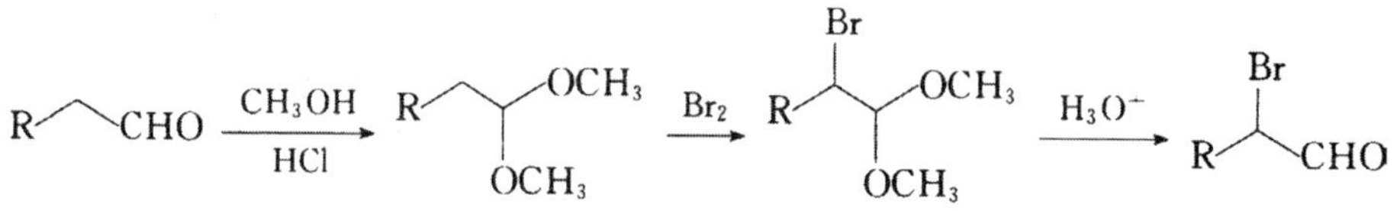

用催化量的二级胺将醛转变为烯胺，然后可进行卤化。这种方法能够高效地进行醛的不对称 $\alpha-$ 氟代。例如，

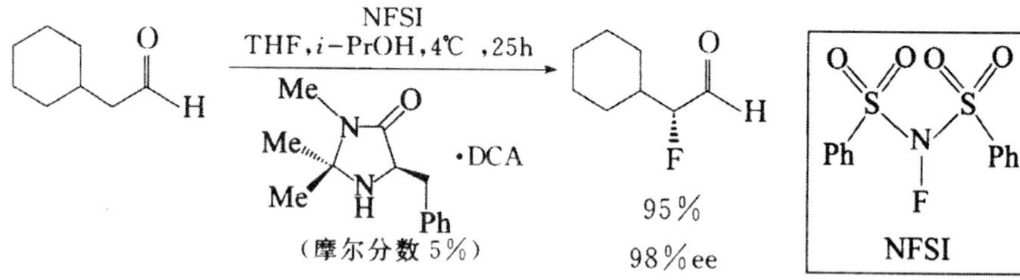

3. 羧酸及其衍生物的 $\alpha-$ 卤化反应

羧基活化 α-H 的能力不如醛和酮的羰基，因此，羧酸的 α-卤化反应比醛和酮难得多。与羧酸不同，酰氯和酸酐都容易发生 α-卤化反应。通常可将羧酸先转变为酰氯或酰溴，然后进行 α-卤化反应，反应结束后将酰氯或酰溴水解，即可得到 α-卤化的羧酸。一种传统的方法是，在脂肪酸中加入少量红磷并通入氯气或加入溴，卤素能够很顺利地取代羧酸的 α-H。例如，

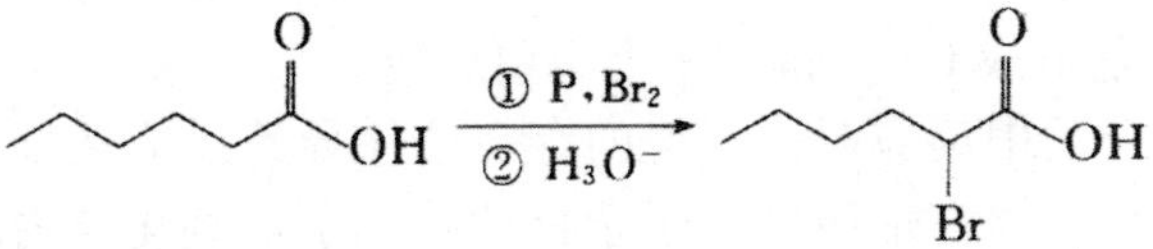

在高温下，羧酸和卤素（Cl_2 或 Br_2）在催化量的磷或三卤化磷存在下产生 α- 卤代羧酸的反应称为 Hell–Volhard–Zelinsky 反应（HVZ 反应）。反应经过 α- 卤代酰卤，如果后处理在具有亲核性溶剂（如醇、硫醇或胺）中进行，反应得到 α- 卤代羧酸衍生物。

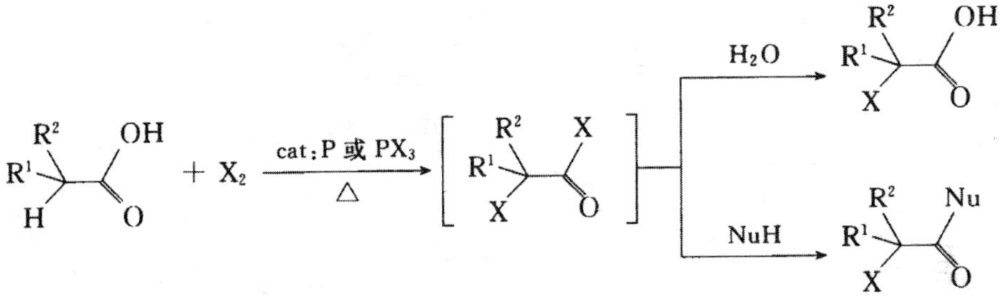

羧酸卤化的实际对象是酰卤。首先，红磷与卤素（Cl_2 或 Br_2）反应原位产生 PX3，亦可直接使用 PX3。然后，PX3 将羧酸转化为酰卤，后者通过烯醇式发生卤化反应生成 α- 卤代酰卤。α- 卤代酰卤经水解或醇解分别得到 α- 卤代羧酸或 α- 卤代羧酸酯。

$$2P + 3X_2 \longrightarrow 2PX_3$$

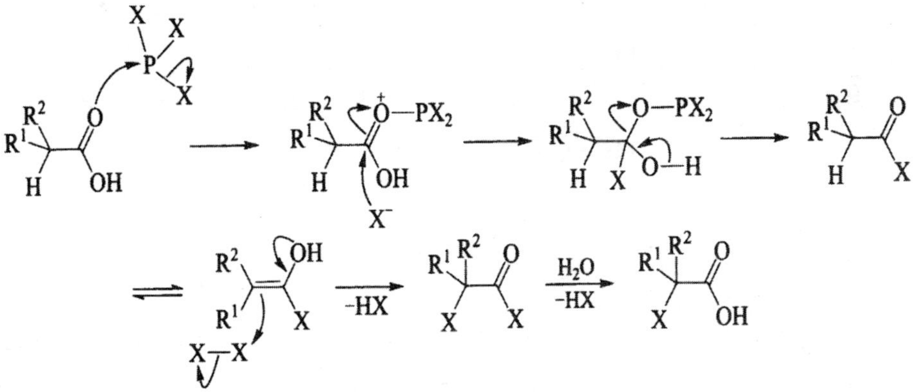

二、羰基化合物的α–烷基化反应

（一）经由烯醇负离子的 α– 烷基化反应

羰基 α-H 被碱夺取，形成的烯醇负离子能够作为亲核试剂与卤代烷或磺酸酯等亲电试剂发生亲核取代，生成 α- 烷基化产物。羰基化合物的 α- 烷基化反应是形成 C—C 键的一类重要反应。

在水或醇介质中反应时，氢键的存在往往导致反应活性降低。在非质子性介质中进行，提高烯醇负离子亲核性就成了羰基化合物顺利进行烷基化反应的关键。用冠醚络合阳离子，烯醇负离子的亲核性可以得到提高。改变阳离子特性，也能提高烯醇负离子的亲核性。例如，烯醇负离子的三（二乙氨基）锍盐 [tris（diethylamino）sulfonium，TAS] 就具有很好的亲核性，能与卤代烷发生 α- 烷基化反应，与酸酐发生 α- 酰基化反应：

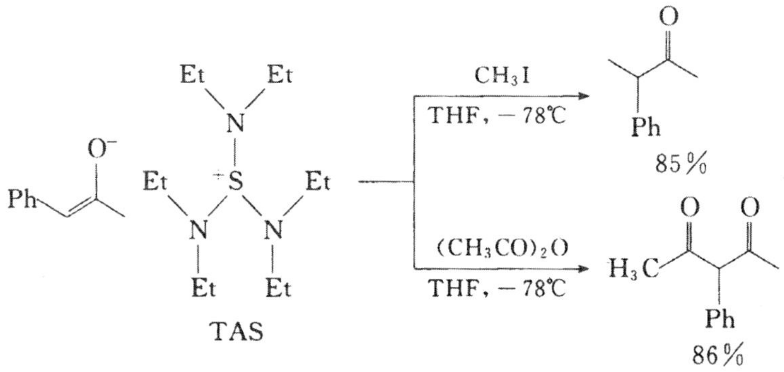

烯醇负离子的三（二乙氨基）锍盐可由烯醇硅醚与二氟三甲基硅负离子的三（二乙氨基）锍盐原位产生。这个阴离子交换过程的驱动力是产物 Me$_3$SiF 中 Si—F 键的亲和力（键能 581.8kJ/mol）。

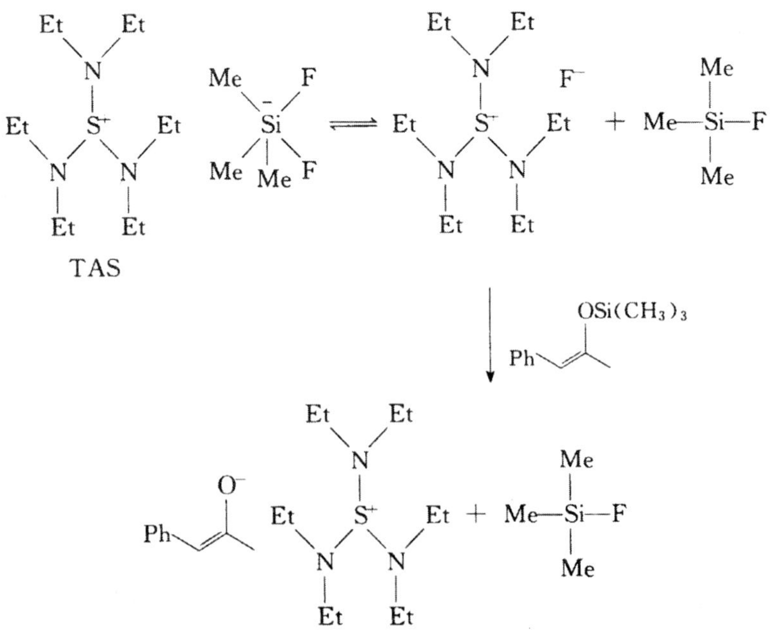

烯醇负离子和卤代烷的反应一般在碱性条件下进行，反应基于 S_N2 机理。这类反应存在一定的缺陷：①适应于 S_N2 的卤代烃，如甲基、烯丙基、苄基等伯卤代烃可以作为底物，而一些仲卤代烃、叔卤代烃易发生消除，而不易被取代；②有两个或两个以上活泼氢原子时，将得到多烷基化的产物；③对于不对称酮的烷基化反应，反应区域选择性较差。解决这些问题的方法之一是用具有较强酸性的 $\beta-$ 酮酸酯作为起始原料进行烷基化，烷基化结束后将酯水解，然后脱羧，即得到 $\alpha-$ 烷基化的酮。例如，乙酰乙酸乙酯（$pK_a=9$）经历烷基化、水解、脱羧反应组合，生成 $\alpha-$ 烷基化的丙酮，称为乙酰乙酸乙酯合成法。

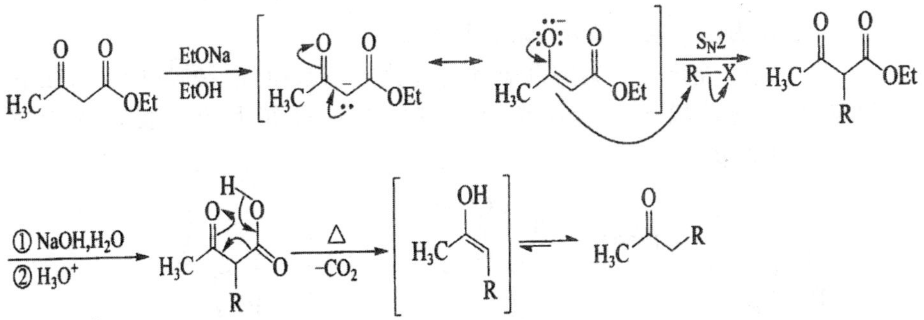

上述 $\alpha-$ 烷基化产物中还有一个 $\alpha-H$，可再次进行烷基化，然后进行酯水解和脱羧，可制备 α，$\alpha'-$ 双烷基化的丙酮。

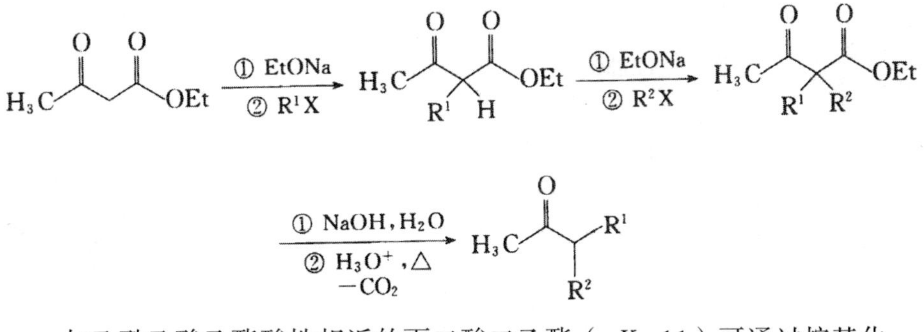

与乙酰乙酸乙酯酸性相近的丙二酸二乙酯（$pK_a=11$）可通过烷基化、水解、脱羧反应组合，合成 $\alpha-$ 烷基化的乙酸，称为丙二酸二乙酯合成法。

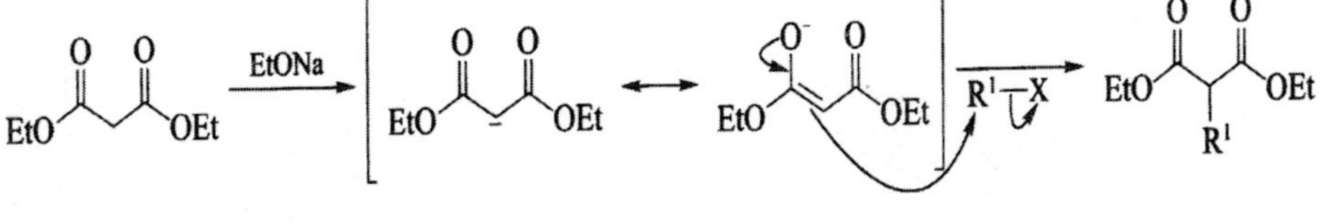

丙二酸二乙酯合成法亦可合成 α，α′- 双烷基化的乙酸：

（二）经由烯醇硅醚的 α- 烷基化反应

在路易斯酸催化下，烯醇硅醚和仲卤代烃或叔卤代烃的反应，可生成 α-烷基化产物。烯醇硅醚通常由醛或酮在碱存在下与三烷基氯硅烷（TMSCl）来制备。

在路易斯酸作用下，适应于 S_N1 反应的仲卤代烃或叔卤代烃发生C—X键的异裂，所形成的碳正离子中间体被烯醇硅醚捕获，然后脱硅基生成 α- 烷基化的产物。

由于烯醇硅醚形成具有很好的区域选择性，不对称酮 α-烷基化反应的区域选择性也随之解决。较低温度的条件下，经过动力学控制的烯醇硅醚，α-烷基化反应发生在取代基少的碳原子上。

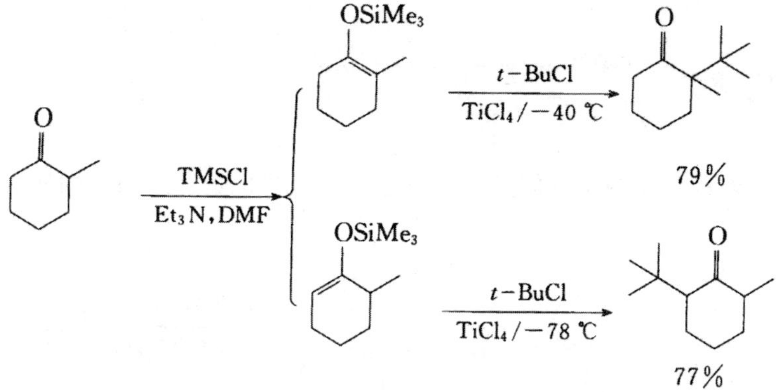

烯醇硅醚还可通过 α，$\beta-$ 不饱和酮、三烷基氯硅烷和二烷基铜锂的反应制备。例如，

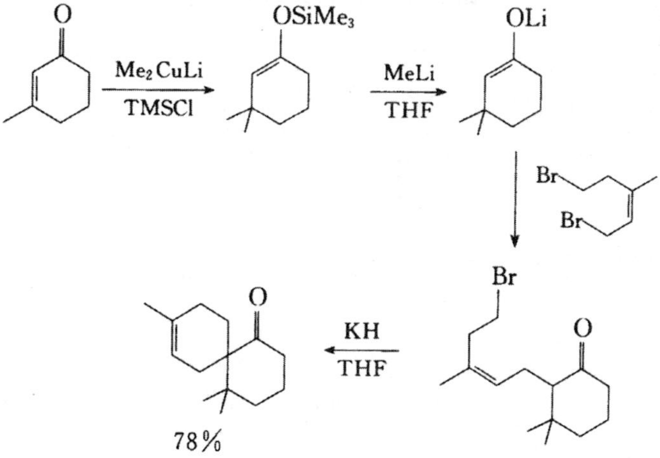

（三）经由烯胺的 $\alpha-$ 烷基化反应

醛或酮在质子酸催化下与二级胺缩合，形成烯胺A，后者与卤代烷发生亲核取代，生成烷基化的亚胺盐阳离子中间体B，后者水解即得到 $\alpha-$ 烷基化的醛或酮，并回收二级胺原料。

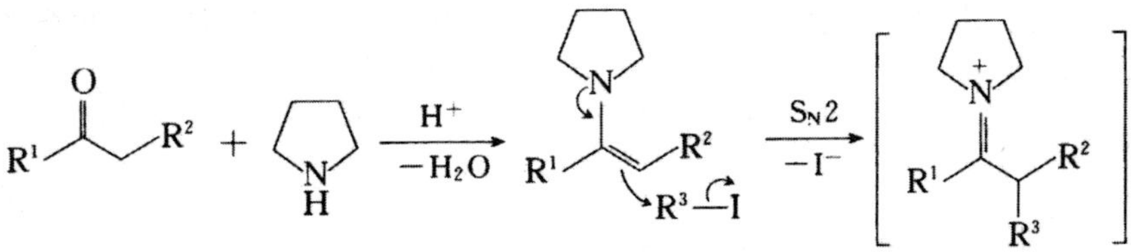

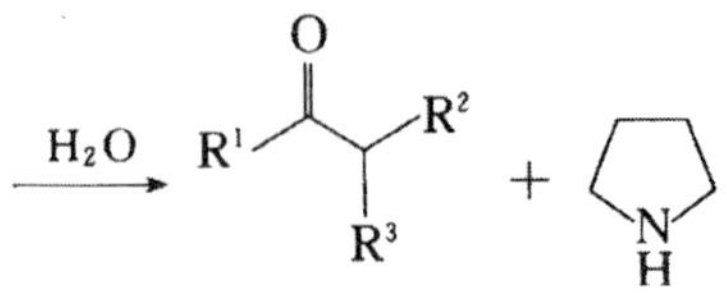

烯胺的烷基化因条件温和、副反应少，对醛也是适用的。例如，

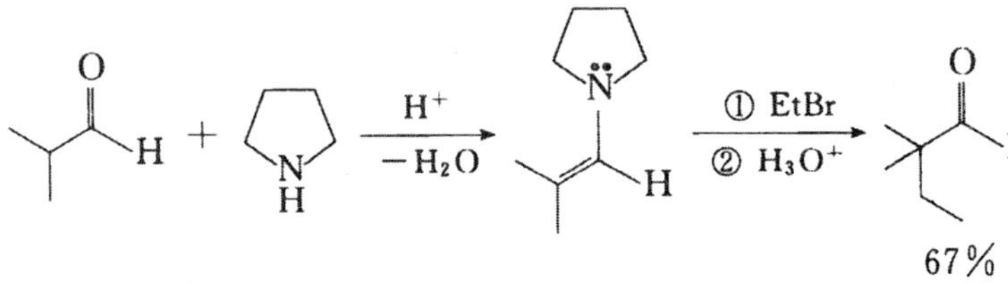

烯胺的反应具有高区域选择性。不对称的酮首先与二级胺缩合，生成较稳定的烯胺，然后烯基碳原子亲核进攻卤代烷。例如，

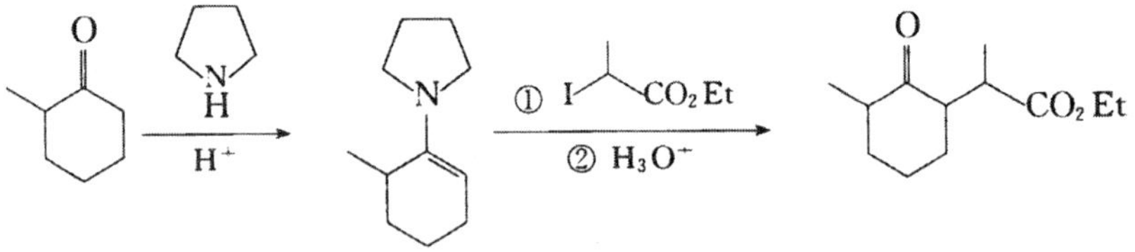

使用烯胺的镁盐（类似于烯醇盐），可以增加其亲核性。例如，

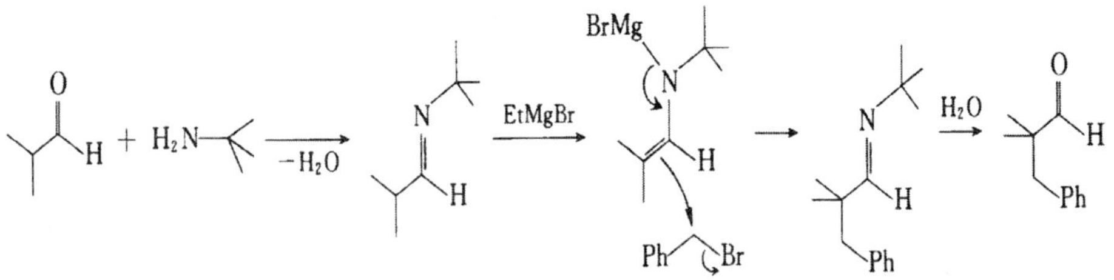

　　既然二级胺在上述两步反应序列中被完全回收，那么就应该可以使用催化量的二级胺来完成这一转化。近年来的研究证实了这一可能性。例如，在低温下，用摩尔分数为 10% 的手性脯氨酸衍生物可以高效率地催化醛分子内的烷基化反应：

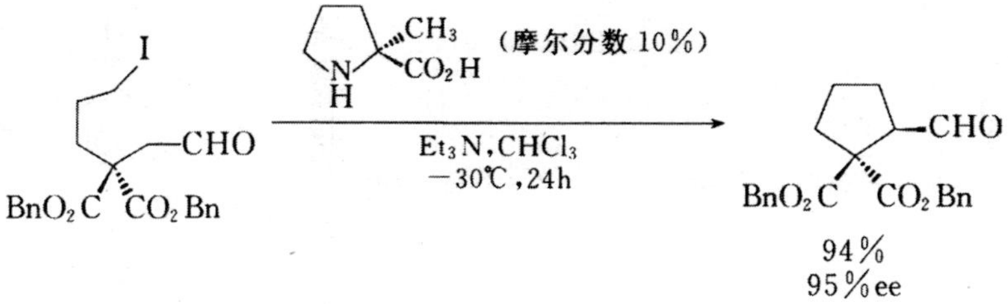

94%
95%ee

这个催化循环过程可表示如下：

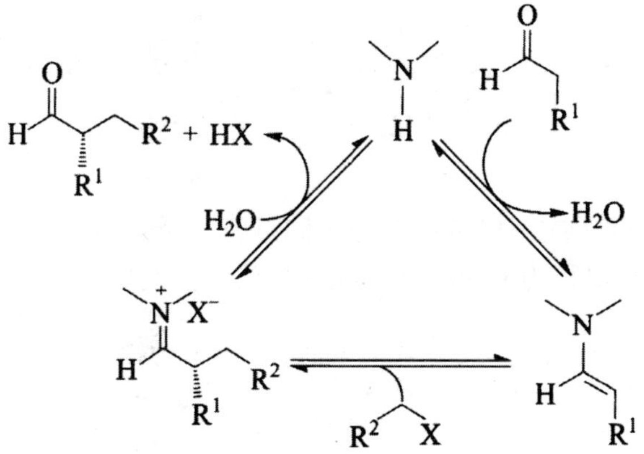

三、羰基化合物的α-酰基化反应

（一）Claisen 缩合反应

在碱性条件下，含有 α-H 的羧酸酯缩合，生成 β-酮酸酯，这个反应称为酯缩合反应，又称 Claisen 缩合反应。

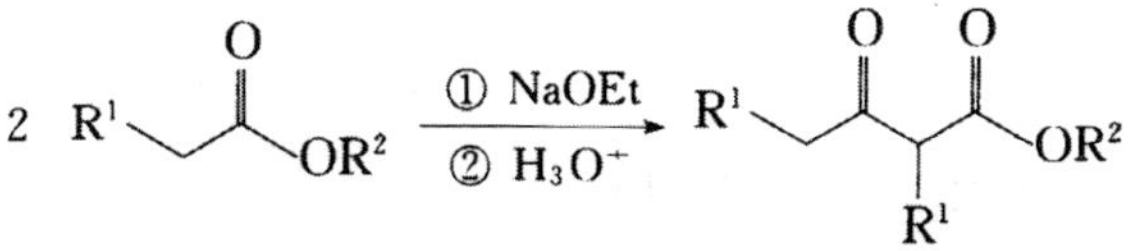

这个反应的机理如下：首先，一分子的酯被乙醇钠夺取α-H，形成烯醇负离子；后者作为亲核试剂进攻另一分子酯的羰基碳原子，形成中间体A；然后，A经历消除反应，乙氧基离去，生成产物。然而，这三步反应都是可逆的，而且平衡倾向于原料。因此，必须使用化学计量的乙醇钠，以使生成的β-酮酸酯转变为相应的烯醇盐B沉淀，从而使平衡完全偏向产物方向。最后，用酸处理得到最终产物。

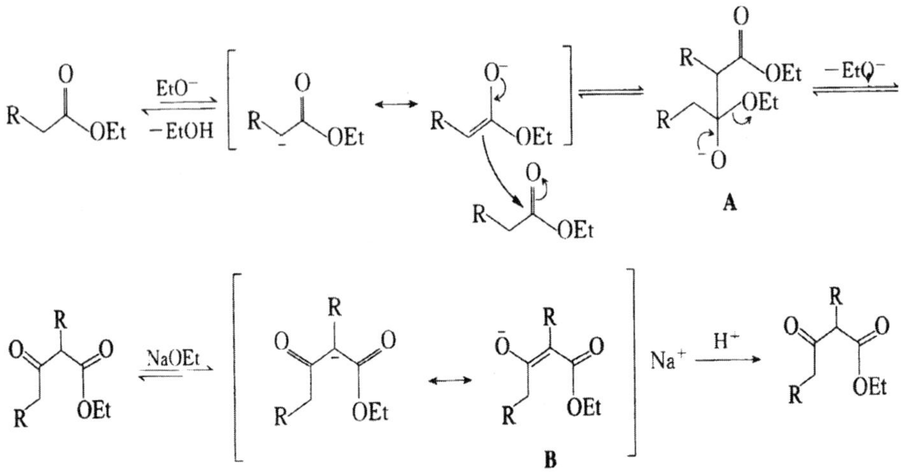

Claisen 缩合反应不仅可以在分子间进行，也可以在分子内进行，分子内的酯缩合反应也称为 Dieckmann 酯缩合反应。例如，

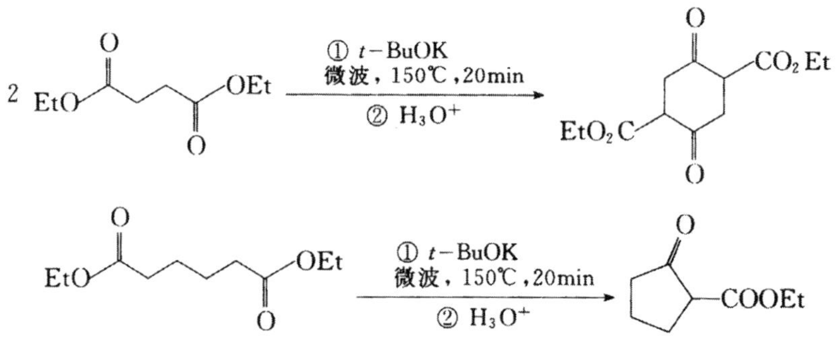

不同的酯之间可发生交叉的酯缩合反应，如甲酸乙酯与乙酸乙酯缩合生成 $\beta-$ 氧代丙酸乙酯：

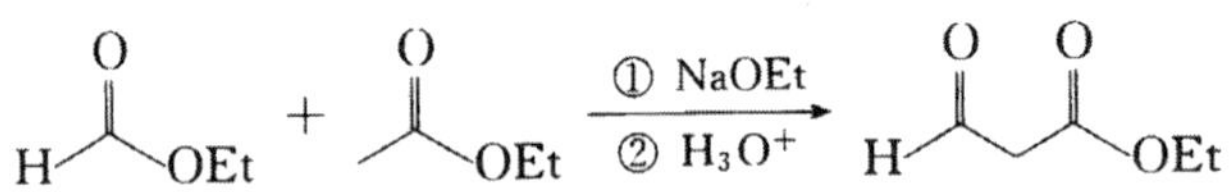

酮与酯之间亦可发生交叉的酯缩合反应。为避免自身缩合，通常使用无 $\alpha-H$ 的酯与酮进行反应。例如，草酸二乙酯与 2- 乙酰基呋喃的缩合：

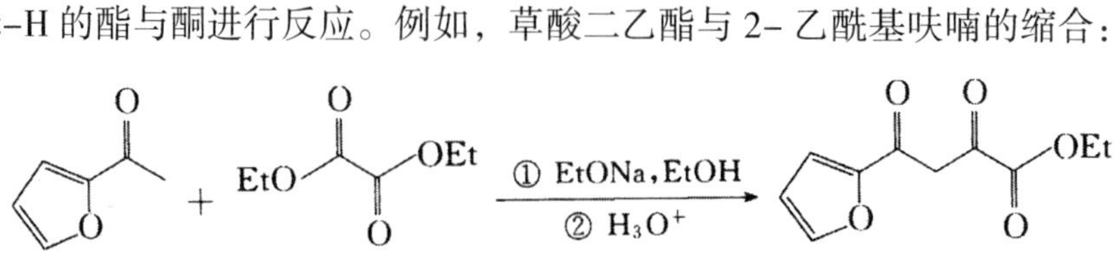

（二）经由烯胺的 $\alpha-$ 酰基化反应

醛或酮与二级胺缩合形成的烯胺可作为亲核试剂与酰卤发生亲核取代

反应，生成 α-酰基化产物，称为Stock烯胺酰基化反应。烯胺的烯基碳原子亲核进攻酰卤羰基碳原子，形成中间体 A；然后，A经历消除，离去基团X离去，形成亚胺盐中间体B。最后，亚胺盐水解，生成 α-酰基化产物，并回收二级胺。

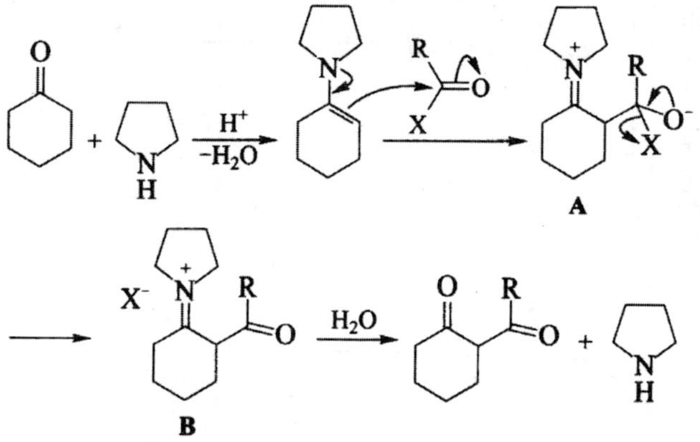

第三节　羧酸及其衍生物的亲核取代反应

亲核试剂进攻羧酸、酰卤、酸酐、酯或酰胺的羰基碳原子，发生亲核加成反应，生成四面体形中间体，继而氧原子的孤对电子反共轭，离去基团离去，生成亲核取代产物。这个加成一消除过程是可逆的。在此过程中，碳原子由 sp^2 杂化转换成 sp^3 杂化，再转换成 sp^2 杂化，故称为四面体机理。

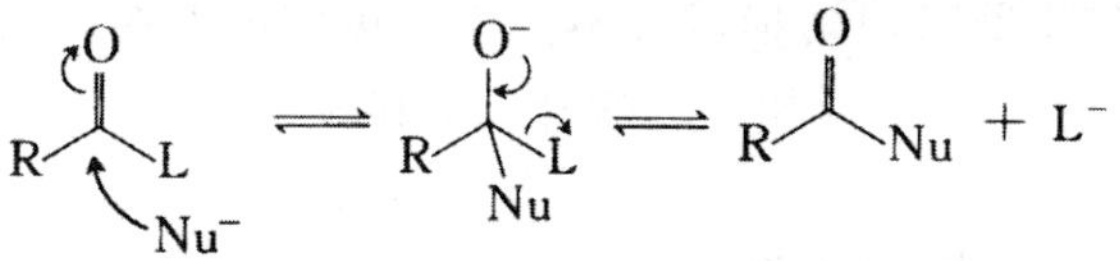

$$L = OH, X, OCOR, OR, NH_2, NHR, NR_2$$

酰卤、酸酐、酯和酰胺相对反应速率如下：

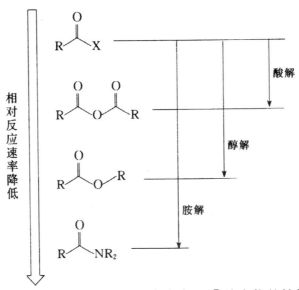

相对反应速率可从以下两方面进行解析：①从底物的结构来看，酰卤的羰基碳原子受到卤素吸电子诱导效应的影响最显缺电子性；酸酐和酯相比，多了一个吸电子性的羰基，酸酐的羰基碳原子比酯基的羰基碳原子更显缺电子性；而酰胺中，氮原子孤对电子的给电子共轭效应远大于其吸电子诱导效应，使得酰胺的存在形式以电荷集中的共振式为主。以$CDCl_3$为溶剂，DMF的氢谱中出现两个可以区分的甲基，这就是很好的例证。②离去基团共轭酸的相对酸性越强，其越容易离去。羧酸衍生物中离去基团共轭酸的相对酸性顺序为：$HCl>RCOOH>ROH>NH_3$（或RNH_2，R_2NH），故离去能力的顺序为：$Cl^->RCOO^->RO^->NH_2^-$（或RNH^-，R_2N^-）。通常情况下，较活泼的羧酸衍生物可以转换成较不活泼的羧酸衍生物，因此酰氯容易发生酸解、醇解和氨解，形成相应的酸酐、酯和酰胺。

一、羧酸衍生物的水解

酰卤遇到水容易发生水解，生成羧酸和卤化氢，所以，一般的酰卤都要干燥保存。就卤素而言，酰卤水解反应的相对反应速率 F<Cl<Br<I。

酸酐水解速率要比酰卤的水解速率慢，水解反应可以被碱催化。如乙酸酐的水解，催化量的吡啶使得反应速率大大加快。这是因为酰基吡啶的活性远远大于酸酐的活性。

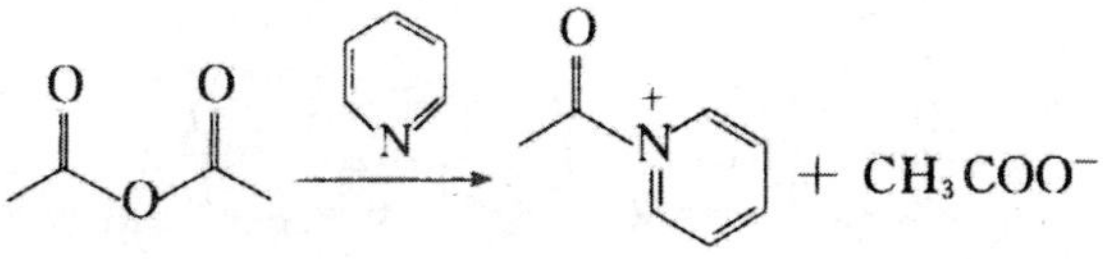

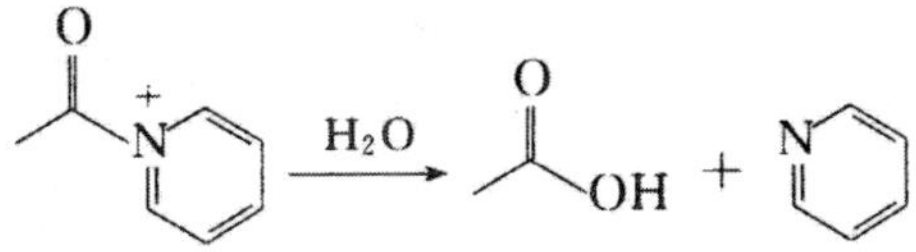

而很多酰胺都可以用水作重结晶溶剂，因此，酰胺的水解应有一定的反应条件，如酸或碱作催化剂。

由于RO⁻比X⁻和RCOO⁻都难离去，所以一般的酯在水中比较稳定，它的水解需要用酸或碱催化。酯水解涉及的键断裂形式有两种：一种为酰氧断裂；另一种为烷氧断裂。

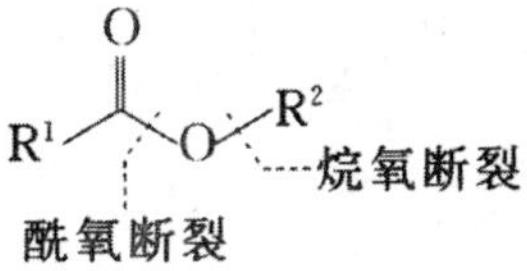

如果再考虑到酸（A）或碱（B）催化，单分子（1）或双分子（2）反应动力学，理论上酯水解机理有以下八种：A$_{Ac}$1（酸催化酰氧断裂，单分子）、A$_{Ac}$2（酸催化酰氧断裂，双分子）、A$_{Al}$1（酸催化烷氧断裂，单分子）、A$_{Al}$2（酸催化烷氧断裂，双分子）、B$_{Ac}$1（碱催化酰氧断裂，单分子）、B$_{Ac}$2（碱催化酰氧断裂，双分子）、B$_{Al}$1（碱催化烷氧断裂，单分子）和B$_{Al}$2（碱催化烷氧断裂，双分子）。

A$_{Ac}$1：

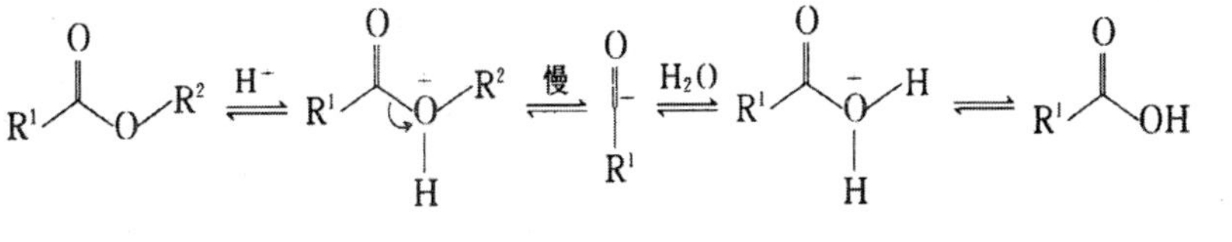

A$_{Ac}$2：

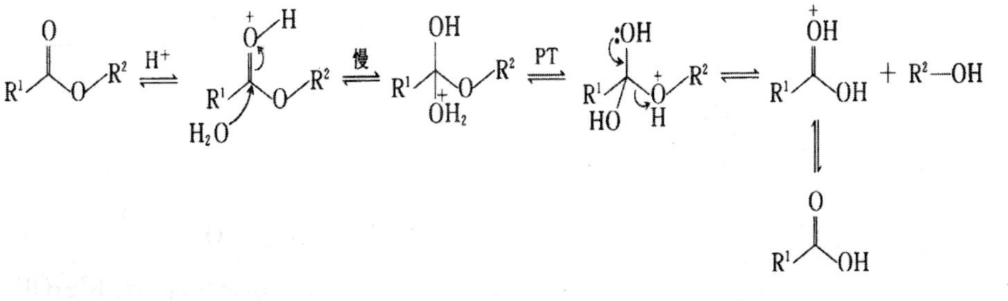

$A_{Al}1$：

$$R^1-CO-O-R^2 \xrightarrow{H^+} R^1-CO-\overset{+}{O}(H)-R^2 \underset{慢}{\rightleftharpoons} R^1-COOH + \overset{+}{R^2}$$

$$\Vert H_2O$$

$$R^2-\overset{+}{O}(H)(H) \rightleftharpoons R^2-OH$$

$A_{Al}2$：

$$R^1-CO-O-R^2 \xrightarrow{H^+} R^1-CO-\overset{+}{O}(H)-R^2 \xrightarrow[慢]{H_2O} R^1-COOH + R^2-\overset{+}{O}(H)(H)$$

$$\Vert$$

$$R^2-OH$$

$B_{Ac}1$：

$$R^1-CO-O-R^2 \xrightarrow{慢} R^1-\overset{+}{C}=O + {:}\overset{..}{O}-R^2$$

$$\downarrow OH^-$$

$$R^1-COOH \xrightarrow{\bar{O}-R^2} R^1-CO-O^- + R^2-OH$$

$B_{Ac}2$：

$$R^1-CO-O-R^2 \xrightarrow{慢} R^1-C(O^-)(OH)-O-R^2 \longrightarrow R^1-COOH + \bar{O}-R^2$$

$$OH^-$$

$$\downarrow PT$$

$$R^1-CO-O^- + R^2-OH$$

$B_{Al}1$：

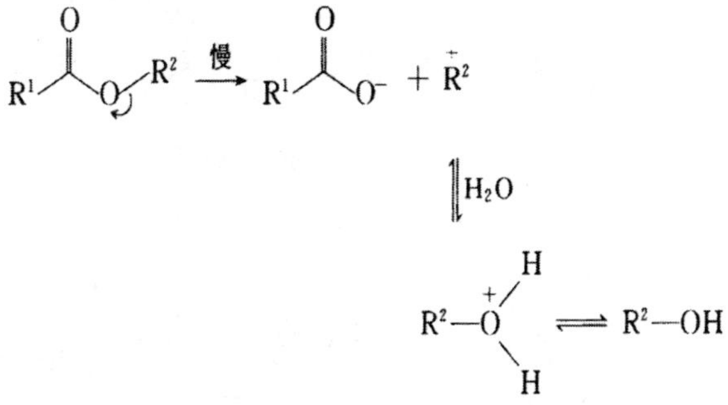

$B_{Al}2$：

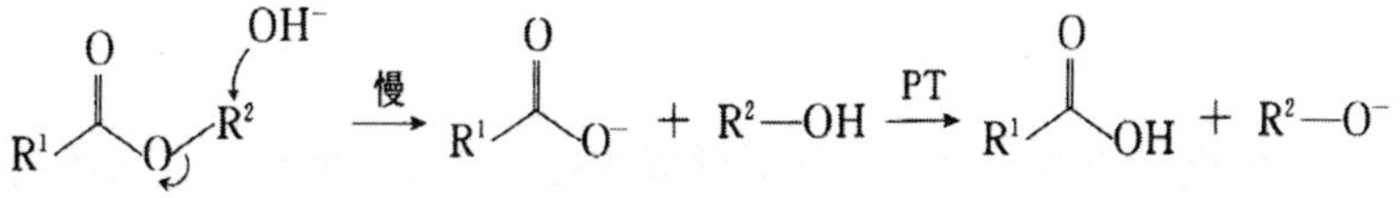

在上述八种酯水解机理中，最常见的为两种四面体机理，即 $A_{Ac}2$ 和 $B_{Ac}2$，而 $B_{Al}1$ 机理尚未得到实验证实。四面体机理已获得同位素标记实验的支持。例如，羰基氧原子被 ^{18}O 标记的酯在碱性条件下水解，生成的羧酸根阴离子中一部分含有 ^{18}O，另一部分不含有 ^{18}O。$B_{Ac}2$ 机理可以合理地解释同位素标记部分丢失的原因。

二、羧酸及其衍生物的醇解

（一）羧酸的酯化反应

1.酸催化的酯化反应

羧酸与醇在酸催化下反应生成酯，称为酯化反应。

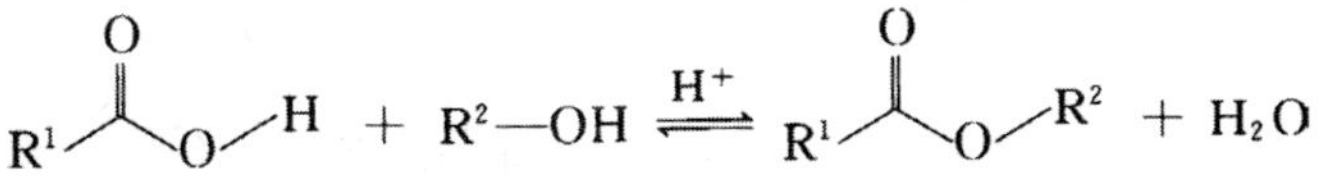

在质子酸的存在下，羧酸的羰基被质子化成为 A，随后醇亲核进攻羰基碳原子，生成具有四面体结构的 B，这一步是酯化反应决速步骤。B 经质子转移成为 C，然后水作为中性分子离去，形成 D。最后，D 去质子化生成酯。酯化反应是可逆的，最终结果是羧酸的羟基被烷氧基亲核取代，生成的水通过和溶剂共沸除去，这样能够使反应平衡向生成酯的方向移动。

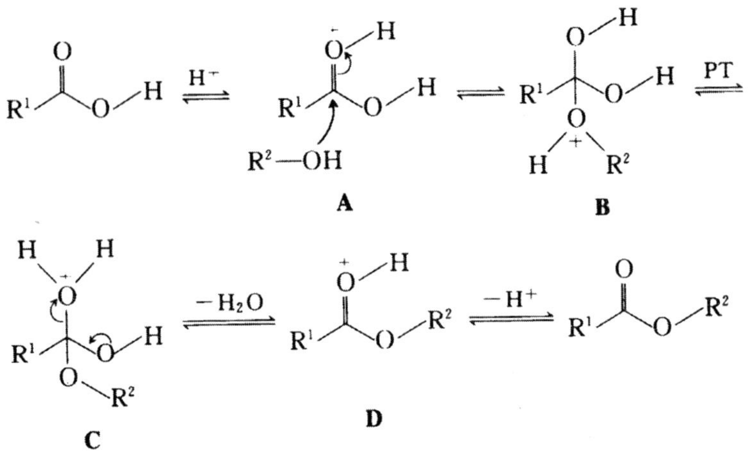

酯化反应发生在分子内，形成内酯，一般五元环、六元环内酯比较稳定：

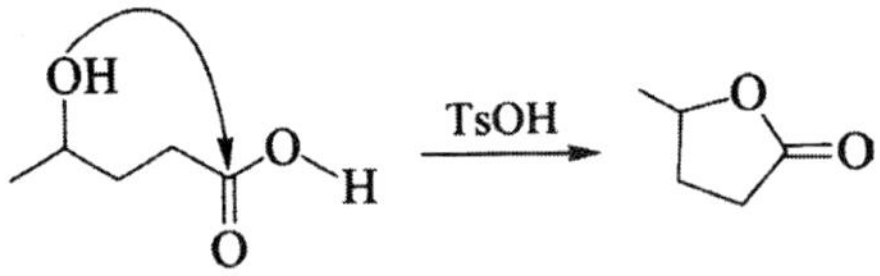

2. 活化羧基的酯化反应

在二环己基碳二亚胺（DCC）存在下，羧酸能够与醇反应，生成酯和二环己基脲（DCU）。由于 DCU 不溶于常用的有机溶剂（如二氯甲烷），反应结束后可通过过滤除去 DCU。该酯化反应在中性条件下进行，故也适合于对酸敏感的底物。

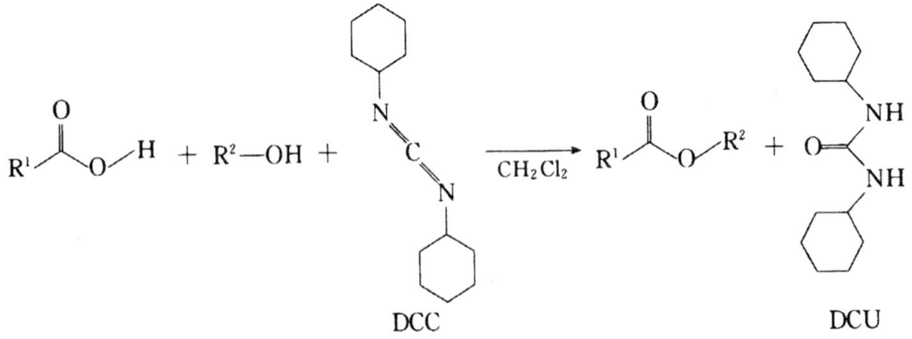

例如：

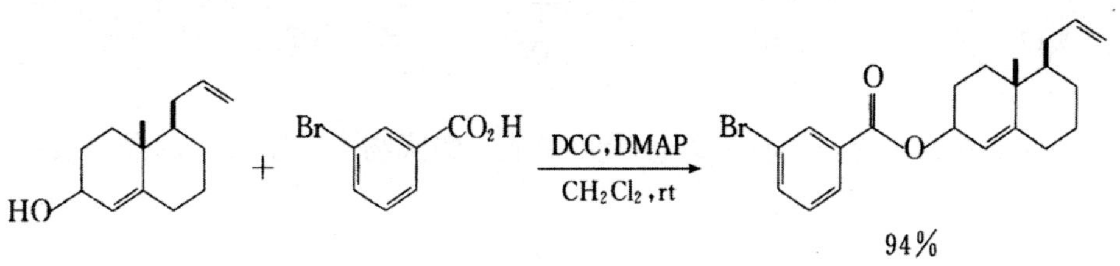

$$94\%$$

（DMAP:4-二甲氨基吡啶）

羧基活化的机理如下：首先，羧酸与 DCC 进行质子交换（这使得羧酸根阴离子具有更好的亲核性，而 DCC 则具有更好的亲电性）。然后，羧酸根阴离子对质子化的 DCC 进行亲核加成得到活化酯中间体 A。A 的结构类似于酸酐，它受到醇的亲核进攻，发生类似于酸酐的醇解反应，得到 DCU 和酯。

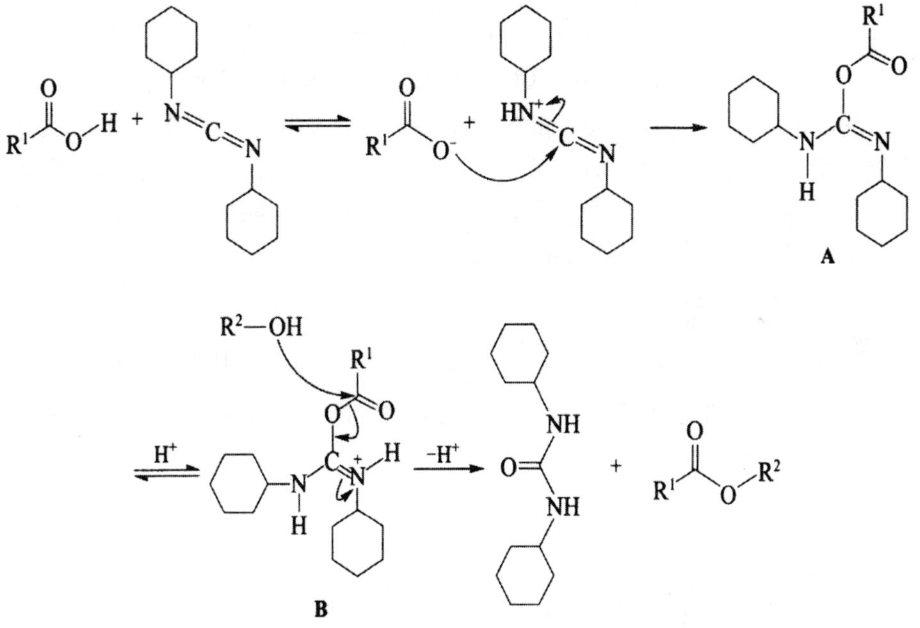

（二）酰氯、酸酐和酯的醇解

酰氯与醇作用得到酯。首先，醇亲核进攻羰基碳原子，形成具有四面体结构的中间体 A，然后 A 消除一分子 HCl，得到酯。加入碱中和所产生的 HCl，可促使反应进行。常用的有机碱为吡啶和三乙胺等。

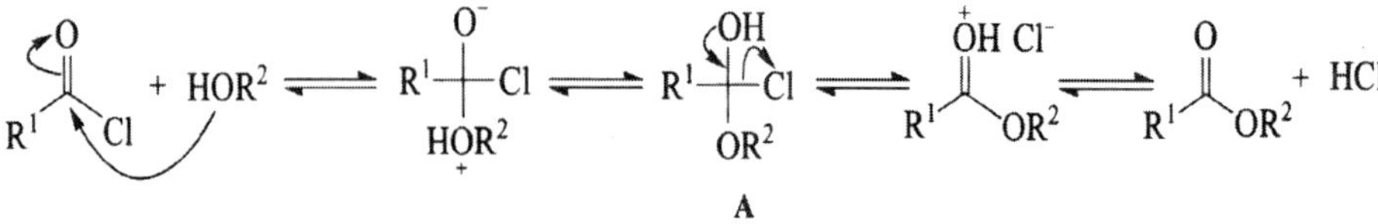

四面体机理的一个直接的证据是如下二醇底物中位阻较小的羟基被酰基化。

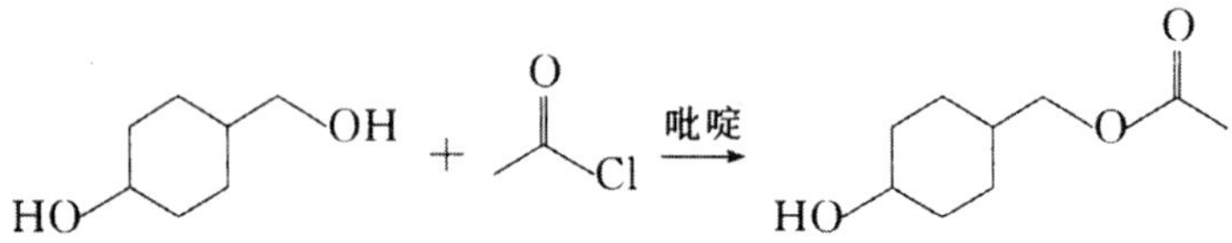

如用光气制备碳酸二烷基酯。反应可能经过酰基正离子中间体，也可能经过四面体中间体：

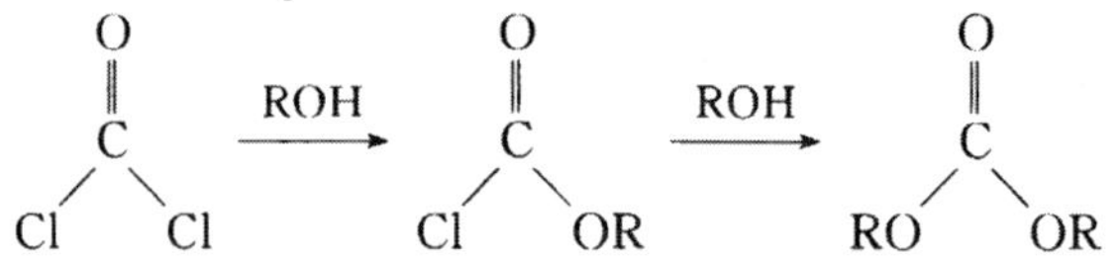

酸酐醇解生成酯和羧酸。酸酐比酰氯的反应温和，反应通常用酸或碱作催化剂，如吡啶。酸酐的醇解是制备酯的一种方法，如苄醇和乙酸酐制备乙酰苄酯，因此，乙酸酐通常称为乙酰化试剂。甲酸酐不稳定，要使得醇发生甲酰化，常用的试剂为混酐，如甲酸乙酸酐。

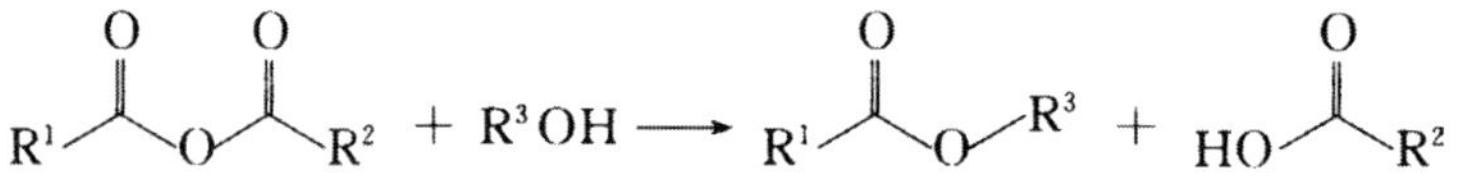

酯的醇解，即发生酯的交换。如苯甲酸甲酯与环戊醇反应，生成苯甲酸环戊酯和甲醇，低沸点的甲醇容易蒸馏除去，从而有利于酯交换反应的进行。

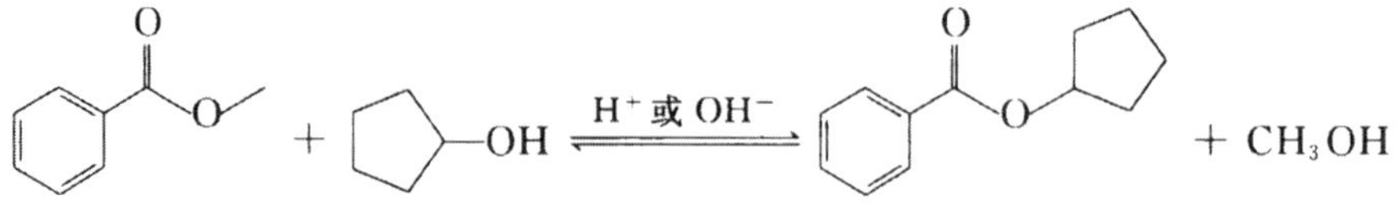

三、羧酸衍生物的胺解

酰氯、酸酐和酯的氨解均生成酰胺。氨、伯胺和仲胺均可反应。氨解过程按四面体机理进行。酰氯和酸酐的氨解反应一般在碱存在下进行，碱的作用是中和所产生的酸。

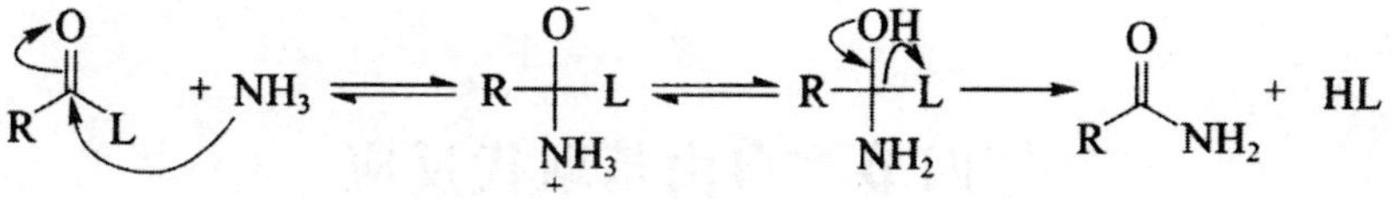

羧酸直接氨解比较困难，但用 DCC 活化后能够顺利发生氨解，生成酰胺和 DCU，反应在中性条件下进行，故也适合于对酸敏感的底物。这种方法在多肽合成中被广泛使用。

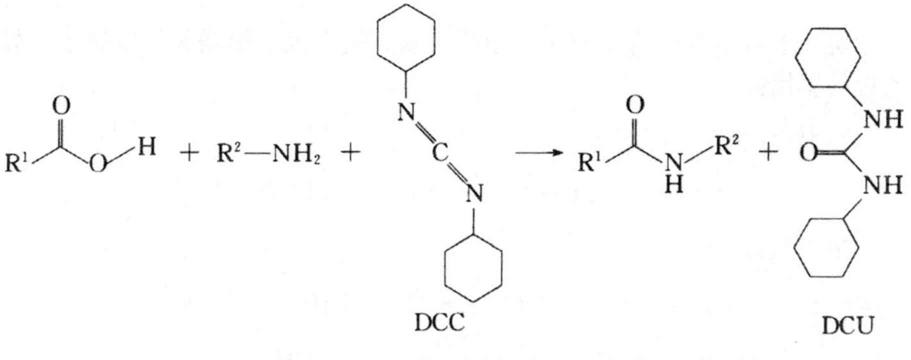

在这个过程中，羧酸首先与 DCC 进行质子交换。然后，羧酸根阴离子对质子化的 DCC 进行亲核加成得到活化酯中间体 A，后者继而发生氨解反应，得到 DCU 和酰胺。

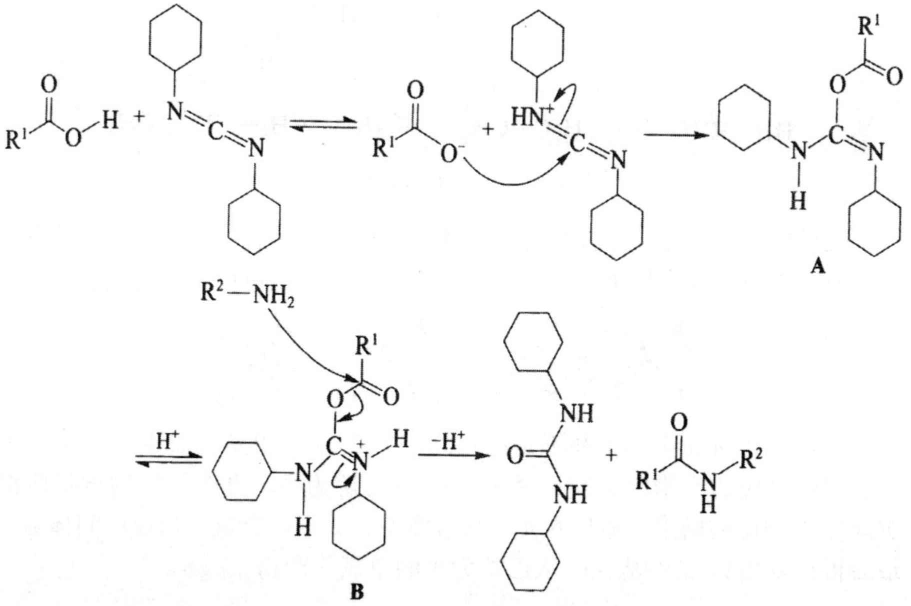

第四节　自由基取代反应

一、烷烃的自由基取代反应

烷烃的自由基取代反应至少包括三步，链引发，链增长和链终止。如乙烷的氯代：

链引发：

$$Cl\!-\!Cl \xrightarrow{h\nu} \dot{Cl} + \dot{Cl}$$

链增长：

$$H_3C\!-\!CH_3 + \dot{Cl} \longrightarrow H_3C\!-\!\dot{C}H_2 + HCl$$

$$H_3C\!-\!\dot{C}H_2 + Cl\!-\!Cl \longrightarrow H_3C\!-\!\underset{\underset{Cl}{|}}{C}H_2 + \dot{Cl}$$

链终止：

$$H_3C\!-\!\dot{C}H_2 + \dot{Cl} \longrightarrow H_3C\!-\!\underset{\underset{Cl}{|}}{C}H_2$$

$$H_3C\!-\!\dot{C}H_2 + H_3C\!-\!\dot{C}H_2 \longrightarrow H_3C\!-\!CH_2\!-\!CH_2\!-\!CH_3$$

$$\dot{Cl} + \dot{Cl} \longrightarrow Cl_2$$

烷烃中伯氢、仲氢和叔氢的反应活性是不同的，伯氢最慢，叔氢最快，而且温度越高，选择性越低。这和中间体自由基的相对稳定性有关：

$$\underset{R}{\overset{R}{\diagdown}}\dot{\diagup}_{R} > \underset{R}{\overset{R}{\diagdown}}\dot{\diagup}_{H} > \underset{H}{\overset{R}{\diagdown}}\dot{\diagup}_{H} > \underset{H}{\overset{H}{\diagdown}}\dot{\diagup}_{H}$$

但这一相对反应速率并不是绝对的，如 2,2- 二甲基己烷中有三个亚甲基，氯代反应的产物以 2,2- 二甲基 -5- 氯己烷为主。九个伯氢的贡献使得中间体 A 的比例增多，通过六元环状过渡态，分子内夺氢，形成中间体 B，最后得到以 2,2- 二甲基 -5- 氯己烷为主的单氯代产物。

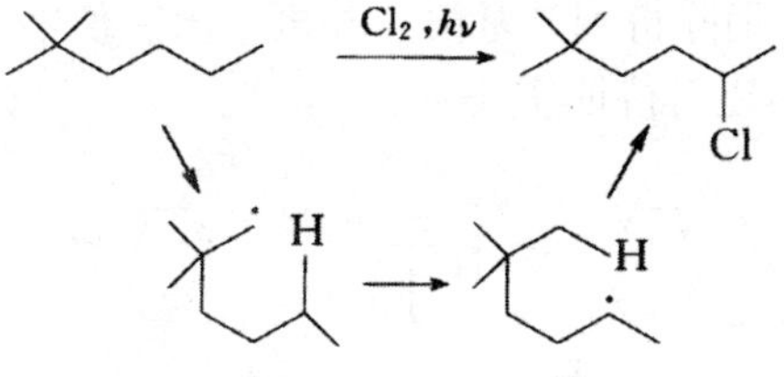

如果底物中有双键或苯环，碳自由基能被双键和苯环所稳定。

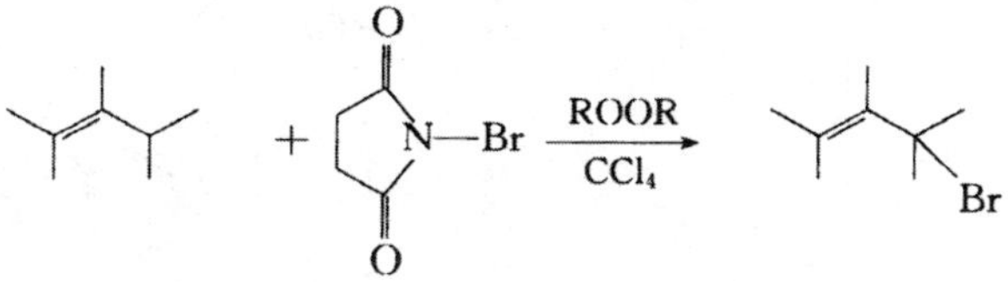

如果底物中含有吸电子基，自由基卤代反应发生在 β 位，而不发生在 α 位。乙酸或乙酰氯不反应，这个和 HVZ 反应形成对比，羧酸或酰氯的亲电取代只发生在羰基的 α 位。

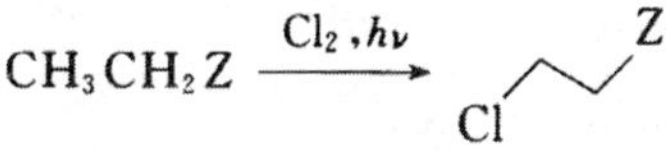

$$CH_3CH_2Z \xrightarrow{Cl_2,h\nu}$$

$$Z=COOH,COCl,COOR,SO_2Cl,CX_3$$

烷烃和卤素反应的相对反应速率是 F>Cl>Br>I。烷烃和单质氟的反应速率太快，和单质碘反应能量不利。氯和烷烃反应的速率大于溴和烷烃反应的速率，选择性低。

二、芳香烃的自由基取代反应

芳基重氮盐的 C—N 键均裂是产生芳基自由基的重要途径之一。Sandmeyer 反应、Gomberg–Bachmann 反应等就是基于芳基自由基的经典的人名反应。

（一）Sandmeyer 反应

铜盐催化下芳基重氮阳离子被阴离子取代的反应称为 Sandmeyer 反应。阴离子可以是 Cl^-，Br^-，CN^-，NO_2^- 等。

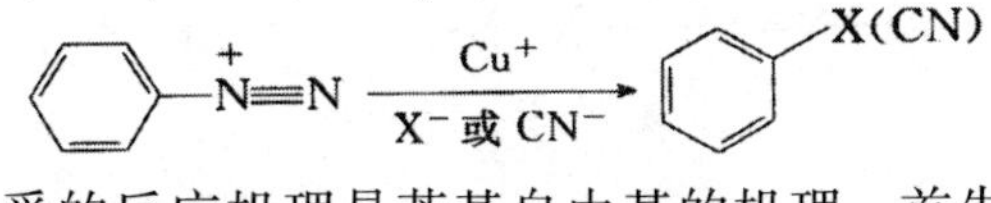

目前普遍接受的反应机理是芳基自由基的机理。首先，一价铜和芳基重氮盐发生单电子转移，生成二价铜和芳基重氮自由基 A，进而失去氮气，成为芳基自由基。然后，芳基自由基继续通过单电子转移，形成芳基铜配合物 B，后者经还原消除得到芳基卤，并再生出一价铜。不过，这个过程是否经过三价铜中间体还有待证实。

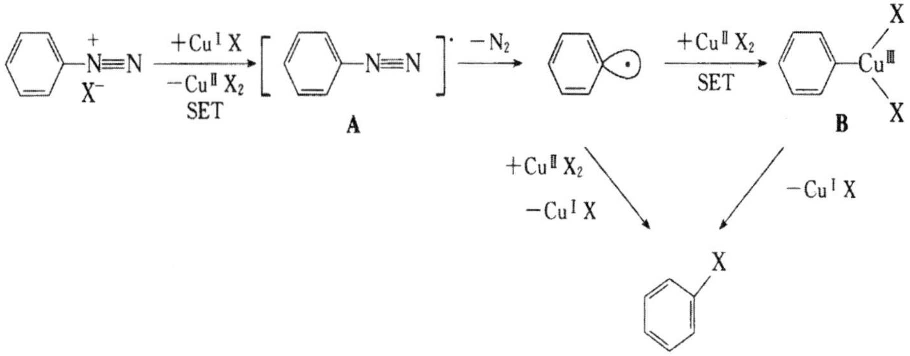

芳基重氮盐和 KI 能直接反应得到芳基碘，反应不需要亚铜催化剂。例如：

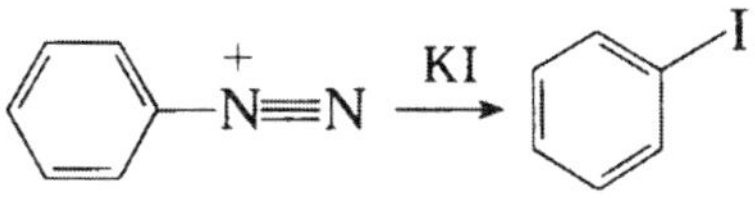

（二）Gomberg-Bachmann 反应

芳基重氮盐在碱性条件下能和芳烃偶联，生成联芳烃，反应可在分子间和分子内发生。这个反应称为 Gomberg 反应或 Gomberg-Bachmann 反应。

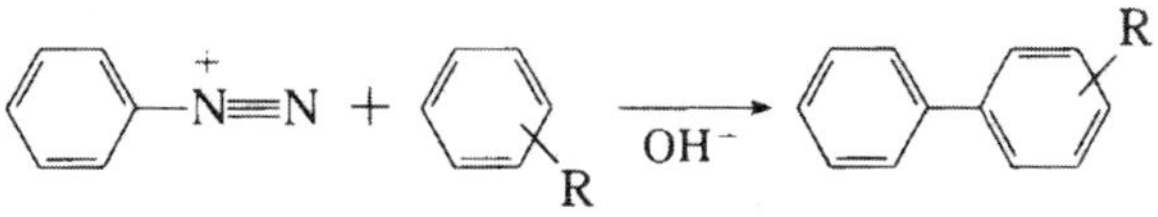

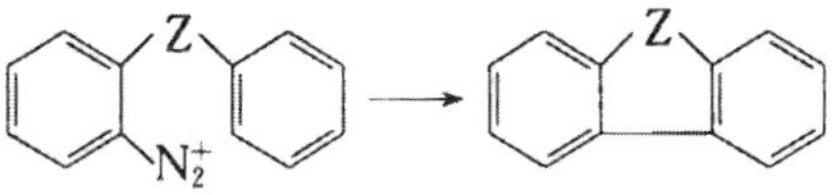

$Z=CH_2,O,NH,CO,CH=CH,CH_2CH_2$

这个反应经历了芳基自由基中间体。首先，芳基重氮阳离子在碱性条件下形成类似于酸酐的中间体 A，A 进一步分解为芳基自由基、氧自由基 B 和氮气。然后，芳基自由基与底物芳烃发生自由基取代反应，生成联芳烃。在此过程中，氧自由基 B 夺取了中间体 C 的氢原子。

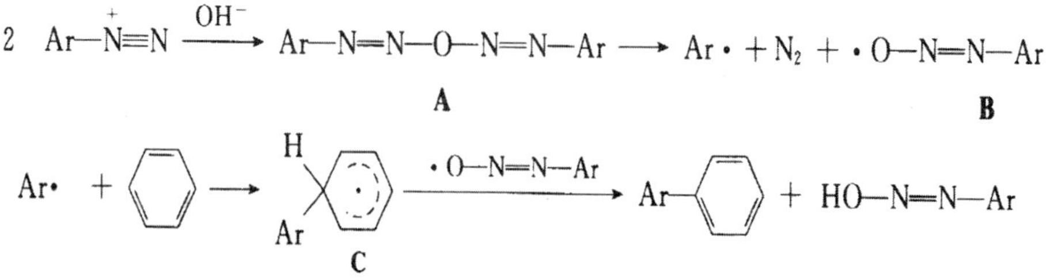

$$2\ Ar\overset{+}{-}N{\equiv}N \xrightarrow{OH^-} \underset{A}{Ar-N=N-O-N=N-Ar} \longrightarrow Ar\cdot + N_2 + \cdot\underset{B}{O-N=N-Ar}$$

第六章
消除反应机理研究

卤代烃的脱卤化氢反应和醇的分子内脱水反应都是消除反应（Elimination reaction）。消除反应是指从一个有机化合物分子中消除一个小分子的反应。根据被消除的两个原子或基团的相对位置，可以将消除反应分为三种类型：α-消除反应（1,1-消除反应）、β-消除反应（1,2-消除反应）和严消除反应（1,3-消除反应）。

第一节　消除反应历程

β- 消除反应可以分为两类：一类反应主要在溶液中进行，而另一类反应（热解消除）主要在气体中进行。溶液中的反应，一个基团带着其电子对离去，此基团称作离去基团或者离核体，而另一基团离去时则不带电子对，此基团最常见的是氢。根据共价键的破裂和生成的次序，可把消除反应分为三类，即 E1、E2 和 E1CB 三种离子型消除反应历程。

一、E1历程

E1 历程分为两步：第一步是反应物在溶剂等作用下，碳原子和离去基团之间的共价键异裂生成碳正离子；第二步是生成的碳正离子从相邻的 β-碳上失去一个质子而生成烯烃。例如，

$$(CH_3)_3C—Br \xrightarrow{\text{慢}} (CH_3)_3C^+ + Br^-$$
$$(CH_3)_3C^+ \xrightarrow{\text{快}} (CH_3)_2C =CH_2 + H^+$$

在这个反应中，离去基团（—Br）的离去是反应速率决定步骤。因此，反应速率不依赖于碱等试剂的浓度，仅与反应物本身浓度有关，动力学上表现为一级反应：

$$v = kc_{(CH_3)_3CBr}$$

称为单分子消除反应，用 E1 表示。

从上面历程可以看到，第一步是与 S_N1 历程相同的碳正离子历程，第二步历程不同，因此 S_N1 与 E1 反应是相互竞争反应。例如，叔丁基氯在 25℃ 时溶于 80% 的含水乙醇中，E1 和 S_N1 相互竞争的产物如下：

$$\begin{array}{c}
\underset{\underset{CH_3}{|}}{\overset{\overset{CH_3}{|}}{H_3C-C-Cl}} \xrightarrow{\text{慢}} \underset{\underset{CH_3}{|}}{\overset{\overset{CH_3}{|}}{H_3C-C^+}}
\end{array}
\xrightarrow[\text{快}]{H_2O}
\begin{cases}
\xrightarrow{E1} (CH_3)_2C=CH_2 + H_3O^+ \quad 17\% \\
\xrightarrow{S_N1} (CH_3)_3C-OH + H^+ \quad 83\%
\end{cases}$$

此外，由于 E1 消除反应中间体有碳正离子生成，相互竞争的还有重排反应。

常见的 E1 历程反应如下：

醇的酸性脱水：

$$(CH_3)_3COH \xrightarrow{H^+} (CH_3)_2C=CH_2 + H_3O^+$$

仲、叔卤代烷溶剂解脱卤化氢：

$$\text{（苯基）}-\underset{\underset{Cl}{|}}{CHCH_3} \xrightarrow[\text{回流}]{HCOOH} \text{（苯基）}-CH=CH_2 + HCl$$

硫酸酯或磺酸酯的溶剂解脱苯磺酸：

$$\text{（环己基）}-OSO_2Ph \xrightarrow[\text{回流}]{CH_3CH_2OH} \text{（环己基）} + \xrightarrow{-H^+} \text{（环己烯）}$$

二、E2历程

由碱性亲核试剂进攻 β– 氢原子，使这个氢原子变成质子，离去基团的离去而发生消除反应，同时在相邻两个碳原子之间形成 π 键，反应中间经过一个过渡态。

例如，

$$C_2H_5O^- + CH_3CH_2CH_2Br \longrightarrow
\underset{\underset{\delta}{\underset{|}{\underset{Br}{|}}}{\underset{H}{|}}}{\overset{\overset{\delta}{\overset{|}{C_2H_5O\cdots H}}\ H}{H_3C-C\cdots C-H}}
\longrightarrow H_3C-\underset{\underset{H}{|}}{C}=CH_2 + C_2H_5OH + Br^-$$

在过渡态反应里，C—H 键断裂、C—Br 键的断裂与 π 键的生成几乎是协同进行的。在决定反应速率的步骤中，由反应物分子和试剂分子同时参加反应，因此称为双分子消除反应，由于消除的是 β– 氢原子，也称为 β–消除，用 E2 表示。

在 E2 反应中，反应速率与反应物的浓度及进攻试剂的浓度成正比，动力学上表现为二级反应。

$$v = kc_{R-X}c_{碱}$$

因此，在发生 E2 反应的同时，往往有 S_N2 反应相互竞争发生。例如，

$$CH_3CH_2O^- + H-\underset{\underset{CH_3}{|}}{CH}CH_2-Br \longrightarrow$$

$$\overset{E2}{\longrightarrow} CH_3CH=CH_2 + CH_3CH_2OH + Br^-$$
9%

$$\overset{S_N2}{\longrightarrow} CH_3CH_2OCH_2CH_2CH_3 + Br^-$$
91%

三、E1CB历程

E1CB 历程是共轭碱的消除反应，包括两步反应，第一步是 C—H 键断裂形成碳负离子中间体，第二步是离去基团离去形成 π 键形成烯烃，第二步是决定反应速率的步骤。

例如：

E1CB历程反应的第一步是碱进攻有酸性的 β– 氢原子形成它的共轭碱（conjugate base），然后离子基团的离去生成π键，这一步是决定反应速率的步骤为单分子反应，因此称为共轭碱单分子消除历程，简称E1CB历程。在E1CB反应中，反应速率与作用物的浓度和碱的浓度成正比，也是二级反应。

对于 E1CB 历程反应，只有当作用物的 α– 碳原子上连有强烈的吸收电子基（如硝基、羰基、氰基等）则能生成稳定的碳负离子中间体，然后离去基团的离去发生 E1CB 历程消除反应。简单的卤代烷，磺酸烷基酯、烷基醇等则不发生 E1CB 消除反应。

Skell 和 Hauser 用乙醇钠在重氢化的乙醇（EtOD）中处理 β– 苯基溴乙烷，来观察反应中是否有重氢交换。反应进行一半时分析，结果发现，剩下的 β– 苯基乙醇和生成的苯乙烯中都没有重氢，说明反应过程中没有发生氢氚交换，即反应中没有碳负离子生成，因为如果有碳负离子形成，必然会结合 D 而发生氢氚交换。

$$PhCH_2CH_2Br \xrightleftharpoons{EtONa} Ph\bar{C}HCH_2Br \xrightleftharpoons{EtOD} PhCHCH_2Br \underset{D}{\overset{|}{\rightleftharpoons}} Ph\bar{C}DCH_2Br \xrightarrow{-Br^-} PhDC\!=\!\!CH_2$$

这就说明该反应不是按照 E1CB 反应历程进行的。实际上 E1、协同进行的 E2 和 E1CB 是三种极限历程。

四、影响消除反应历程的因素

影响消除反应历程的因素可以从作用物本身的结构、试剂的碱性、溶剂的极性和离去基团的性质四个方面进行讨论。

（1）作用物本身的结构。α- 碳原子上连有 +C 与 +I 效应的取代基，有利于分散中间体的正电荷，可以稳定碳正离子，这种结构的作用物易发生 E1 反应。如果 β-C 原子上连有强吸电子基，增加了 β-H 的酸性，有利于碳负离子的生成，且能稳定碳负离子，则有利于 E1CB 历程。

（2）试剂的碱性。试剂的碱性只对 E2 与 E1CB 历程影响较大，试剂的碱性越强，越容易进攻并夺取 β-H，因此对 E2 与 E1CB 反应有利。

（3）溶剂的极性。溶剂的极性越大，离子化能力越大，越能促使离去基团的迅速离去，有利于碳正离子的生成，对 E1 反应有利。

（4）离去基团的性质。离去基团的离去倾向越大，对 E1 反应越有利，对 E1CB 则不利。

综上所述，含有叔烃基或 α-C 上连有芳基的仲烃基，且 β-C 上没有吸电子基的作用物，离去基团的离去倾向大，试剂的碱性不是很强，溶剂的极性大，则消除反应按 E1 历程进行。

当作用物 β-C 上有强吸电子的取代基，β-C 碳上氢显酸性，离去基离去倾向较小，试剂的碱性强，此时消除反应按 E1CB 历程进行。

按 E2 历程进行的消除反应一般为含伯烃基的作用物及含仲烃基的作用物，离去基离去倾向不是很大，试剂的碱性比较强，溶剂的极性小。

第二节 消除反应的定向规律

当消除反应中可能生成两种烯烃异构体时，究竟哪一个异构体占优势呢？这就涉及消除反应的取向问题，消除反应的取向与反应的机理有关。消除反应往往可以向不同的方向进行，生成两种或几种可能的产物。如果某反应只生成一种产物，这个反应就叫作定向反应。如果生成几种可能的产物，但其中一种产物占显著优势，这个反应叫择向反应。如果反应产物近于平均分布，这个反应叫非定向反应。下面讨论消除反应的定向效应。

一、两种择向规律

具有结构对称的化合物的 $\beta-$ 消除反应形成一种烯烃。但结构不对称的化合物发生消除反应时，由于具有一个或几个 $\beta-$ 氢原子的竞争，就可能形成多种烯烃。例如，

$$H_3CHC\underset{X}{|}CH(CH_3)_2 \xrightarrow{\text{碱}} \begin{cases} CH_3CH = C(CH_3)_2 \\ H_2C = CHCH(CH_3)_2 \end{cases}$$

消除反应的择向有两种规律：查依采夫（Saytzeff）规律和霍夫曼（Hofmann）规律。

（1）查依采夫（Saytzeff）规律。仲卤代烷和叔卤代烷在发生消除反应时，主要产物为双键碳原子上连有烷基最多的烯烃或氢原子最少的烯烃，这个规律是 Saytzeff 于 1875 年提出的，称为 Saytzeff 规律。双键上连有烷基最多的烯烃称为 Saytzeff 烯。

例如，

$$CH_2CH_3CHBrCH_3 \xrightarrow[C_2H_5OH]{C_2H_5ONa} \underset{81\%}{H_3CHC = CHCH_3} + \underset{19\%}{C_2H_5HC = CH_2}$$

进一步研究发现，相应的醇与硫酸反应，磺酸烷基酯的消除反应在一般情况下也是符合 Saytzeff 规律的，主要产物为 Saytzeff 烯。例如，

$$H_3CH_2C\underset{OH}{|}CHCH_3 \xrightarrow[-H_2O]{H_2SO_4} \underset{80\%\sim95\%}{H_3C-C\underset{H}{|}=C\underset{H}{|}-CH_3} + \underset{5\%\sim20\%}{H_2C = CHCH_2CH_3}$$

（2）霍夫曼（Hofmann）规律。季铵碱或锍碱加热时发生消除反应，主要产物为双键上连有烷基最少的烯烃。这一规律是 Hofmann 在 19 世纪后期发现的，故称为 Hofmann 规律，双键上含烷基最少的烯烃，称为 Hofmann 烯。

例如，

$$CH_3CH_2\underset{\overset{\oplus}{N}(CH_3)_3 \ominus OH}{|}CHCH_3 \xrightarrow{150℃} \underset{95\%}{H_2C = CHCH_2CH_3} + \underset{5\%}{H_3CHC = CHCH_3} + N(CH_3)_3$$

$$CH_3CH_2-\overset{\overset{\displaystyle H_3C}{|}}{\underset{\underset{\displaystyle H_3C}{|}}{C}}-\overset{\oplus}{S}(CH_3)_2 \xrightarrow[\text{EtOH},\triangle]{\text{EtONa}} H_2C=\overset{\overset{\displaystyle |}{CH_3}}{C}CH_2CH_3 + H_3CHC=C(CH_3)_2 + S(CH_3)_2$$

$$86\% \qquad\qquad 14\%$$

二、消除反应择向规律的解释

消除反应的择向规律与消除反应历程有关，下面分别从三种不同的历程来讨论。

（1）E1历程。在E1历程中首先离去基团的离去是决定反应速率的步骤，第二步C—H键的断裂是决定产物组成的步骤，第二步所需要的活化能比第一步小，因此第二步反应的过渡态的结构接近烯烃产物，而第二步反应中生成消除产物的过渡态的位能与产物烯的相对稳定性有关，产物的组成粗略地反映了烯的相对热力学稳定性，如图6-1所示。双键上含烷基最多的烯烃，即超共轭效应最强，稳定性大，产物位能低，其对应的第二步反应的过渡态的位能也较低，反应的活化能较小（图6-1），反应速率较快，因而在产物中所占的比例也较大，在产物中以Saytzeff烯为主，所以E1反应的择向遵守Saytzeff规律。图6-1是2-甲基-2-溴丁烷E1反应的能量曲线。由图可见，由碳正离子中间体[$CH_3CH_2C^+(CH_3)_2$]生成产物2-甲基-2-丁烯所需的反应活化能较小，其过渡态的能量相对较低，反应速率较快，故产物所占的比例较大。从电子效应考虑，2-甲基-2-丁烯分子中有9个C—Hσ键与碳碳双键发生超共轭效应，而2-甲基-1-丁烯分子中只有5个C—Hσ键与双键发生超共轭效应，所以前者比后者稳定，产物以前者为主。

$$CH_3CH_2-\overset{\overset{\displaystyle CH_3}{|}}{\underset{\underset{\displaystyle CH_3}{|}}{C}}-Br \xrightarrow[\text{CH}_3\text{CH}_2\text{OH}]{\text{C}_2\text{H}_5\text{ONa}} H_3CH_2C-\overset{\overset{\displaystyle CH_3}{|}}{\underset{\underset{\displaystyle CH_3}{|}}{C}}{}^+ \xrightarrow{-H^+} CH_3CH=C(CH_3)_2 + CH_2=\overset{\overset{\displaystyle CH_3}{|}}{\underset{\underset{\displaystyle CH_3}{|}}{C}}-CH_2CH_3$$

$$80\% \qquad\qquad 20\%$$

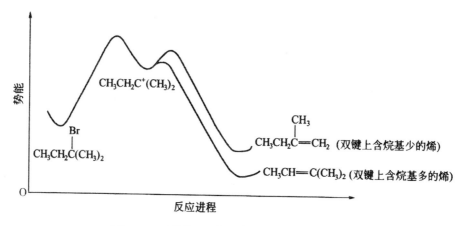

势能

反应进程

图6-1　2-甲基-2-溴丁烷E1反应的能量曲线

（2）E1CB 历程。在 E1CB 反应中，反应的第一步是碱夺取 β-H 质子，生成碳负离子，β-H 是否容易脱去与其酸性有关，而 β-H 的酸性大小与碳负离子的稳定性有关，烷基的 +I 效应越大，会使碳负离子的负电荷更加集中，越不利于碳负离子的稳定，因此碳负离子的稳定性顺序有：

$$^{\ominus}CH_3 > RCH_2^{\ominus} > R_2CH^{\ominus} > R_3C^{\ominus}$$

其相应的氢原子的酸性次序为：

$$H{-}CH_3 > H{-}CH_2R > H{-}CHR_2 > H{-}CR_3$$

在 E1CB 反应中，碱性试剂更容易与酸性大的 β-H 结合，即更容易结合烷基少的 β- 碳原子上的氢。另外，烷基的空间位阻也有一定的作用，烷基少的碳原子上位阻小，反应较多地受制于动力学因素，所以 E1CB 反应遵从 Hofmann 规律。

（3）E2 历程。E2 反应的择向则与其过渡态紧密相关。在完全协同的 E2 反应中，过渡态已具有双键的性质。烯烃的稳定性反映在过渡态的位能上，烯烃的稳定性大，过渡态的位能低，反应所需活化能小，反应速率快，在产物中所占比例也大。因此，典型 E2 反应主要以碳碳双键上烷基取代较多的 Saytzeff 烯。

进一步研究发现，择向规律与离去基团的性质有一定的关系，一般来说，离去基团离去倾向大，有利于 Saytzeff 取向；不易于离去的基团，生成 Hofmann 烯烃比例增大。

巴特施（Bartsch）等用一系列含氧负离子的碱（ArCOO⁻，RO⁻等）研究2-碘丁烷消除E1的反应，结果证明，双键位置取向完全由碱的强度所控制，同时进一步研究还发现，试剂的碱性增强，有利于Hofmann烯的生成。因为试剂碱性增强，会使过渡态中碳负离子特征增加，更加相似于E1CB历程。例如，

$$CH_3CH_2CHCH_3 \xrightarrow[\text{DMSO}]{\text{碱}} H_2C=CHCH_2CH_3 + H_3C-\underset{H}{C}=\underset{H}{C}-CH_3$$
$$\underset{I}{|}$$

PhCOO⁻	7%	93%
EtO⁻	17%	83%

碱的体积也影响消去反应的择向，碱的体积加大，倾向于进攻位阻小的βH原子，产物中的Hofmann烯的含量增加。如：

$$\underset{\underset{Br}{|}}{\overset{\overset{CH_3}{|}}{C_2H_5-C-CH_3}} + RO^- \longrightarrow H_3C-\underset{H}{C}=C(CH_3)_2 + H_2C=\underset{\underset{CH_3}{|}}{C}CH_2CH_3$$

C₂H₅O⁻	71%	29%
(CH₃)₃CO⁻	28%	72%
(CH₃CH₂)₃CO⁻	11%	89%

第三节　消除反应的立体化学

消去反应的立体化学一般只讨论双分子消去反应的立体化学，在E2历程的消除反应中，假定X为离去基团基，由于C—X键和C—H键逐渐变弱，两个碳原子的成键轨道由sp^3杂化逐渐变到sp^2杂化，最后，C—X和C—H键完全断裂，两个p轨道完全平行重叠生成π键，整个过程几乎是协同进行的。根据成键原则，两个碳原子上的p轨道的对称轴必须平行才能有最大程度的重叠，因此在发生消除反应时，H、C、C和X应在同一平面上。如果H和X在同一边发生消除反应，则这种消除反应为顺式消除反应（简称syn-eliminlation）；如果H和X在对边发生消除，则这种消除反应为反式消除反应（简称anti-eliminlation）。上述两种消除方式可分别用Newman投影式表示如下：

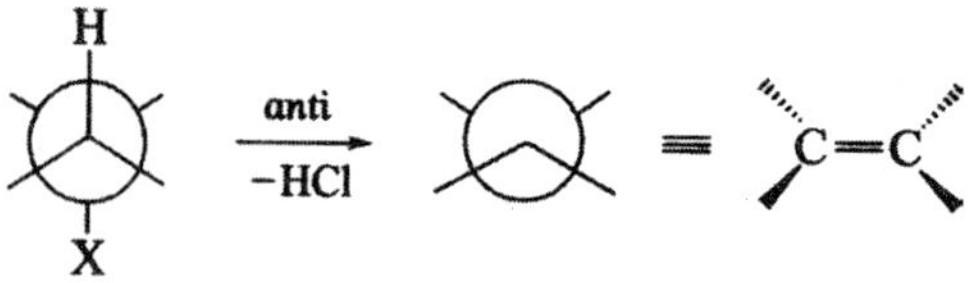

但一般情况下，按 Ingold 规律：被消除的取代基彼此处于对位交叉式的构象时，双分子消除反应能顺利发生。因此，反式消除比顺式消除更为常见。这可能由于反式消除反应的构象式为对位交叉时，分子达到这种构象过渡态所需能量比顺式消除小，因而对反应有利，表现为立体专一性。

例如，内消旋1,2-二溴二苯基乙烷消除HBr得到顺式syn-2-溴二苯基乙烯，外消旋体消除得到反式anti-2-溴二苯基乙烯。

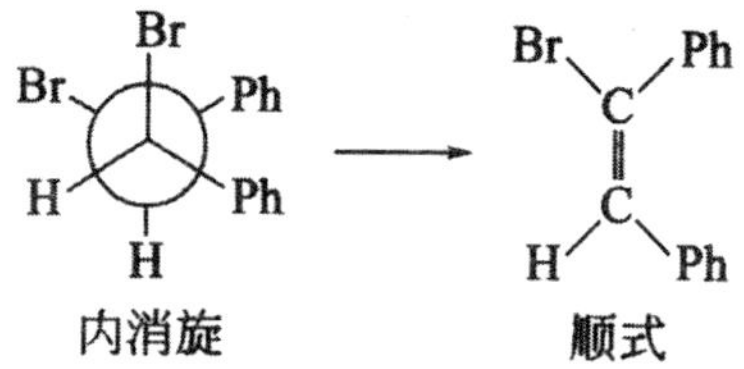

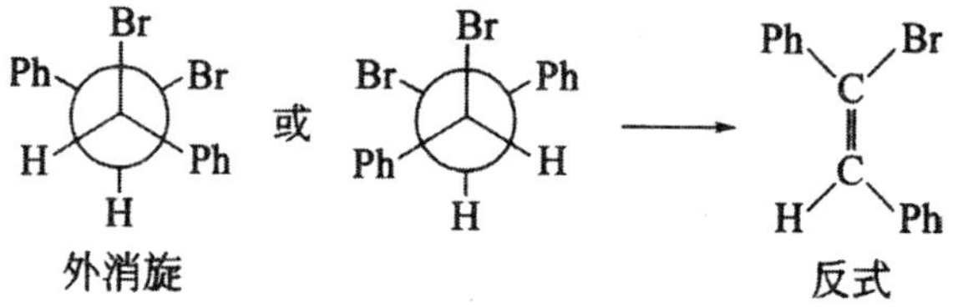

从上可以见到，卤素与处于反位的氢原子发生消除反应。氯代反丁烯二酸脱氯化氢的反应速率比氯代顺丁烯二酸快 48 倍，更有力说明了反式消除比顺式消除作用占优势。

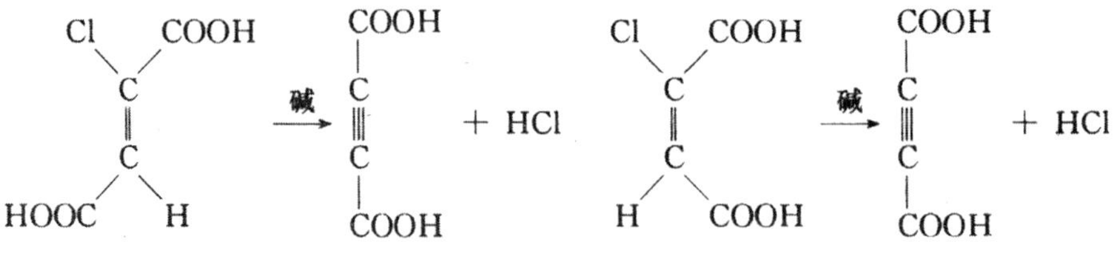

将上述Ingold规律用于脂环系统，Barton推导出如下结论，脂环化合物的双分子消除反应，只有当两个被消除的取代基都处于直立键位置（反式，对位交叉构象）时，才能顺利发生。两个处于双平伏键（反式）位置的取代基一般不能引起双分子消除；顺式化合物（其中一个为直立a键，一个为平伏e键）反应很难发生，或者完全不可能。

环己基体系非常倾向于反式消去，这时它所经过的构象中，质子和离去基团都处于直立键的位置，虽然这种构象具有较高能量，但这种定向结构使有关轨道的排列方式能允许顺利地转变正在形成的双键 π 体系：

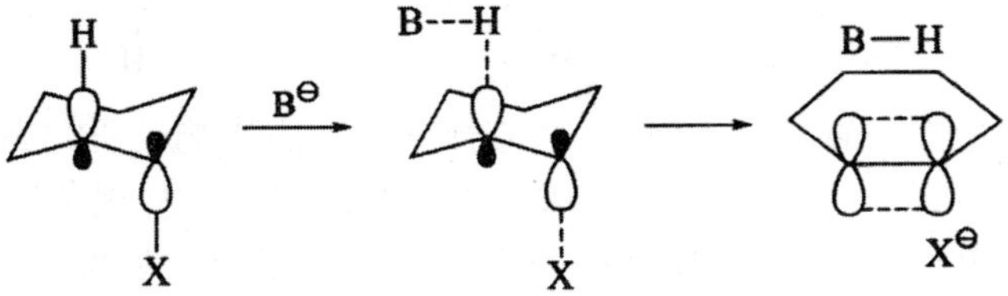

例如，化合物（Ⅰ）发生消除反应，得到100%化合物（Ⅱ）。即由于被消去的H原子所处位置原因，只能得到Hofmann烯。但反应速率却很慢。

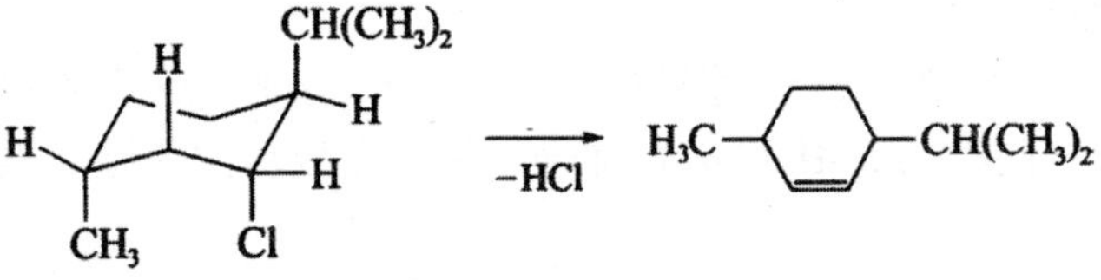

（Ⅰ）   （Ⅱ） 100%

而（Ⅰ）的构象异构体（Ⅲ）其消除反应得到75%的（Ⅳ）和25%的（Ⅱ），主要产物为 Saytzeff 烯，且反应速率比上述反应快。

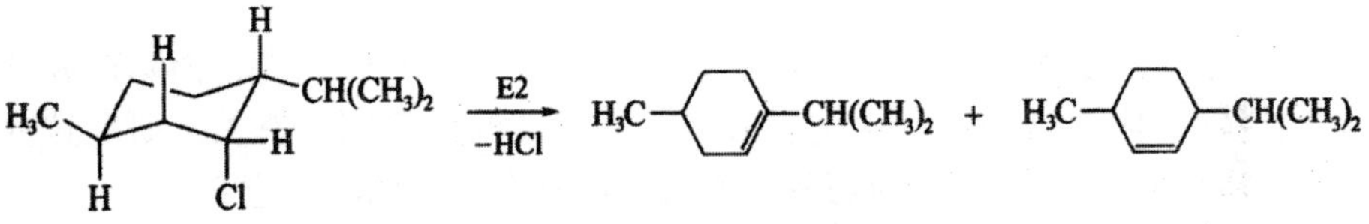

（Ⅰ）   （Ⅳ） 75%   （Ⅱ） 25%

这是因为化合物（Ⅰ）的最安定的构象是（Ⅴ），（Ⅴ）中Cl处于e键，要按反式消去，必须转变成不安定的构象（Ⅰ），这需要能量，因此反应速率慢。

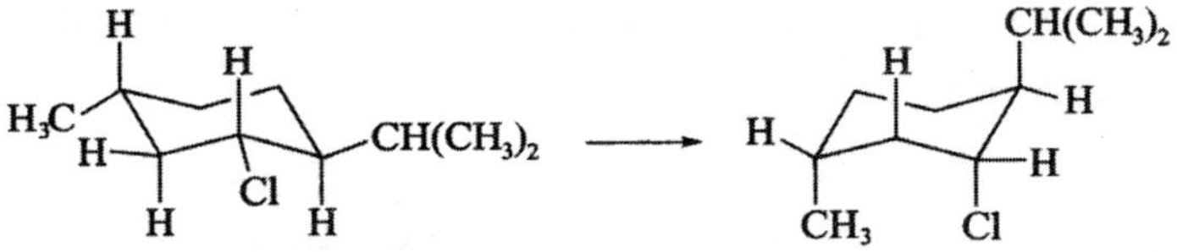

（Ⅴ）   （Ⅰ）

进一步的研究发现，某些环状化合物，如N,N,N–三甲基原菠基离子消去N(CH₃)₃，由于环的刚性，不能达到反式消除所要求的构象，所以只发生顺式消除。

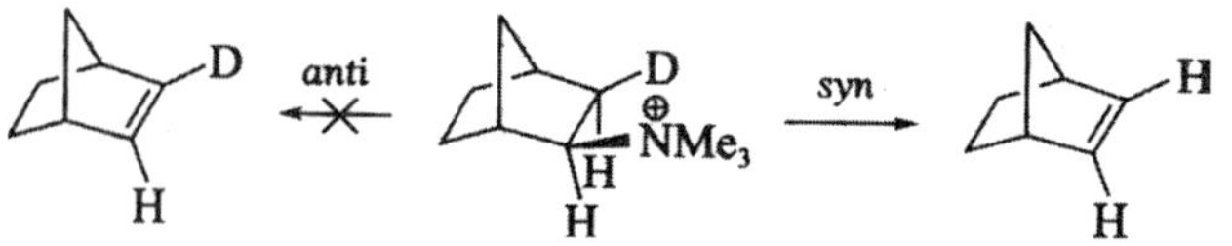

碱的存在形式与碱的强度对 E2 的立体化学产生影响，研究表明，以离子对形式存在的碱促使负离子离去基团的顺式消去，这种现象可解释为：在过渡态中，负离子起着碱的作用。而正离子帮助了负性基的离去。

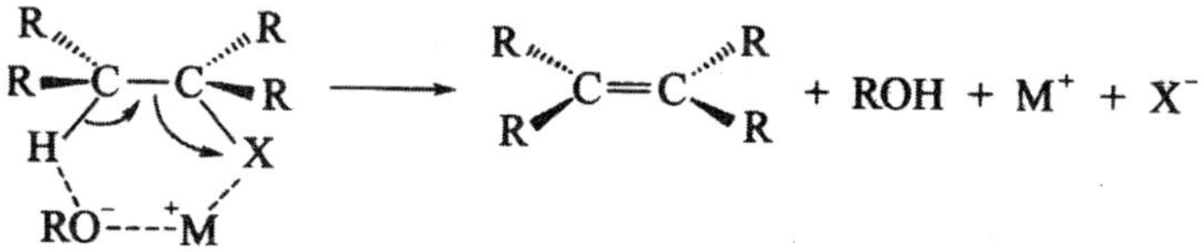

当 E2 反应被 PhS^-、X^- 等碱性弱的负离子催化，反式消除占优势，因在过渡态中碱同时与 $\beta-H$ 及 $\alpha-C$ 缔合，结果造成反式消除。强碱则使顺式消除增加。

第四节　消除反应与取代反应的竞争

消除反应往往与取代反应相互竞争同时发生。一般来讲，消除产物和取代产物的比例与作用物结构、试剂、溶剂及温度等因素有关。研究这些影响因素，对理解消除反应历程，有机合成具有一定的科学意义。

一、作用物的结构

消除反应与亲核取代反应共同点都是由同一试剂的进攻引起的，这些试剂如果作为亲核试剂进攻作用物的 $\alpha-C$ 原子会引起亲核取代反应，如果作为一个碱进攻 $\beta-H$ 原子则引起消除反应。因此 S_N2 与 E2 是相互竞争的，S_N1 与 E1 也是相互竞争的。例如，

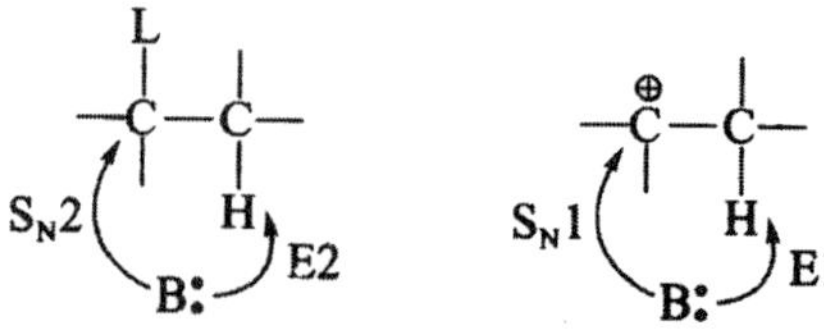

一般地讲，作用物的 $\alpha-C$ 和 $\beta-H$ 上支链增加，有利于消除反应，$\beta-C$ 上

连印支链的伯卤代烷在强碱作用下也较易发生E2反应。这是由于S_N2反应受空间位阻影响，大支链增加，位阻增加，有利于E2消除反应，则不利于S_N2。同时有利于E1而不利于S_N1因为尽管 S_N1 与E1都生成空间张力小的平面结构的碳正离子，如发生E1反应生成的烯烃是平面结构。空间张力比S_N1反应的产物要小。如：

$$CH_3CH_2CH_2CH_2Br + C_2H_5ONa \xrightarrow{EtOH} \begin{array}{l} \xrightarrow{S_N2} CH_3CH_2CH_2CH_2OC_2H_5 \quad 90\% \\ \xrightarrow{E2} CH_3CH_2CH{=}CH_2 \quad 10\% \end{array}$$

$$(CH_3)_2CHCH_2Br + C_2H_5ONa \xrightarrow{EtOH} \begin{array}{l} \xrightarrow{S_N1} (CH_3)_2CHCH_2OC_2H_5 \quad 40\% \\ \xrightarrow{E1} (CH_3)_2C{=}CH_2 \quad 60\% \end{array}$$

卤代烷对 E1 与 E2 消除反应的活性顺序都是：

$$3° > 2° > 1°$$

二、进攻试剂的影响

在 E1 与 S_N1 反应中，决定反应速率的步骤是碳正离子的生成，进攻试剂的影响不大。试剂碱性强弱对 E2 影响则很大，进攻试剂的碱性越强，越容易夺取 pH 原子，故越有利于 E2 反应。如下面的反应中，试剂的碱性增强，浓度增大，消除产物比例增大。

$$(CH_3)_3CBr + C_2H_5OH \xrightarrow{25℃} (CH_3)_3COC_2H_5 + (CH_3)_2C{=}CH_2$$
$$81\% \qquad\qquad 19\%$$

$$(CH_3)_3CBr + C_2H_5ONa \xrightarrow[25℃]{EtOH} (CH_3)_3COC_2H_5 + (CH_3)_2C{=}CH_2$$
$$7\% \qquad\qquad 93\%$$

又如下面的反应，随着碱的浓度变化，取代与消除产物的比例如下：

$$\underset{\underset{CH_3}{|}}{\overset{\overset{CH_3}{|}}{C_2H_5C{-}Br}} + C_2H_5ONa \xrightarrow[25℃]{EtOH} \underset{\underset{CH_3}{|}}{\overset{\overset{CH_3}{|}}{C_2H_5C{-}OC_2H_5}} + (CH_3)_2C{=}CHCH_3 + \underset{\underset{CH_3}{|}}{\overset{}{C_2H_5C{=}CH_2}}$$

碱 C_2H_5ONa/mol	取代产物/%	消除产物/%
0	64	36
0.02	54	46
0.08	44	56
1.00	2	98

三、溶剂极性的影响

一般来说，溶剂的极性增加，有利于亲核取代而不利于消除反应，可以从比较 S_N2 与 E2 的过渡态看出，前者电荷分散在三个原子上，后者电荷分散在五个原子上。因此溶剂的极性增加有利于亲核取代反应。

$$\overset{\delta^-}{HO} \cdots \overset{\text{H}}{\underset{}{C}} \cdots \overset{\delta^-}{X} \qquad \overset{\delta^-}{HO} \cdots H \cdots \overset{|}{C} = \overset{|}{C} \cdots \overset{\delta^-}{X}$$

S_N2过渡态 　　　　　　　　　　 E2过渡态

E2 的过渡态电荷分散程度大，因此溶剂的极性增大时，不利于 E2 过渡态电荷的分散，降低了其稳定性，使 E2 反应所需活化能较大，不利于 E2 反应的进行。一般情况下，碱的水溶液有利于亲核取代，碱的醇溶液有利于消除反应。

四、温度的影响

由于在消除反应中，需要断裂C—H键，故需要供给更多的能量。消除反应过渡态的形成其活化能比取代反应要高约8.4～18.8kJ/mol，活化能越高温度系数越大，所以消除反应一般不如取代反应速率快，升高温度则有利于消去产物比例的增加。

综上所述，用消除反应制备烯烃的有利条件是：采用支链多的反应物，强碱性试剂，极性小的溶剂和较高的反应温度。

第五节　热消除反应

许多类型的化合物在没有其他试剂存在下经加热发生消除反应。这类反应常在气相中进行。该反应机理显然与前面所讨论的不同，因为那些反应在反应步骤中都有一步需要碱（溶剂可以充当碱），而在热消除（pyrolytic elimination）中不需要碱或溶剂。许多饱和有机化合物，如羧酸酯、黄原酸酯和叔胺氧化物都能在高温下经消除反应得到不饱和化合物，这种热消除反应为单分子反应，不需要其他试剂的作用，且往往在气相中进行。反应中只涉及一个底物分子，在动力学上为一级反应。

热消除反应是制备烯烃的重要方法之一，它在有机合成中有着重要用途。

一、羧酸酯的热消除

羧酸酯的热消除反应在较高温度下进行。常用的羧酸酯为醋酸酯，它是一个气相反应，不用溶剂，不需要酸碱催化，产物比较容易纯化，产率较高，另外不发生双键移位和碳胳重排等优点。因此，在有机合成上具有一定的应用价值。

羧酸酯的热消除反应为单分子顺式消除反应。它是经过一个环状过渡态，将β-H原子转移给离去基团，同时生成π键。环状过渡态一般由6个原子组成，只有当被离去的基团处于顺位时，才能形成碳碳双键。这就决定了它必定取顺式消除方式来生成烯烃。以醋酸丁酯为例，它的消除历程为：

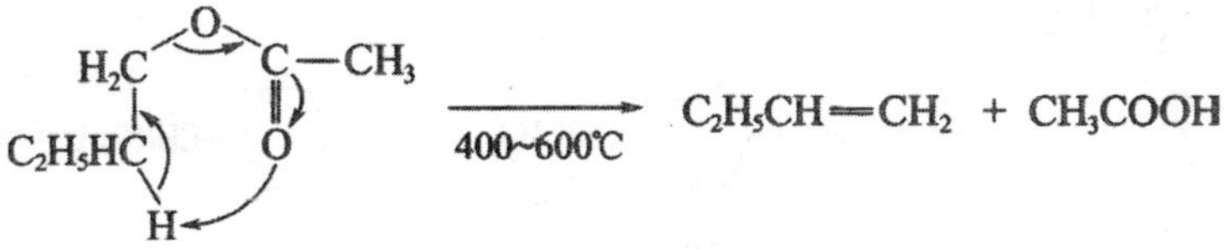

它能形成六个原子环状过渡态，然后发生顺式消除。

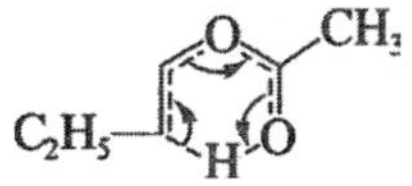

例如，

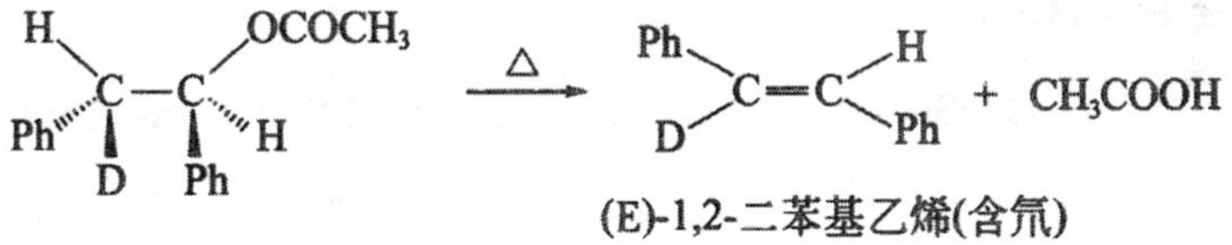

(E)-1,2-二苯基乙烯(含氘)

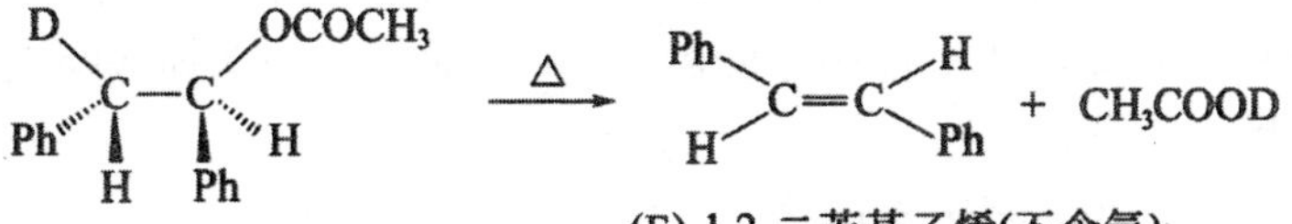

(E)-1,2-二苯基乙烯(不含氘)

环状化合物的热消除也是顺式消除，如环己烷衍生物（Ⅰ）热消除只得到化合物（Ⅱ）。此时因—OCOCH₃处于直立键，只能和另一位于同一边的 pH 原子消除形成双键。

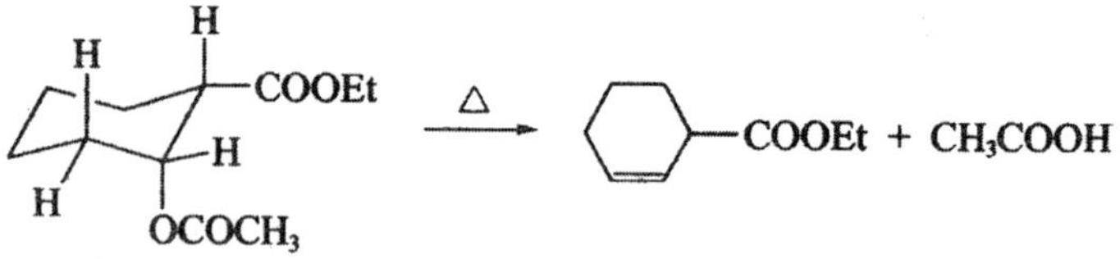

（I） （II）

羧酸酯热消除主要是遵守 Hofmann 规律。如：

$$CH_3CH_2\underset{\underset{OCOCH_3}{|}}{CHCH_3} \xrightarrow{\triangle} CH_3CH_2CH{=\!\!=}CH_2 + CH_3CH{=\!\!=}CHCH_3 + CH_3COOH$$

57% 43%

（其中顺式 15%，反式 28%）

但环状化合物的乙酸酯的热消除反应却遵从 Saytzeff 规律，得到更稳定的 Saytzeff 烯。

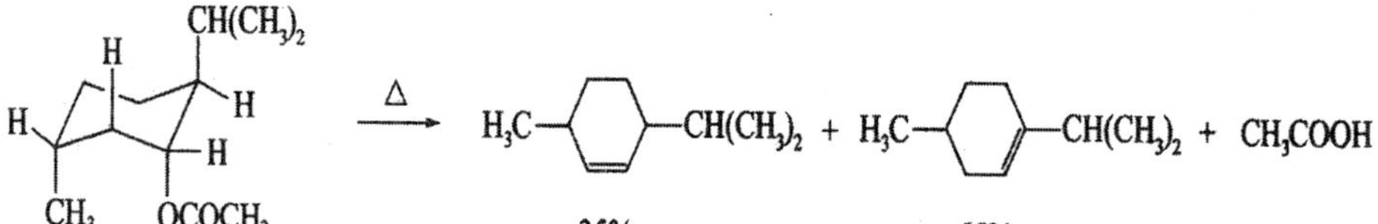

35% 65%

（I）

二、黄原酸酯的热消除

黄原酸酯的热消除反应也叫楚加耶夫（Chugaev）反应。

$$\underset{\underset{\underset{O{=\!\!=}C{-}S{-}R'}{\overset{\parallel}{}}}{RCH_2CH_2S}}{} \xrightarrow{\triangle} RCH{=\!\!=}CH_2 + R'SH + S{=\!\!=}C{=\!\!=}O$$

黄原酸酯热消除可以在较低的温度下进行（100℃～250℃），双键移位和碳胳重排的机会更小，同时不产生酸性大的物质，从而可避免醇在酸性溶液中起消除反应时发生碳胳重排。例如，下面醇通过黄原酸酯进行消除，不发生重排。

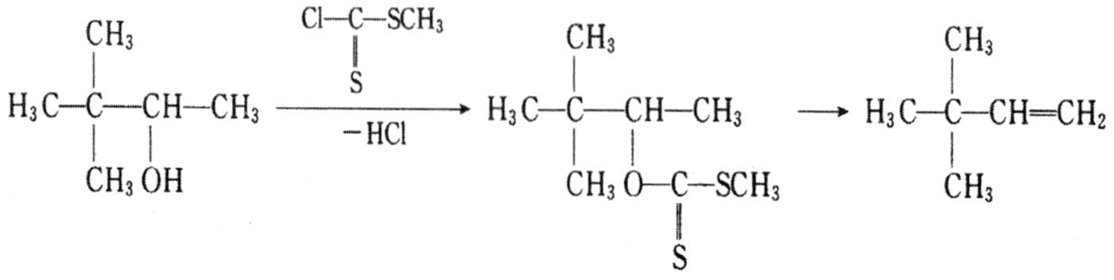

因此，它也是从醇（或卤代烃）制备烯烃的重要方法之一。

黄原酸酯可通过用氢氧化钠和二硫化碳处理醇（伯、仲、叔醇）进行制备。

$$ROH + NaOH \xrightarrow{CS_2} RO\!-\!\overset{\overset{\displaystyle S}{\|}}{C}\!-\!SNa \xrightarrow{CH_3I} RO\!-\!\overset{\overset{\displaystyle S}{\|}}{C}\!-\!SCH_3$$

黄原酸酯的热消除也是单分子协同反应，而且主要为顺式消除反应。

顺式消除可通过下面反应证明，3-苯-2-丁醇的赤式、苏式黄原酸酯的热消除反应的产物分别为：

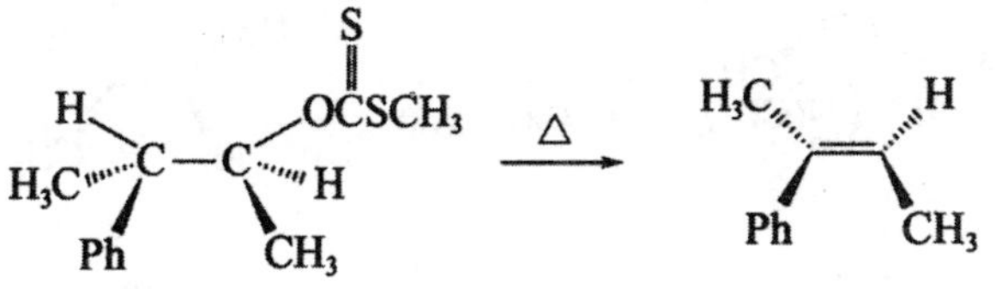

赤式　　　　　　　　　　　　(Z)

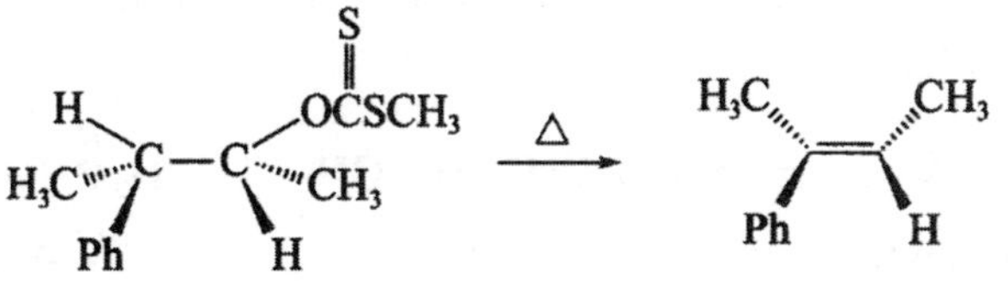

苏式　　　　　　　　　　　　(E)

三、叔胺氧化物的热消除

叔胺经过氧化氢作用，得到叔胺氧化物。

$$RCH_2CH_2\!-\!NR'_2 + H_2O_2 \longrightarrow RCH_2CH_2\!-\!\overset{+}{N}R'_2$$
$$\underset{O^-}{|}$$

叔胺氧化物的热消除制备烯比黄原酸酯的热消除的温度更低（一般在85℃～150℃），且不发生异构化，因此它也是制备烯的重要方法之一。例如，

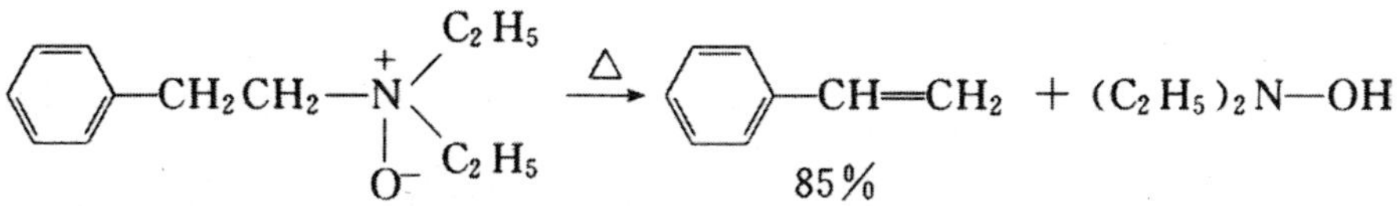

叔胺氧化物的热消除主要是通过顺式消除进行的。反应的过渡态为五个原子组成的环。例如，苏式和赤式2-（N,N-二甲基氨基）-3-苯基丁烷的氧化物热消除反应，分别得到顺式和反式的2-苯基-2-丁烯：

苏式   顺式

赤式   反式

叔胺氧化物热消除反应主要生成 Hofmann 烯烃。在生成的 Saytzeff 烯中，反式比顺式比例大。

第七章
重排反应机理研究

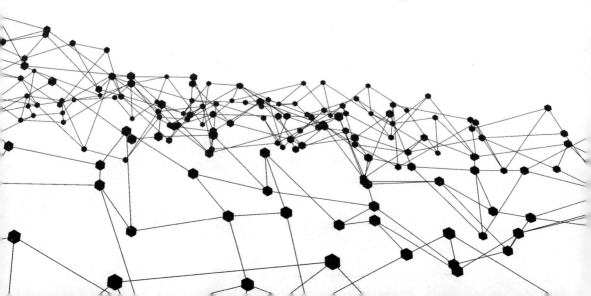

有机化合物分子的骨架发生变化生成异构体的转化称为重排反应。重排反应是取代基由一个原子转移到同一分子中的另一个原子上的过程。这个过程也称为迁移，迁移基团可以是烷基、芳基、烯基、炔基或氢原子等。常见的迁移方式为迁移基团带着一对电子从一个原子迁移到相邻的缺电子性原子上（如碳正离子的中心碳原子），称为 1,2- 迁移。

第一节　亲核重排反应

在亲核重排中，迁移基团带着一对电子转移到缺电子的原子上，一般可以把亲核重排分为三步：①首先形成一个缺电子的外层为六个电子的原子或离子，这个缺电子体系也成为开放的六偶体；②迁移基团带着一对电子迁移至六电子原子上；③最后通过与亲核试剂作用或发生消去等形成产物。当然，有时其中两步或者三步实际上是几乎同时发生的。

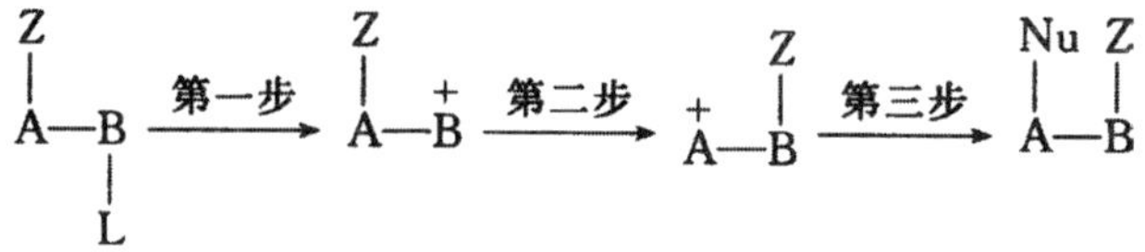

亲核重排中绝大多数为 1,2- 重排，亲核的 1,2- 的动力一般来自三个方面：①重排生成更加稳定的正离子，如仲碳正离子或伯碳正离子重排生成叔碳正离子；②通过重排转变成稳定的中性化合物，如片呐醇重排至片呐酮就是这种情况；③重排后减少空间张力，如下面伯碳正离子重排生成叔碳正离子，空间张力随之减小。

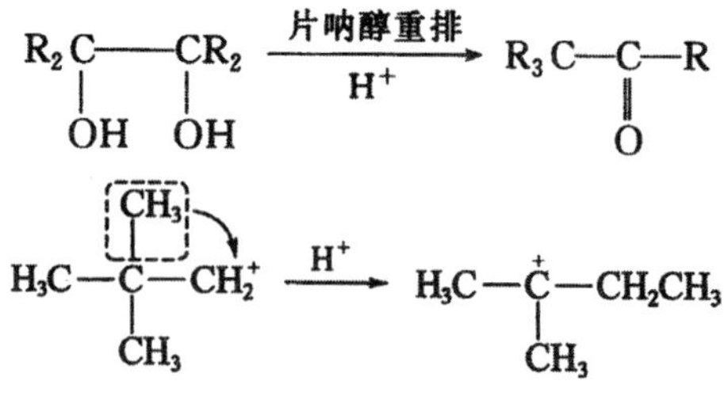

形成缺电子体系主要有下面四种方法：①碳正离子的形成；②氮烯的生成；③碳烯的生成；④缺电子氧原子的形成。其中，以形成碳正离子与氮烯的两种方法最为重要。

一、缺电子性碳原子的重排反应

（一）片呐醇重排反应

邻二醇在酸性条件下重排生成酮的过程，称作为片呐醇重排。它是用无机酸或酰氯等处理邻位二醇时发生的重排反应。其反应机理是，其中一个羟基首先被质子化，然后脱水生成碳正离子，继而通过过渡态经 1,2- 迁移亲核重排，正电中心转移到氧原子上，最后失去质子成醛酮。

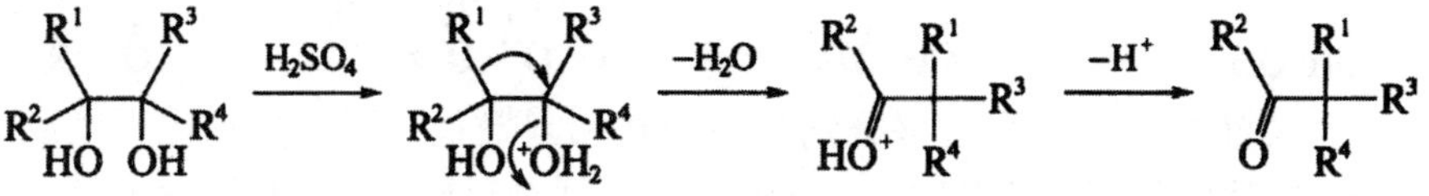

实际上重排的邻位二醇并不一定是邻位二醇，有时叔仲醇或双仲醇在硫酸的催化下也能发生片呐醇重排。例如，

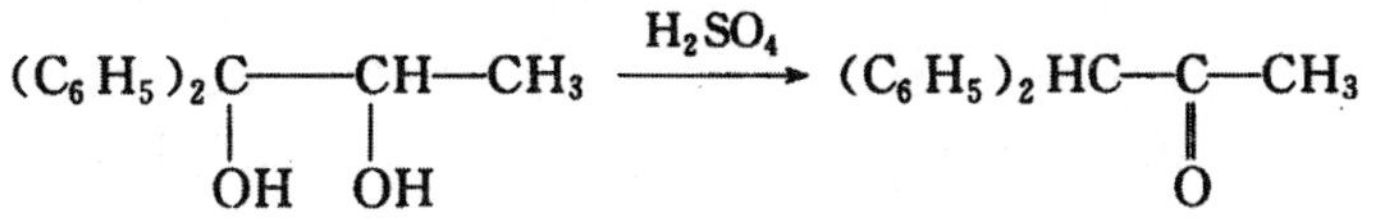

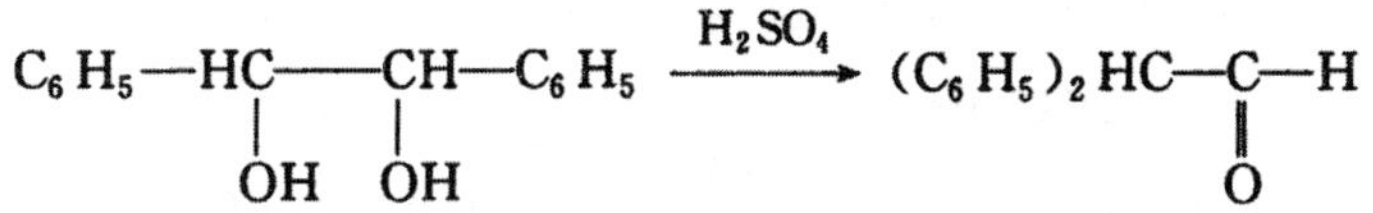

当片呐醇中两个羟基所连的基团不同时或结构不对称的二醇，则—OH迁移能力的大小取决于生成碳正离子的稳定性，能生成稳定的碳正离子的一边的—OH优先离去。

基团迁移倾向的大小顺序，一般是芳基＞烷基；氢原子的迁移能力表现得不规则，一些场合下迁移能力小于烷基，但是某些时候又优于芳基；在芳基中间，当位阻不太大时，迁移能力取决于离去基团的亲核能力。

氨基酸、卤代醇、环氧化合物也可发生类似的重排反应。

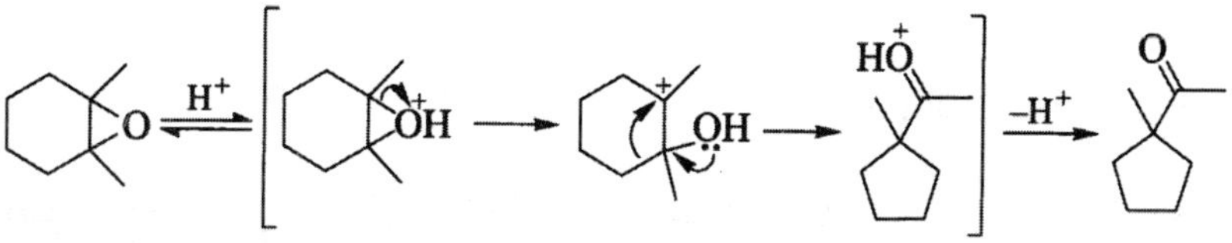

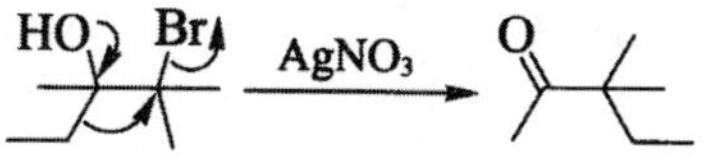

$$H_3C-C(CH_3)(CH_3)-C(CH_3)(O) \xrightarrow{H^+} H_3C-C(CH_3)(CH_3)-C(=O)-CH_3$$

片呐醇重排通常是在酸性催化下进行的，也可以将邻二醇转化成单磺酸酯，然后在碱催化下进行重排：

$$R-C(R)(OH)-C(R)(OH)-R \longrightarrow R-C(R)(OH)-C(R)(OTs)-R \xrightarrow{B^-} R-C(R)(O^-)-C(R)(OTs)-R \xrightarrow{-TsO^-} R-C(R)(O)-C(R)(R)-R$$

如果邻二醇中两个羟基分别为仲羟基和叔羟基，则仲羟基优先生成磺酸酯，迁移的是碳上的基团。而在酸催化下则是叔羟基优先质子化而离去，迁移的是仲碳上的基团。因此邻二醇酸催化重排产物与邻二醇单磺酸酯碱催化重排的产物是不同的。后者在脂环化学特别是萜烯化学中应用较多。

通常，片呐醇重排反应是在无机酸催化下进行的，不仅选择性不高，而且存在较严重的环境污染问题，因此探索片呐醇的绿色合成新方法很有必要。近年来，有人利用高温液态水的特性，开展了高温液态水中不加任何催化剂情况下的片呐醇去水重排反应研究。

$$H_3C-C(OH)(CH_3)-C(OH)(CH_3)-CH_3 \xrightarrow{高温液态水} H_3C-C(CH_3)(CH_3)-C(=O)-CH_3$$

（二）安息香重排反应

α-羟基羰基化合物在酸或碱的作用下发生重排，生成另一种α-羟基羰基化合物的反应，称为安息香重排。这个反应的特点是烷基迁移到缺电子性的羰基碳原子上，而且反应是可逆的。例如：

$$\underset{(HO)}{} \xrightleftharpoons[]{H^+ 或 OH^-} \underset{(OH)}{}$$

酸催化的机理如下：

碱催化的机理如下：

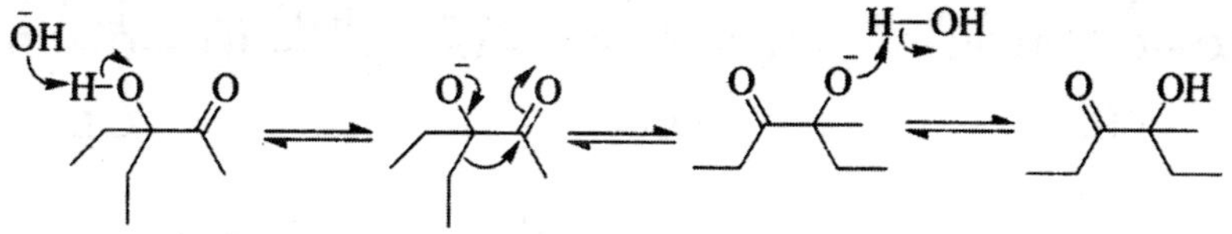

（三）二苯乙醇酸重排反应

邻二羰基化合物在碱性条件下重排成 α- 羟基酸，这个反应称为二苯乙醇酸重排。

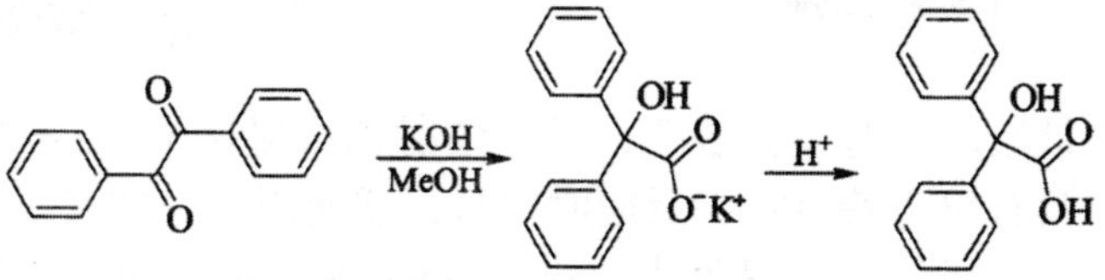

首先，碱亲核进攻一个羰基碳原子形成氧负离子 A；然后，碳原子上的苯基迁移至另一个羰基碳原子上，形成氧负离子 B；后者经质子交换成为 α- 羟基酸盐。

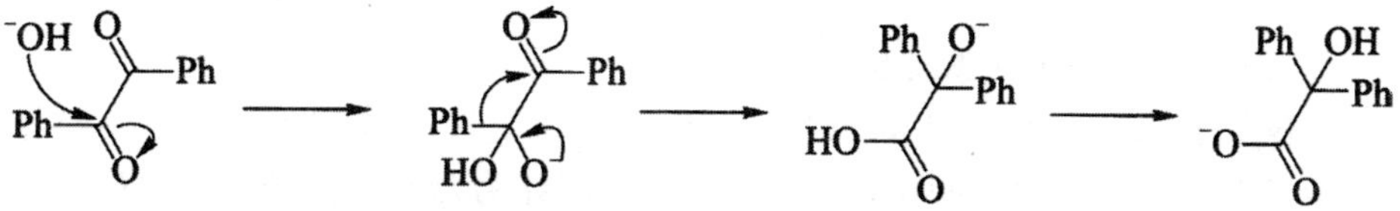

不对称的邻二羰基化合物反应时，哪个羰基优先发生亲核加成取决于羰基碳原子的电子云密度，连有吸电子基的羰基优先发生亲核加成。

（四）Wagner-Meerwein 重排反应

瓦格涅尔 - 米尔外因重排最早是在双环萜类的反应中发现的。在碳正离子中的氢原子、烷基或芳基基团的迁移通常叫作 Wagner-Meerwein 重排，这也是为了纪念第一个观察并研究该反应的萜烯化学家。例如，α- 蒎烯与 HCl 作用发生重排生成氯化莰。

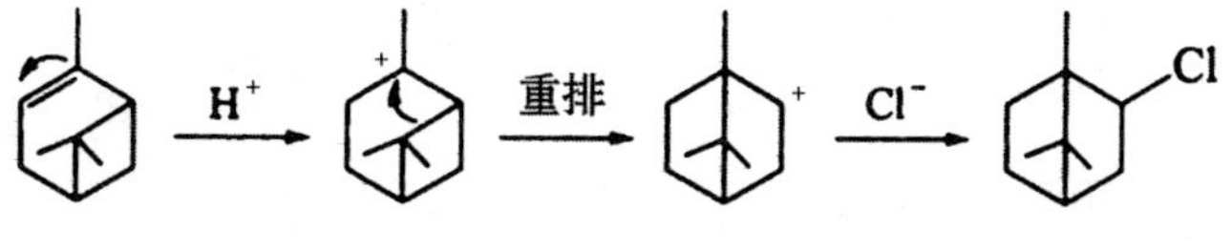

在简单的链状化合物中也发生重排，如 β- 碳原子上具有两个或三个烃基的伯醇或仲醇都能起 Wagner-Meerwein 重排。

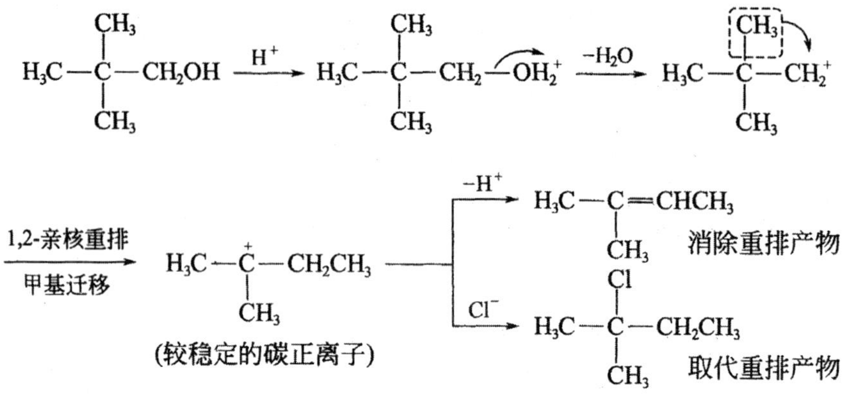

此外，最近的一些研究表明，微波辐射也可促进 Wagner-Meerwein 重排反应，并具有以下特点：①反应时间短；②使用较少的有机溶剂；③更好的立体选择性。这也为绿色化学的 Wagner-Meerwein 重排反应提供了可能性。

二、缺电子性氮原子的重排反应

（一）Beckmann 重排反应

酮肟在酸性催化剂（如 H_2SO_4、$POCl_3$、PCl_5 多聚磷酸等）作用下重排生成酰胺的反应叫做 Beckmann 重排。其中间体为乃春正离子，邻位的羟基或取代羟基转移至这个正电中心，使相邻的碳成为正电中心，接着水合、质子化而变成 N- 取代的酰胺。

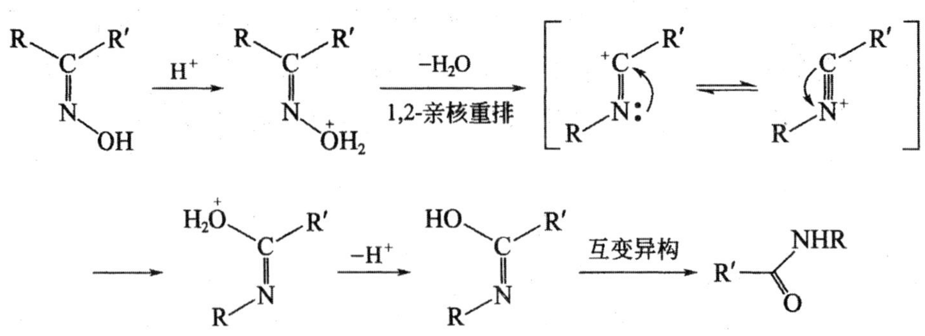

以上几步在反应中几乎是同时发生的，转移基团只能从羟基的背面进攻缺电子的氮原子，因此基团为反位迁移，反应产物有立体专属性。酮肟的两种顺反异构体起 Beckmann 重排反应，生成不同的产物。

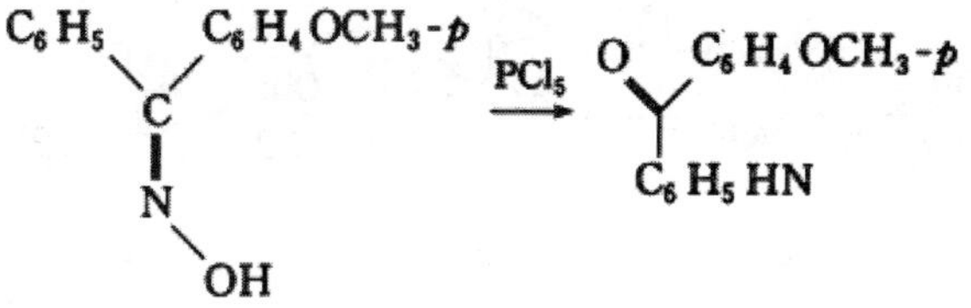

(Z)

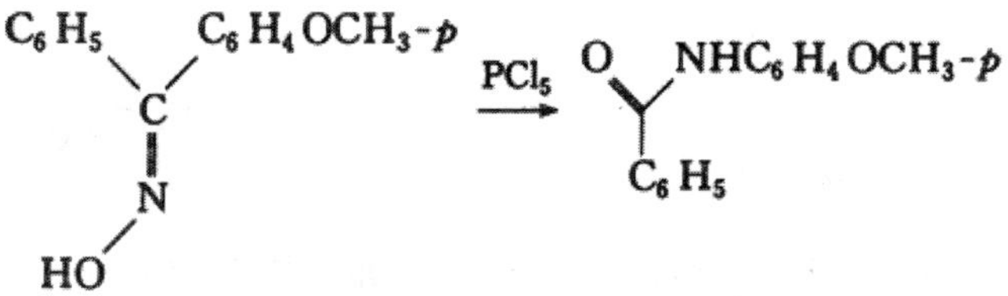

(E)

Beckmann 重排除了理论意义外，还具有重要合成价值，如合成尼龙 –6
（即腈纶）的单体己内酰胺就是环己酮肟经过 Beckmann 重排得到的。

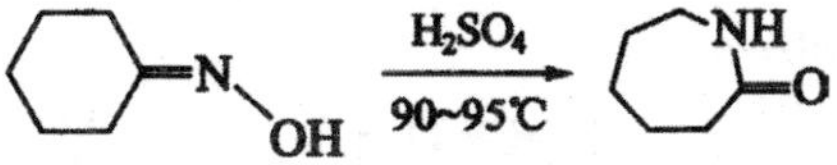

随着越来越多新方法、新催化剂的出现以及人们对于环境问题的关
注，Beckmann重排反应也开始向着绿色、高效、高选择性的方向发展。
例如，可用一种循环使用的绿色催化剂PEG–OSO$_3$H来催化Beckmann重排
反应。

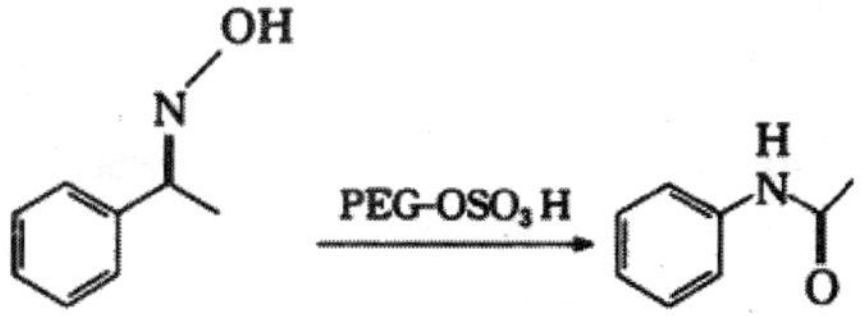

（二）Hofmann 重排反应

酰胺在溴的氢氧化钠水溶液中降解生成胺，这个反应称为 Hofmann 重
排，又称 Hofmann 降解。

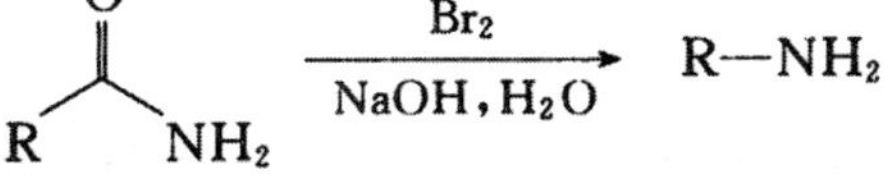

Hofmann重排经历了异氰酸酯中间体。首先，酰胺被碱夺取一个质子
生成负离子A。A进攻亲电试剂溴，生成N–溴代酰胺B。N–溴代酰胺B中的
氮原子上的H具有更强的酸性，碱性条件下再脱一个质子形成负离子C。然
后，C发生1,2–重排得到异氰酸酯D。最后，异氰酸酯D水解脱羧，生成少一
个碳原子的伯胺。

Hofmann 重排可在有机溶剂中进行，亦可用 Pb（OAc）或有机高价碘试剂作为亲电试剂进行反应。以醇作溶剂，得到的产物为氨基甲酸酯；以胺为溶剂，则得到脲。

Hofmann 重排是立体专一性的反应。若迁移的烷基含手性碳原子，当它带着一对电子迁移到缺电子性氮原子上后，其构型将保持。例如，

Hofmann 重排除了理论意义外，还具有重要合成价值。例如，广谱抗生素——帕珠沙星的合成，就是通过 Hofmann 重排反应实现的。

（三）Wolff 重排反应

α- 当重氮甲酮受到光照或在高温下加热，或与氧化银或银盐在室温下

反应，它们会释放氮，重排成烯酮。烯酮能迅速地与水、醇和胺发生反应。因此，被称为 Wolff 重排的反应，通常导致羧酸、酯或酰胺的形成。

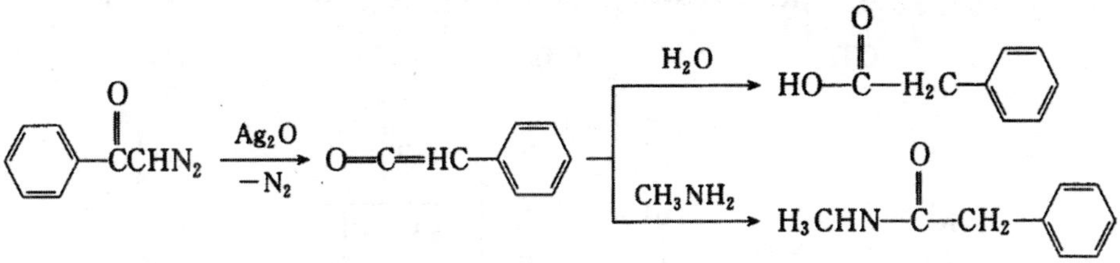

α- 重氮酯也可进行 Wolff 重排，结果是进行烷氧基基团的迁移。

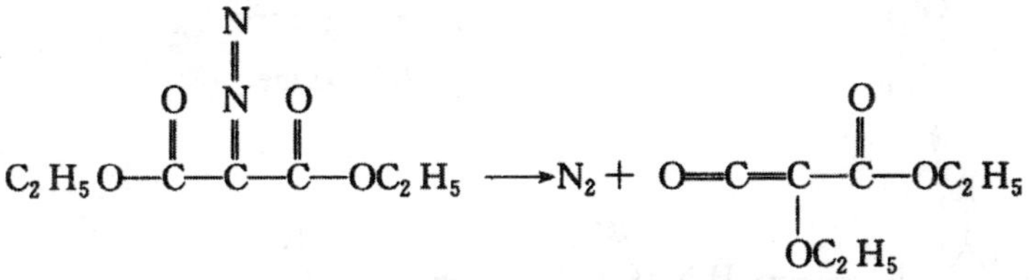

Wolff 重排具有立体专一性，进行重排时迁移基团的构型保持。

（四）Neber 重排反应

1926 年，P.W.Neber 等发现肟的对甲苯磺酸酯先用乙醇钾处理，再经乙酸和盐酸处理，得到 α- 氨基酮。这种反应称为 Neber 重排。

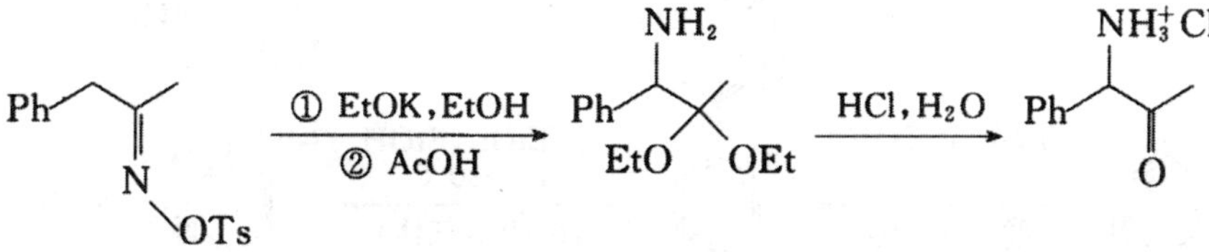

与 Beckmann 重排不同，Neber 重排是在强碱性条件下进行的，常用的碱为 EtONa，EtOK 等。

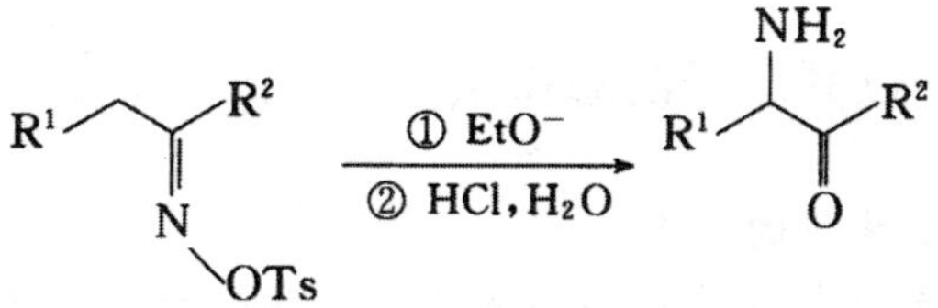

Neber 重排的第一步是肟磺酸酯的 α-H 被碱夺取，形成碳负离子A。然后，A通过两种可能的途径生成可分离的氮杂环丙烯中间体D：一是通过协同的分子内亲核取代反应直接形成D；二是通过烯醇式B消除形成乃春C，后者进而转变为D。氮杂环丙烯D属于亚胺类化合物，在质子酸存在下能够水解生成α-氨基酮。

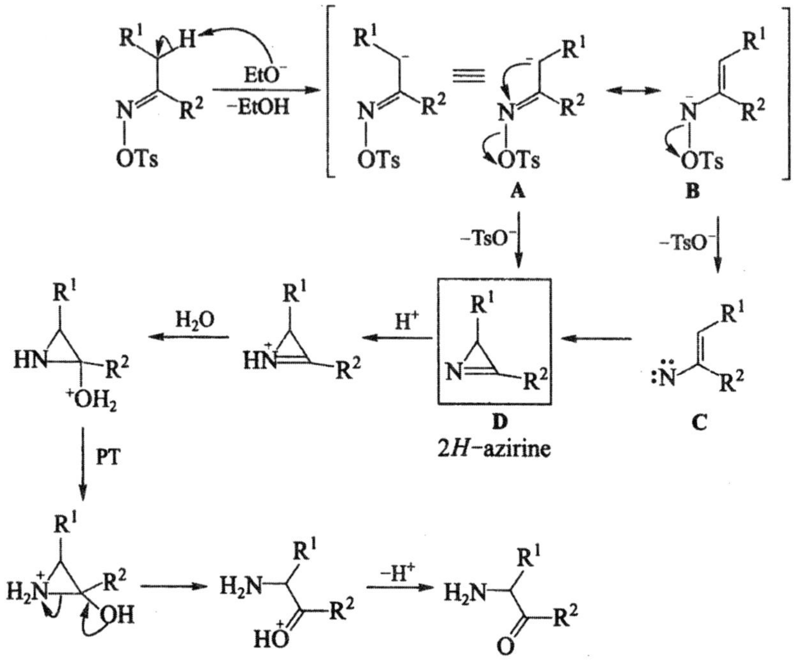

氮杂环丙烯中间体比较稳定，在有些情况下甚至可以分离得到。若水解一步改为醇解，则得到 $\alpha-$ 氨基缩酮。例如：

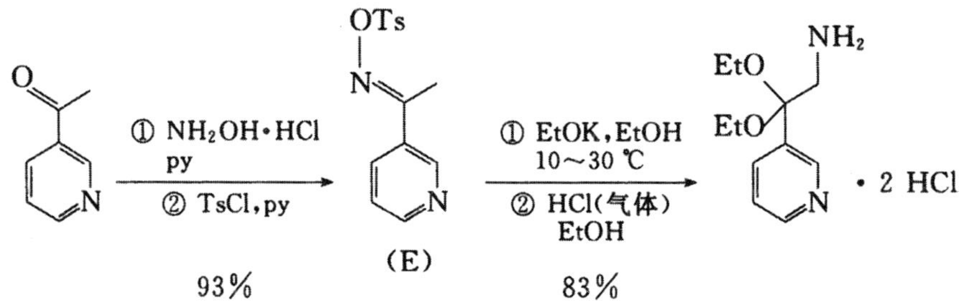

三、缺电子性氧原子的重排反应

（一）氢过氧化物的重排

烃类化合物被 O_2 氧化生成氢过氧化物，在酸或路易斯酸的作用下，发生 $O—O$ 键的断裂生成缺电子氧中间产物，然后发生烃基从碳原子移至氧原子上的重排，称为氢过氧化物重排。

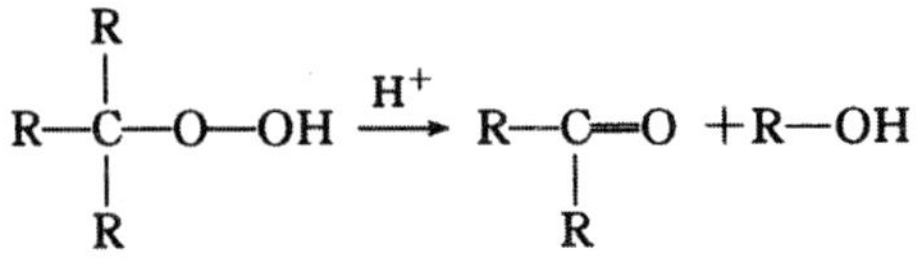

R 可以是烷基或芳基，迁移能力的顺序一般是：芳基＞叔烷基＞仲烷基＞伯烷基＞甲基。

氢过氧化物重排的一个重要的例子为过氧化物异丙苯的重排，反应产物为丙酮和苯酚，具有重要的合成价值。

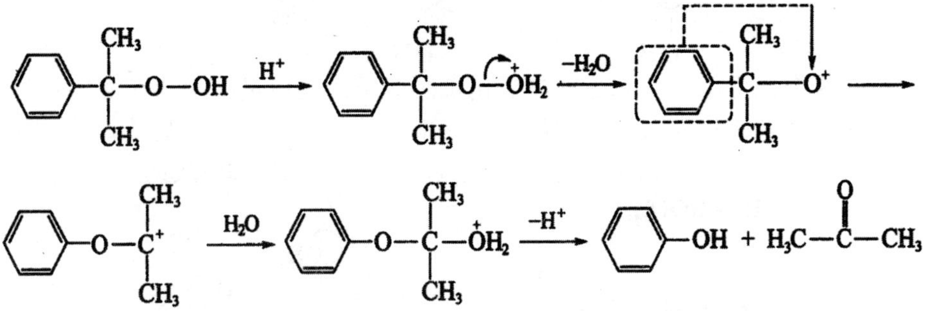

$$\text{（图：过氧化异丙苯重排反应机理）}$$

（二）Baeyer–Villiger 重排

酮被过氧化氢或过氧酸氧化生成酯的这类反应成为 Baeyer–Villiger 重排，在此反应中，开链酮氧化成一般酯，环酮则氧化生成内酯。过氧酸可采用过氧乙酸、过氧三氟乙酸、过氧苯甲酸及取代的过氧苯甲酸。

许多事实证明，Baeyer–Villiger 重排是酸催化的反应，首先是过氧酸与羰基化合物加成，所生成的加成产物中 C—O 键的异裂是反应历程中的关键步骤。酸催化反应历程为：

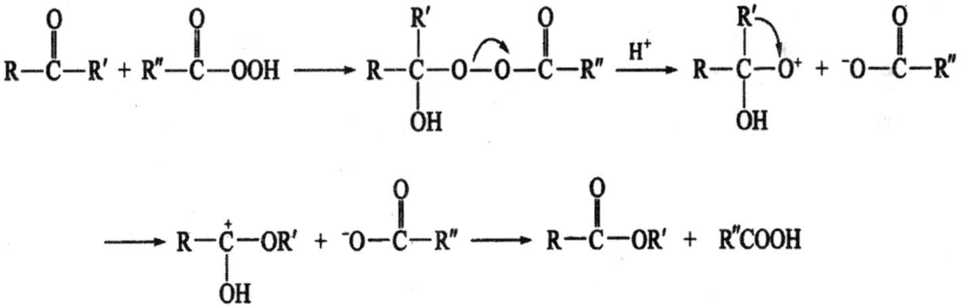

$$\text{（图：Baeyer–Villiger 重排酸催化历程）}$$

在不对称酮的重排中，基团亲核性越大，迁移的倾向也越大，基团迁移的顺序大致为：苯基＞叔烷基＞仲烷基＞伯烷基＞甲基。例如，

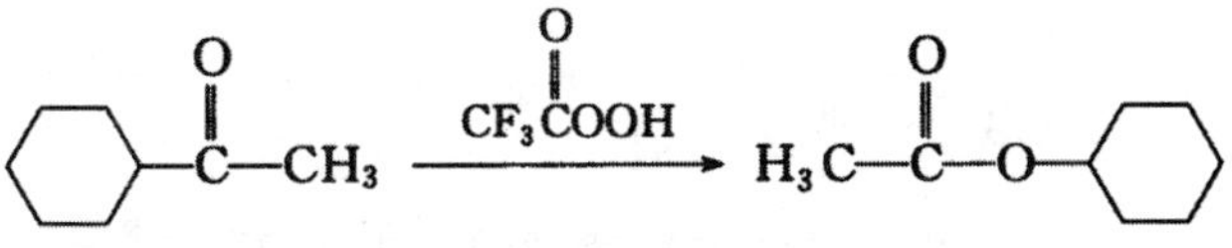

$$\text{（图：环己基甲基酮经 }CF_3COOH\text{ 反应）}$$

（三）Dakin 氧化

对羟基苯甲醛在碱和过氧化氢作用下生成对苯二酚和甲酸钠，这个反

应称为 Dakin 氧化。

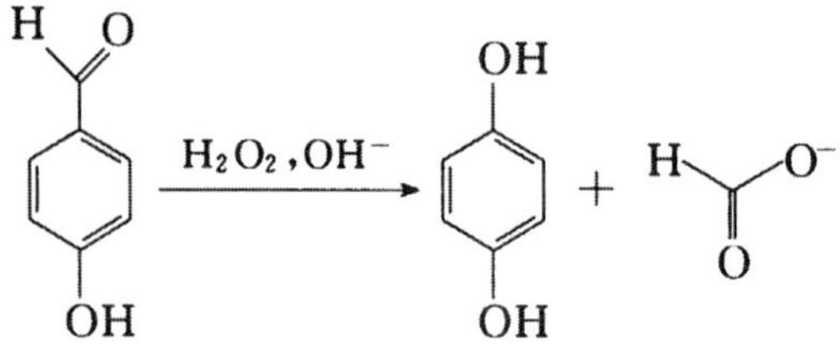

在这个反应中，羰基受到过氧化氢阴离子的亲核进攻生成四面体碳，氧负离子反共轭促使芳基迁移到邻位缺电子性氧原子上，羟基带着一对电子离去。随后，甲酸苯酚酯发生酯的水解得到对苯二酚和甲酸钠。

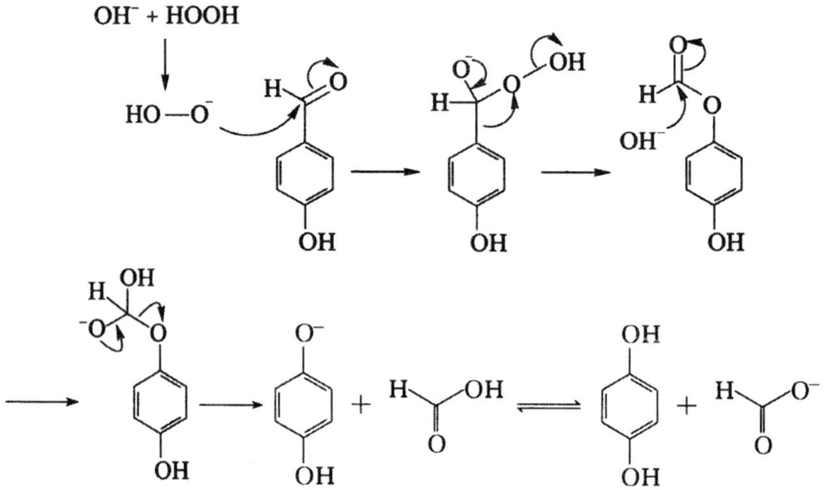

上述过程中，亲核加成和芳基迁移均为反应的决速步骤。如提高羰基的亲电能力，就能加快反应速率。邻羟基苯甲醛的羰基受到分子内氢键的影响，电子云密度减小，反应速率较快；苯乙酮中的羰基受到甲基给电子效应的影响，电子云密度增大，反应速率较慢。同时，芳基上的取代基对反应速率也有很大的影响。当底物为间羟基苯甲醛时，H优于芳基先迁移。

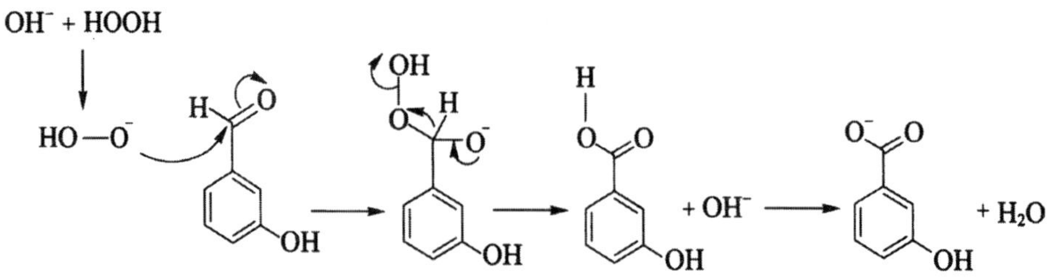

迁移能力的大小取决于和羰基相连碳原子的电子云密度。如果芳基的邻、对位是给电子基，增大其电子云密度，则对反应有利；如果芳基上是吸电子基，减小其电子云密度，则对反应不利，甚至比H的迁移能力弱。

第二节　亲电重排反应

在亲电重排反应中，反应物分子中消除一个正离子，留下一个碳负离子或具有活泼的未共用电子对的中心，迁移基团不带电子对迁移。

一、Favorskii重排

α-卤代酮在 OH⁻（或 RO⁻）作用下，重排得到羧酸或羟基酸酯，这个反应称为 Favorskii 重排反应。例如：

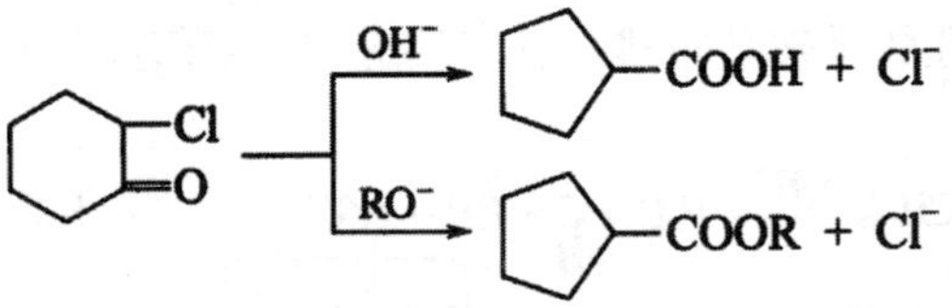

实验已证明 Favorskii 重排的反应机理是通过环丙酮中间体进行的，反应历程如下：

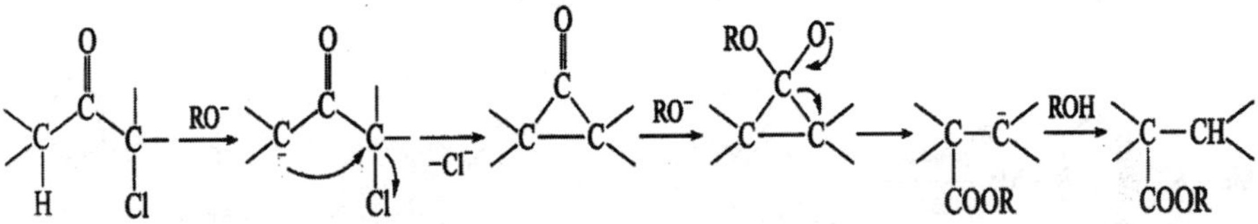

另外，具有 α'-氢的卤代酮（如 α,α-二卤代酮 I）和具有 α'-氢的卤代酮（如 α,α-二卤代酮 II）重排时，两种反应均形成同样的环丙酮中间体 III，产物为 α,β-不饱和酯 IV。但开环方式与前述的不同，是同时消除卤素离子。

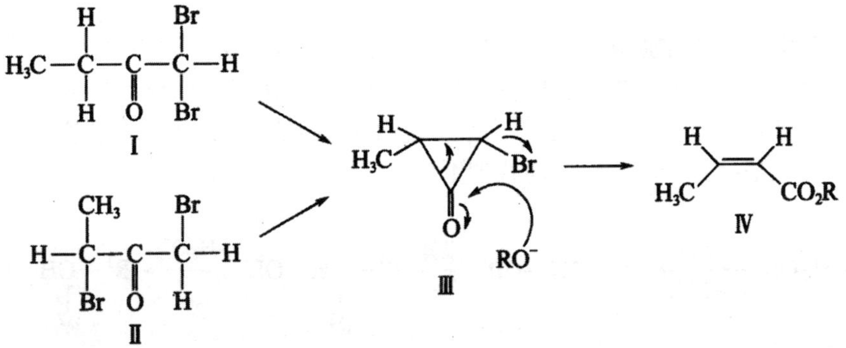

二、Stevens重排

Stevens 重排是指季铵盐的氮原子上的苄基或其他烃基，在碱性试剂（如 NaOH、KOH）的作用下迁移到邻近的碳负离子上的反应。反应通式如下：

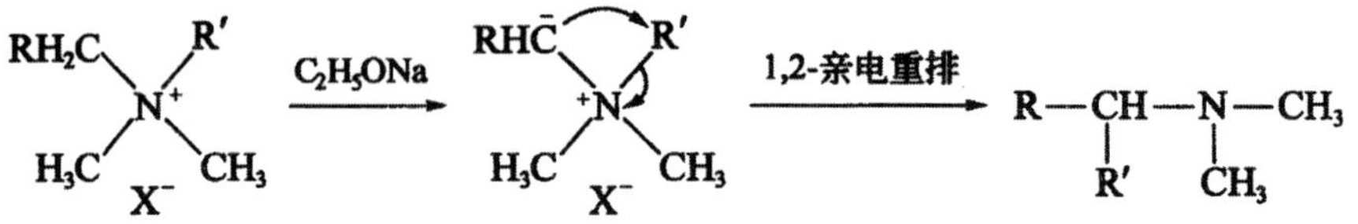

其中，R 为乙酰基、苯甲酰基、苯基等吸电子基，它和氮原子上的正电荷使亚甲基活化并提高形成的碳负离子的稳定性；迁移基团 R' 常为烯丙基、苄基、取代苯甲基等。

具有旋光活性的季铵盐重排，发现反应中 $\alpha-$ 苯基乙基移位，构型不变。

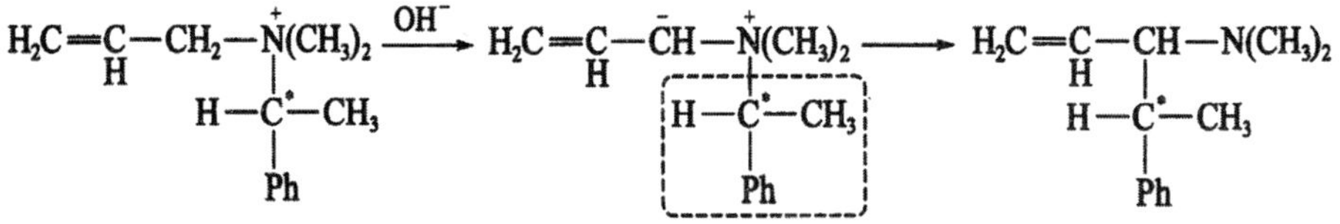

锍盐在强碱作用下也起 Stevens 重排反应。

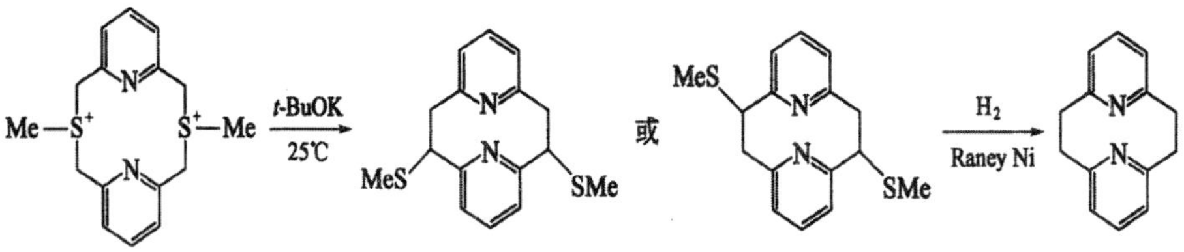

三、Wittig重排

醚类化合物在强碱（如丁基锂或氨基钠）的作用下，在醚键的 $\alpha-$ 位形成碳负离子，再经 1,2- 重排形成更稳定的烷氧负离子，水解后生成醇的反应叫作 Wittig 重排。烃基迁移顺序与自由基稳定性相吻合，即甲基 < 伯烃基 < 仲烃基 < 叔烃基。反应通式如下：

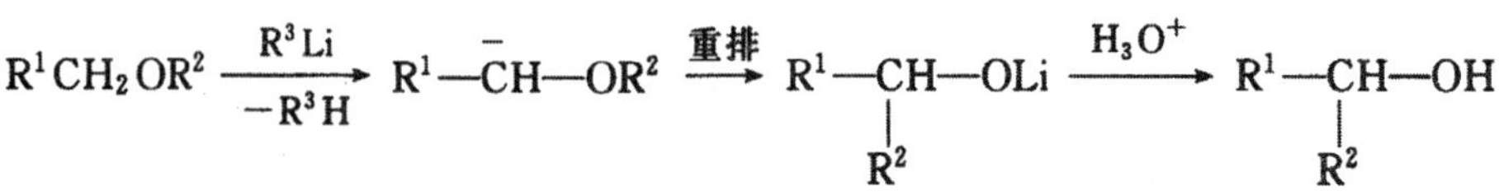

$$R^1CH_2OR^2 \xrightarrow[-R^3H]{R^3Li} R^1-\overset{-}{C}H-OR^2 \xrightarrow{重排} R^1-\underset{R^2}{\overset{|}{C}H}-OLi \xrightarrow{H_3O^+} R^1-\underset{R^2}{\overset{|}{C}H}-OH$$

重排的基团可以是酯烃基、芳烃基或烯丙基，如：

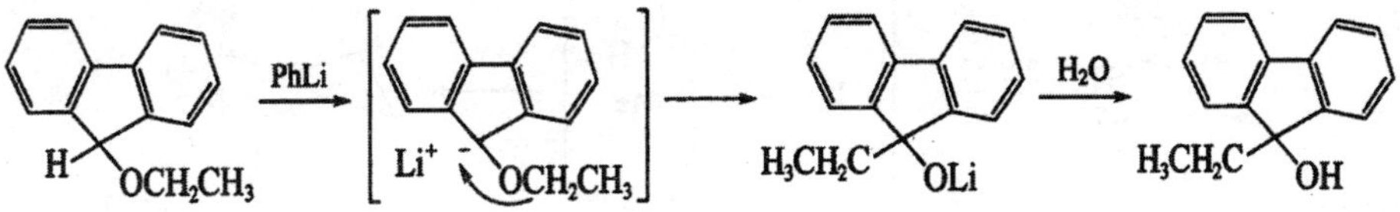

第三节 σ键迁移重排反应

一、[3，3]迁移

（一）Cope重排反应

1,5- 己二烯型化合物在热时发生碳骨架重排，生成新的1,5- 己二烯型化合物，这种反应称为Cope重排。

这个协同反应可以看作是两个烯丙基自由基之间的反应，其六元环过渡态采用椅式构象。反应发生在两个烯丙基自由基的SOMO上，其中一个烯丙基自由基两端碳原子p轨道与一个烯丙基自由基两端碳原子p轨道相位相同的一瓣重叠。这样的过渡态是轨道对称性允许的，空间上也是有利的。

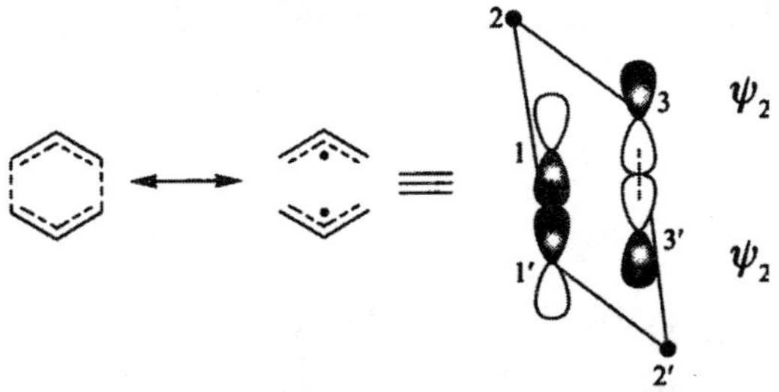

Cope重排是立体专一性的反应，其立体化学取决于椅式构象的六元环过渡态的稳定性。例如，内消旋3,4-二甲基-1,5-己二烯在加热时生成2,6-辛二烯，有99.7%的产物为Z,E构型，而E,E构型的产物仅有0.3%。反应微观可逆，但产物2,6-辛二烯较3,4-二甲基-1,5-己二烯稳定，是发生该反应的驱动力。

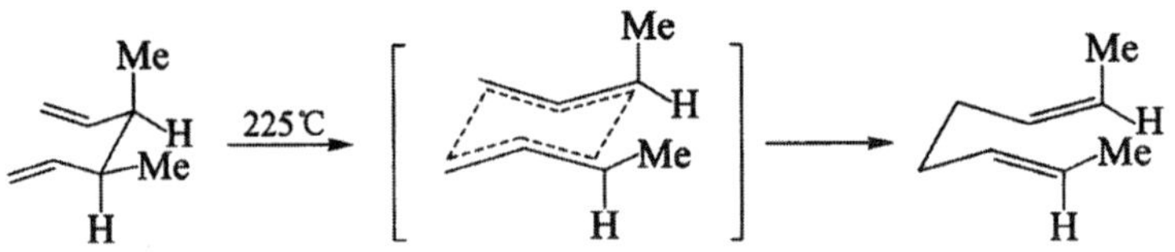

3,4-二甲基-1,5-己二烯　　　　　　　　**(Z,E)-2,6-辛二烯**

[3，3]迁移是可逆的，但可通过立体效应来控制反应的平衡。环张力是发生Cope重排的另一个重要驱动力。例如，高张力的顺1,2-二乙烯基环丙烷即使在-20℃也能够完全重排，生成1,4-环庚二烯；1,2-二乙烯基环丁烷在120℃完全重排，生成1,5-环辛二烯。

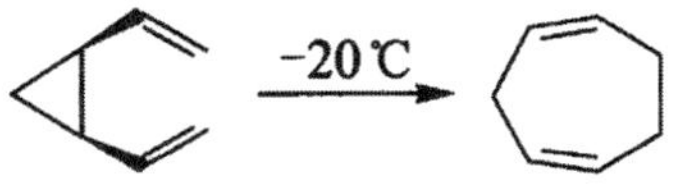

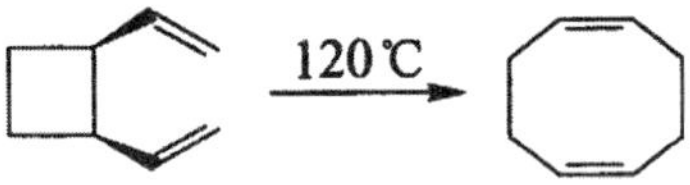

　　下面的环丁酮衍生物A与烯基锂试剂发生亲核加成，生成的环丁醇锂盐B可在室温下立即发生Cope重排，生成扩环产物C；C经碱处理脱去三甲基硅基保护基团后所形成的烯醇负离子进一步发生分子内的羟醛缩合，得到三环化合物D。这个反应中的Cope重排是氧负离子驱动的，因为重排后所形成的烯醇负离子互变异构为酮式结构后较为稳定。当环丁酮的α-碳原子上有一个与烯丙基处于顺式位置的甲基时，烯基锂与环丁酮的亲核加成形成环丁醇锂盐F，其中两个乙烯基处于四元环的异侧，不能发生Cope重排，但F的烯醇硅醚基团与烯丙醇基团处于顺式，因此能发生Cope重排，生成双环化合物G。

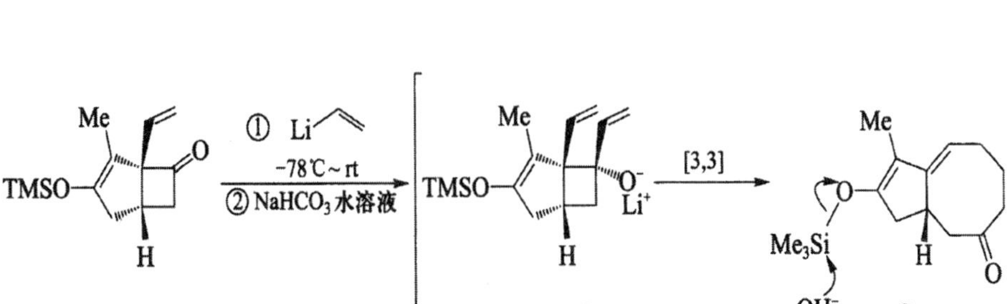

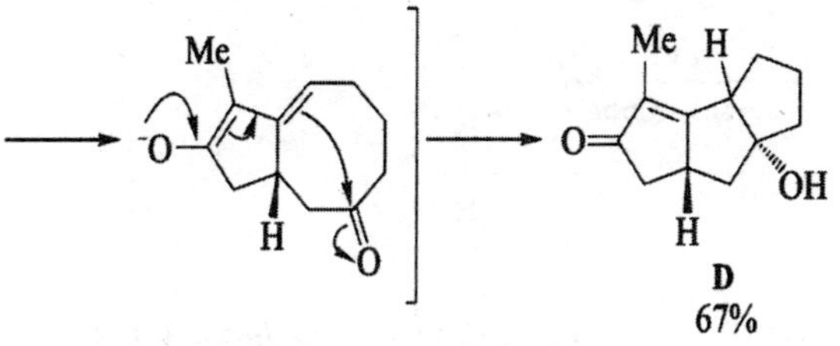

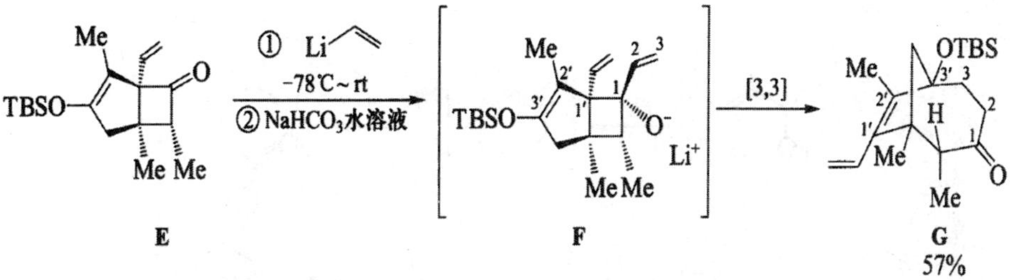

D
67%

E

F

G
57%

共轭效应也能够驱动反应进行。例如，下列重排反应若在氟负离子存在下进行，反应容易发生。在氟负离子作用下，生成烯醇负离子能和 Cope 重排产生的双键发生共轭，得到中间体 A，故反应较容易发生，得到较高的产率。

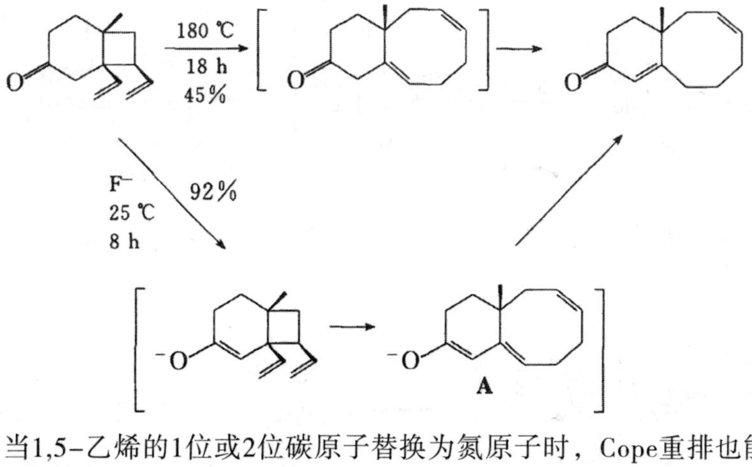

当1,5-乙烯的1位或2位碳原子替换为氮原子时，Cope重排也能发生，分别称为1-氮杂–Cope重排和2-氮杂–Cope重排：

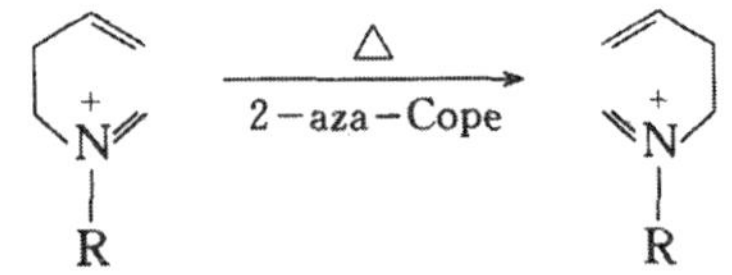

（二）Claisen 重排反应

Claisen重排也是一种[3，3]迁移，它与Cope重排不同之处在于1,5-己二烯的3位碳原子换成了氧原子，即烯丙基烯基醚的重排，产物为γ,δ-不饱和羰基化合物：

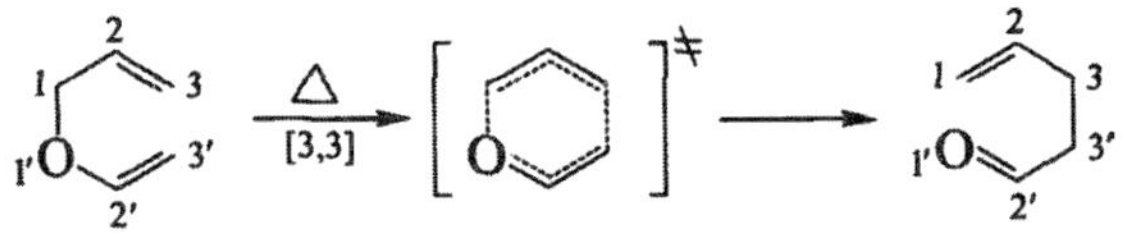

与 Cope 重排相似，Claisen 重排的立体化学取决于椅式构象的六元环过渡态的稳定性。例如，

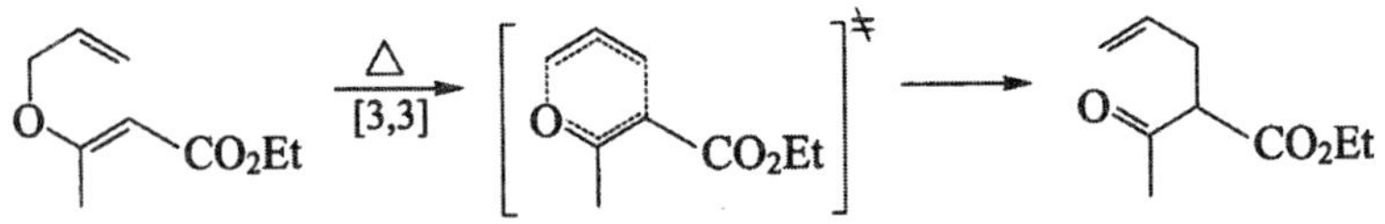

除了烯丙基烯基醚之外，烯丙基芳醚也容易发生 Claisen 重排，生成 2 烯丙基苯酚：

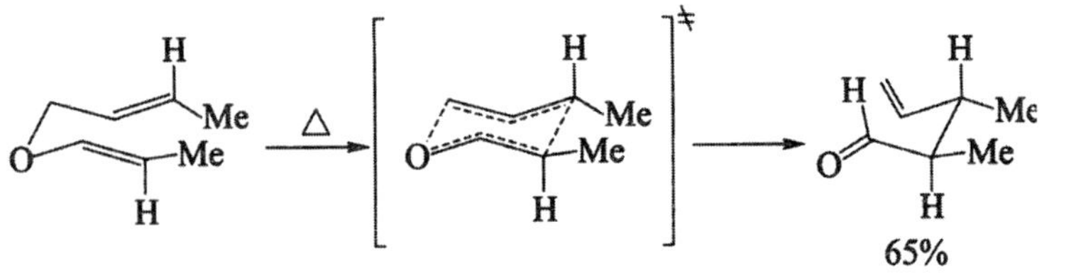

当芳环上的两个邻位都被占据时，烯丙基迁移至对位。其过程涉及两个连续的 [3，3] 迁移：

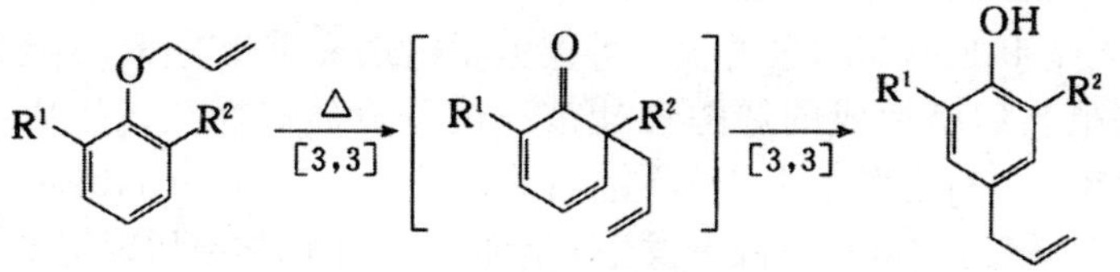

与烯丙基烯基醚相似，炔丙基烯基醚也能发生 Claisen 重排，生成 α-联烯基羰基化合物。炔丙基烯基醚的产生方法包括炔丙醇与原酸酯的缩合、炔丙醇与醛的缩合、炔丙醇与烯基醚的缩合等。

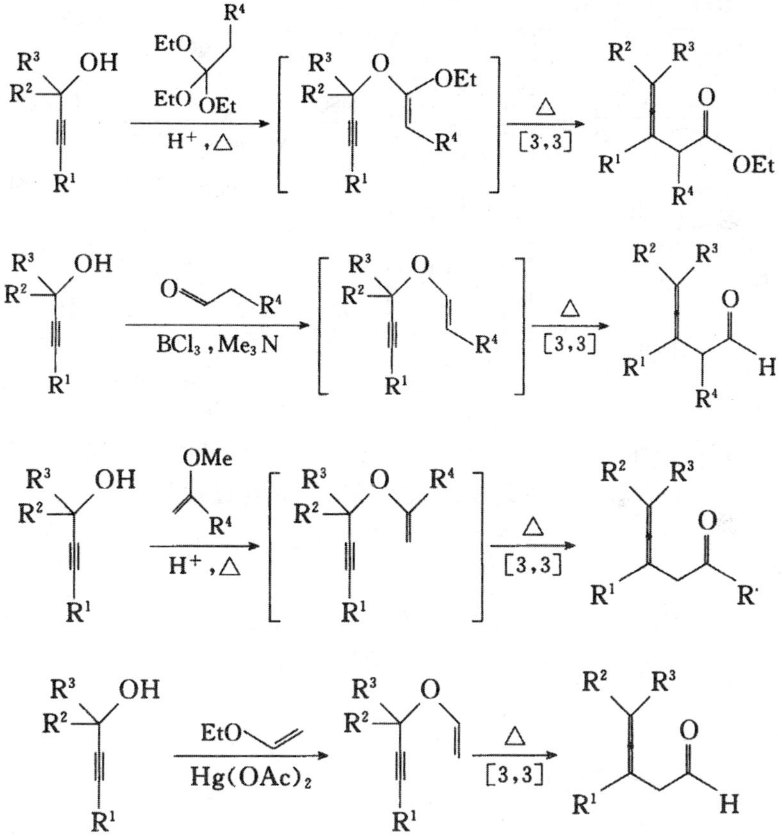

3-氮杂-1,5-己二烯也能发生 Claisen 重排，称为氮杂-Claisen 重排（或 3-aza-Cope 重排）。Levis 酸可催化这一反应。

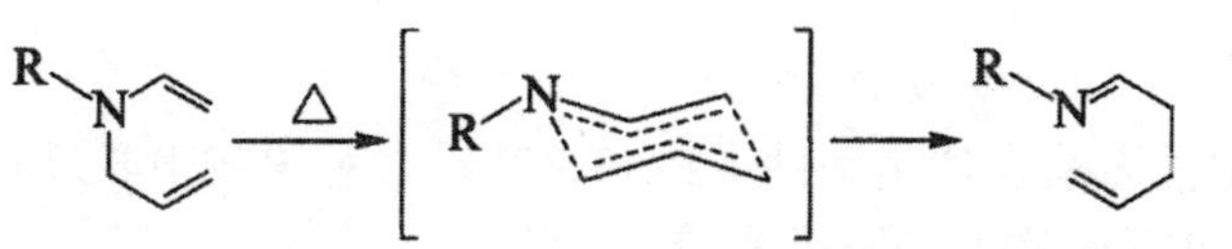

（三）Claisen-Ireland 重排反应

1972年，R.E.Ireland报道了一种类似于Claisen重排的[3，3]迁移反应，即烯丙基酯与LDA形成的烯醇锂盐被三烷基氯硅烷捕获，生成硅基烯缩酮，后者经[3，3]迁移生成γ,δ-不饱和酸，这个反应称为Claisen-Ireland重排。[3，3]迁移通常可在室温下发生，产物的立体化学与形成烯醇锂盐时的反应条件有关。对于（E）-烯丙基酯，当脱质子反应在THF中进行时，主要形成动力学有利的（Z）-烯醇锂盐，后者经硅醚化和[3，3]迁移，生成anti-γ,δ-不饱和酸；当脱质子反应在THF/HMPA中进行时，则形成（E）-烯醇锂盐，最终产物为syn-γ,δ-不饱和酸。

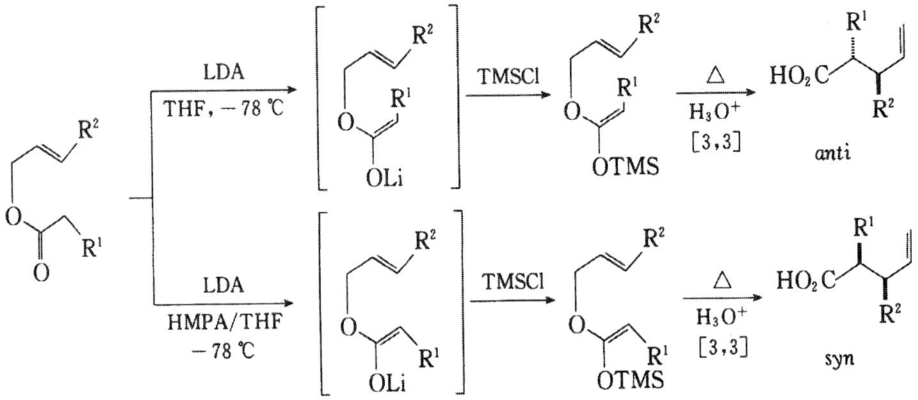

无环烯丙基酯的 Claisen-Ireland 重排的六元环过渡态采用椅式构象，环状烯丙基酯的反应则主要通过船式构象的六元环过渡态。

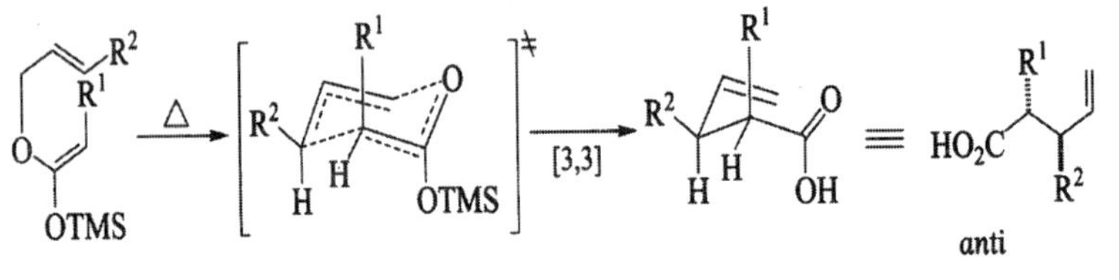

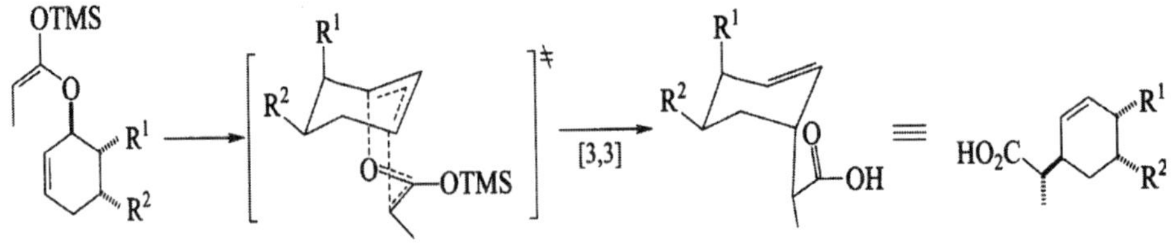

（四）Carroll 重排反应

β-酮烯酸丙酯在加热条件下经[3，3]迁移和脱羧串联过程，生成γ,δ-不饱和酮，此反应称为 Carroll 重排：

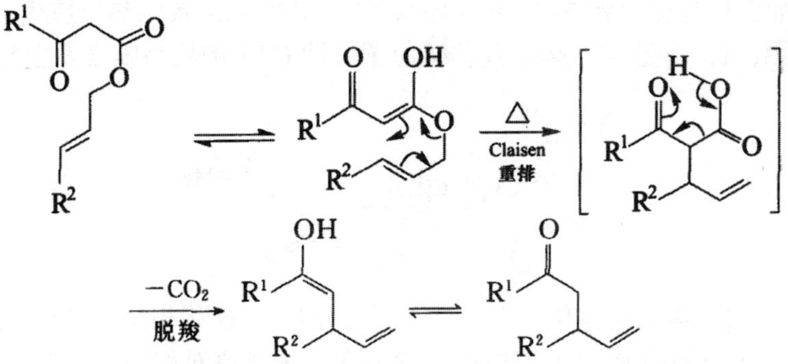

这个反应通常需要较高温度（130℃ ~ 220℃），但若将 β- 酮酸酯转变成烯醇锂盐，[3，3] 迁移可在较低温度下进行。例如，由（E）-2- 甲基 -3- 氧化丁酸与过量 LDA 形成的烯醇锂盐在 23℃发生 [3，3] 迁移，但在此温度下未发生脱羧。产物的立体化学取决于 E- 烯醇锂盐中间体进行 [3，3] 迁移的椅式构象过渡态。

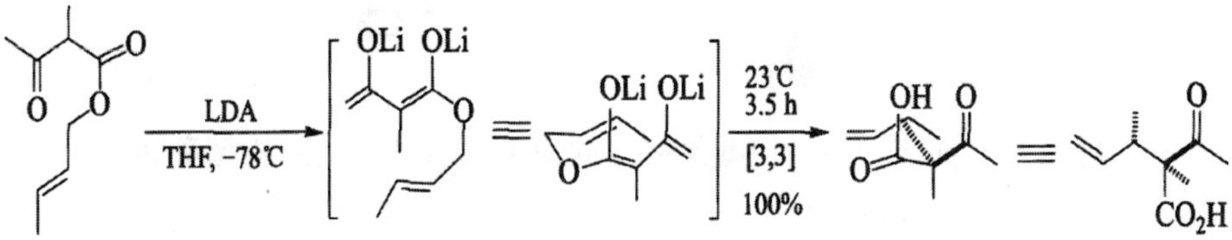

二、C[1，j]迁移

常见的C[1，3]迁移能够发生在热反应条件下。在基态，烯丙基自由基的HOMO（即ψ_2轨道）是面不对称的。若迁移的碳原子在反应过程中构型保持，其p轨道不能同时与基态烯丙基自由基C_1和C_5的p轨道重叠，因此，这种迁移是对称性禁阻的。然而，当迁移的碳原子的构型发生转化，其p轨道可以同时与基态烯丙基自由基中C_1和C_5的p轨道重叠，这是对称性允许的。

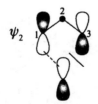

同面的 C[1,3]迁移，构型保持
对称性禁阻

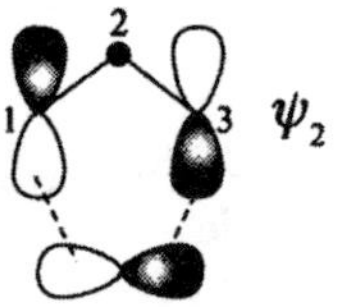

同面的 C[1,3]迁移，构型翻转
对称性允许

例如，桥环化合物 5-甲基双环 [1，3，5] 乙 -2-烯的热反应生成 6-甲基双环 [3，1，0] 乙 -2-烯，迁移碳原子（即 C_1'）的构型随之发生翻转：

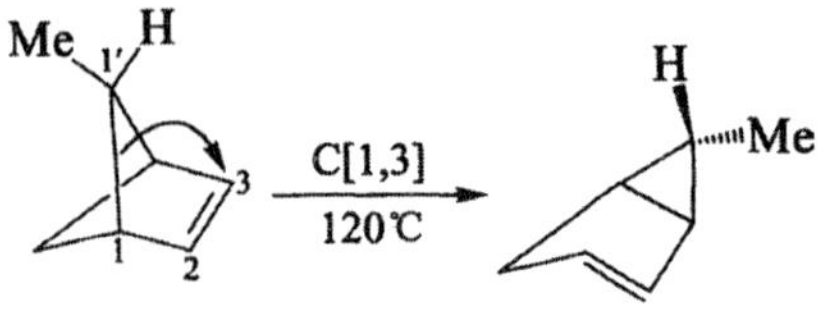

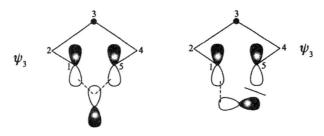

C[1，5]迁移的立体化学专一性正好与 C[1，3]迁移相反。在热反应条件下，C[1，5]迁移中碳原子的构型保持不变，是轨道对称性允许的。如果碳原子的构型翻转，则是对称性禁阻的。

ψ_3 （左图）

ψ_3 （右图）

同面的 C[1,5]迁移，构型保持　　同面的 C[1,3]迁移，构型翻转

对称性允许　　　　　　　对称性禁阻

由此可见，如果共轭体系的 HOMO 是面对称的，迁移的碳原子用其 p 轨道的一瓣进行同面迁移，得构型保持（如 C[1，5]迁移）的产物；若 HOMO 是面不对称的，迁移碳原子则用其 p 轨道的两瓣进行同面迁移，在此过程中迁移碳原子的构型翻转（如 C[1，3]迁移）。

下面的环庚三烯衍生物 A 在加热时经历 6π 电环化关环、两次 C[1，5]迁移和 6π 电环化开环，形成了一种新的环庚三烯衍生物 E。由于电环化不涉及这个分子的手性碳原子，而 C[1，5]迁移过程中手性碳原子的构型保持不变，所以整个转化过程中手性碳原子的构型保持不变。

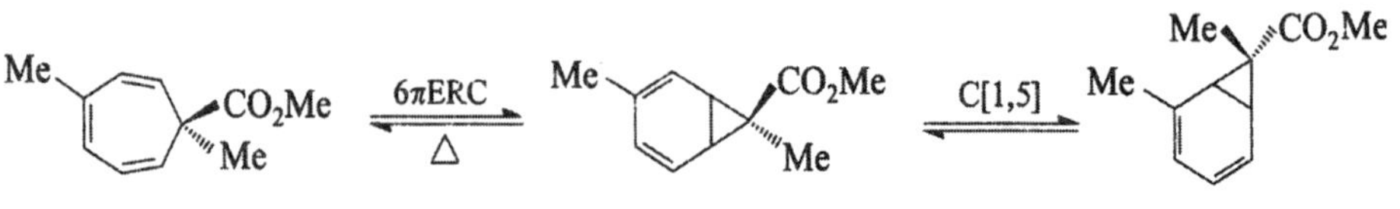

A　　　　　　　　B　　　　　　　　C

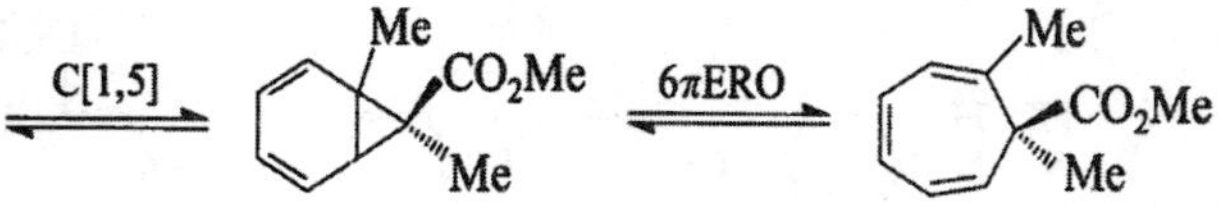

$$\xrightarrow{C[1,5]} \qquad D \qquad \xrightleftharpoons{6\pi ERO} \qquad E$$

第四节 芳香族芳环上的重排反应

芳环上的重排反应指芳香化合物中，与 X 取代基相连的原子或原子团，在酸的作用下，转移到芳环的邻位或对位。芳环上的重排反应中比较重要的是联苯胺重排和 Fries 重排。

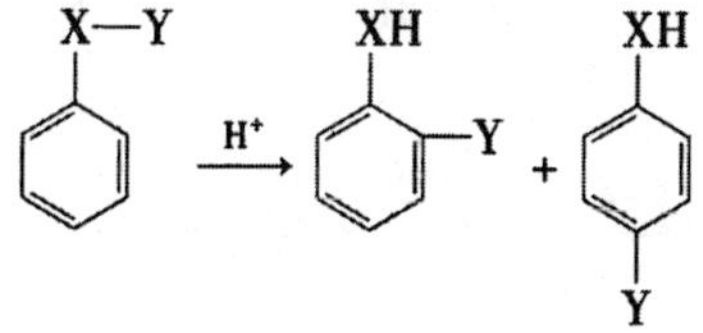

一、联苯胺重排

联苯胺重排是指氢化偶氮苯用强酸处理时，发生的分子重排反应。该重排发生在分子内，不发生交叉重排。通常，除非芳环上一个或两个对位被占据，主要产物是4,4'-二氨基联苯。在某些情况下，即使芳环的对位有—SO₃H、—COOH时，它们仍可被取代，仍得到4,4'-二氨基联苯。芳环的对位被—Cl占据时，它们也能进行反应，生成2,2'-二氨基联苯、邻半联胺或对半联胺等。若对位有—R、—Ar或—NR₂存在时，生成其他重排产物。

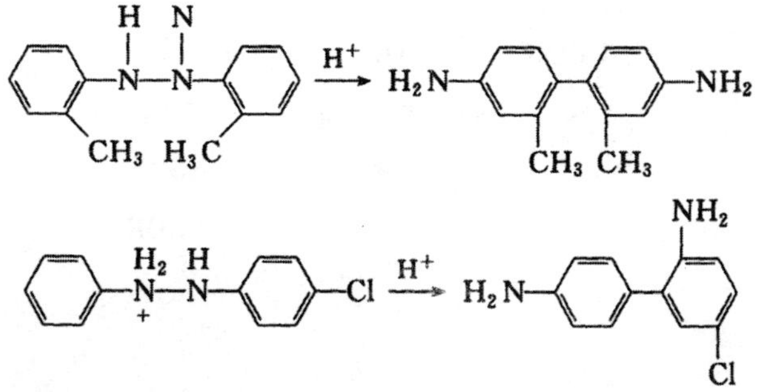

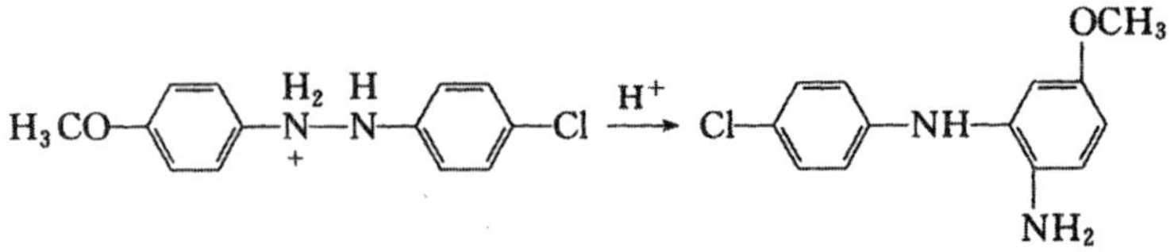

现在有机化学对于联苯胺重排过程，研究分析没有得到统一答案，先简单介绍正离子自由基过程。其中，氢化偶氮苯首先接受两个质子变成两价正离子，然后均裂成两个正离子自由基，由于电子沿环运动，主要得到对位偶联（4,4'-偶联）的产物，同时有少量的邻–对位（2,4'-偶联）与邻位（2,2'-偶联）的偶联产物。

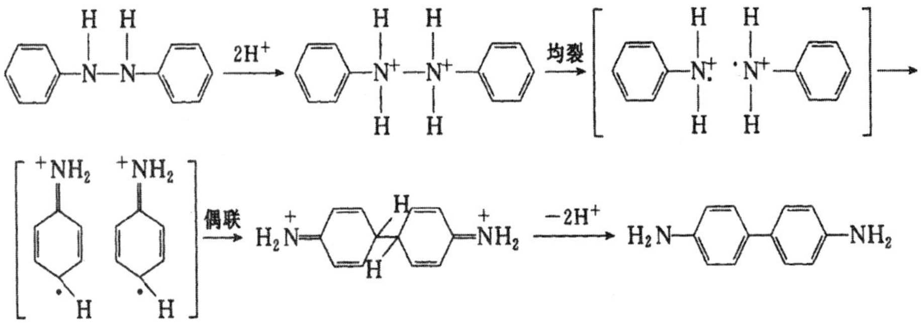

重排产物经重氮化所得重氮盐是许多偶氮染料的重氮组分，故联苯胺及其衍生物的重排反应广泛地用于偶氮染料的合成上。

二、Fries重排

Fries 重排是指酚酯类化合物在 Levis 酸（如 AlCl₃、ZnCl₂ 或 FeCl₃ 等）催化剂作用下加热，发生酰基迁移到邻位或对位，而生成邻位、对位酚酮的反应。

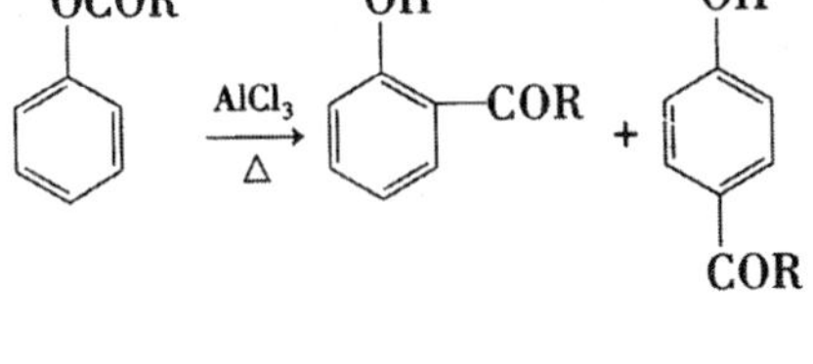

重排反应机理：

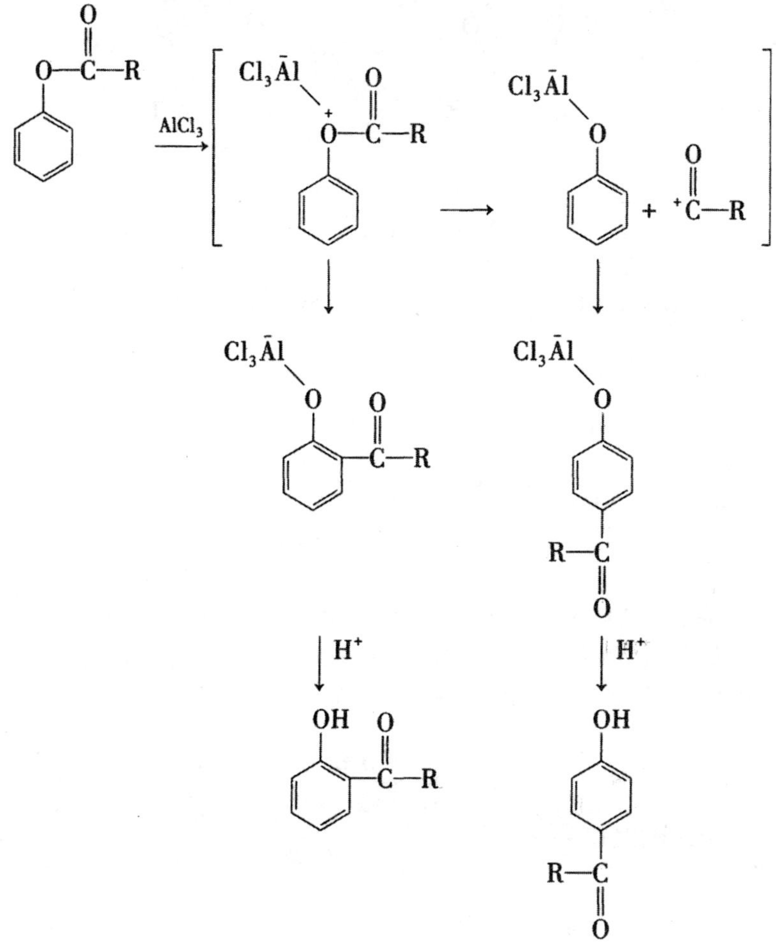

邻位产物(分子内重排)　对位产物(分子间重排)

影响傅瑞斯重排反应的因素如下：

（1）酯的结构。R可能是烷基或芳基，而以苯氧基的影响最为显著。R的体积越大，越有利于σ-位异构体的形成。σ, ρ-位有—NO_2或—OCPh，可增强反应活性；m-位有CH_3CO—或—COOH会减弱反应活性。

（2）反应温度。低温有利于对位酚酮的形成，高温则有利于邻位异构体的形成，这是由于邻位可形成—OH与$>C\!\!=\!\!O$之间的氢键。例如，下式中的（Ⅰ）、（Ⅱ），而使化合物稳定性增大。

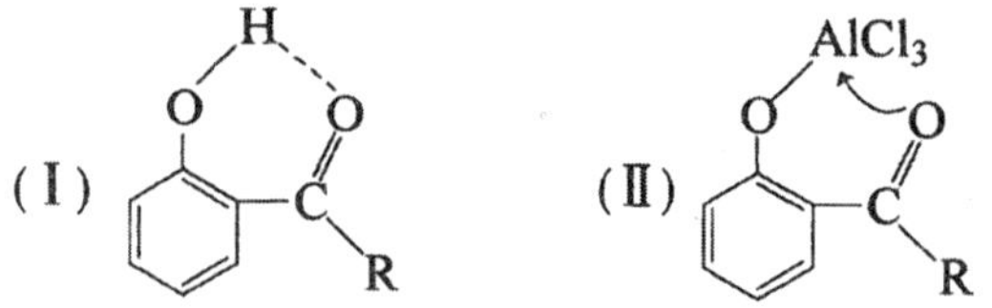

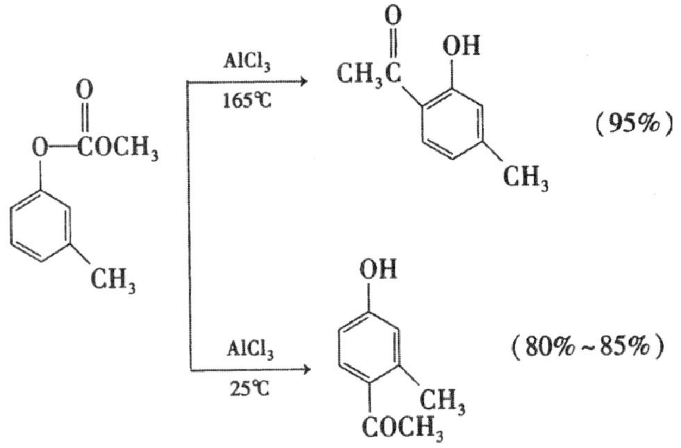

（3）溶剂：$C_6H_5NO_2$、CCl_4，在 $C_6H_5NO_2$ 中温度可较低。

（4）酚酯与 $AlCl_3$ 的比例，1mol 酯需 1mol 以上无水 $AlCl_3$。

应用实例：制备氯乙酰儿茶酚，它是强心药物——肾上腺素的中间体。

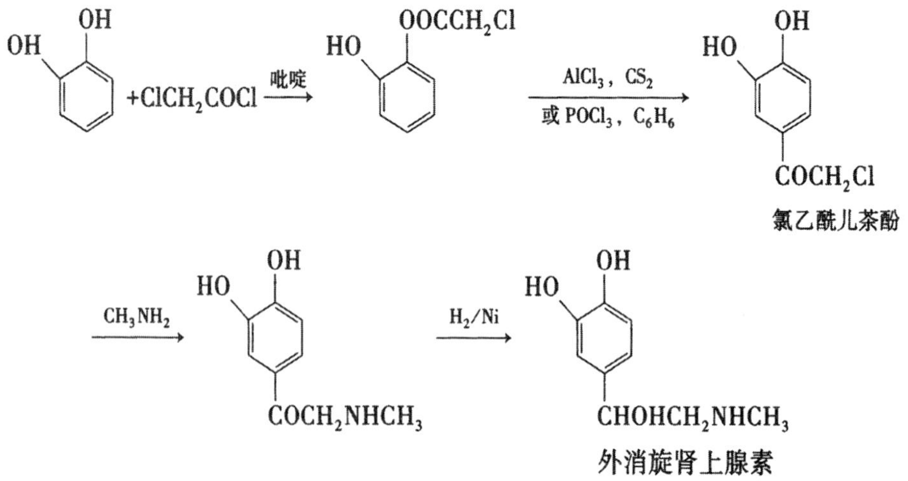

第八章
周环反应机理研究

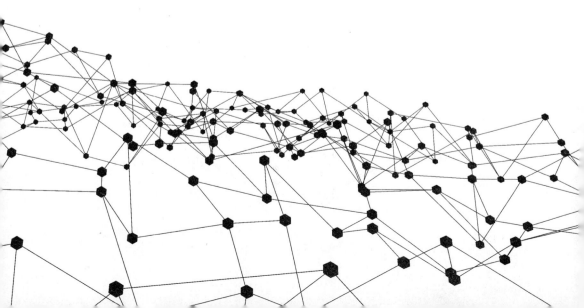

第一节　周环反应的特征和类型

在 1965 年，美国有机合成化学家伍德沃德（R.B.Woodward）和霍夫曼（R.Hoffmann）在合成 $V-B_{12}$ 的过程中，系统地研究了周环反应，采用量子化学的分子轨道理论提出了轨道对称守恒原理。

轨道对称守恒：指作用物通过一个环状过渡状态，得到生成物的整个过程中，轨道的对称性始终不变（即对称守恒）。这一规律即轨道对称守恒原理。例如，丁二烯加热反应：

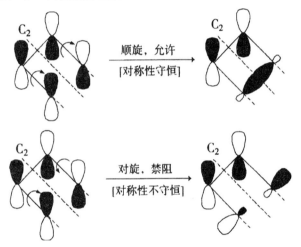

目前，分子轨道对称守恒原理有三种理论解释：①前线轨道理论；②能量相关理论；③休克尔-莫比乌斯理论。前线轨道理论的创始人福井谦一和轨道对称守恒原理的创始人之一霍夫曼共同获得1981年诺贝尔化学奖。

周环反应：通过环状过渡态的协同反应。它不同于离子型或自由基型反应。例如，

$$H_2C=CH_2 + H_2C=CH_2$$

周环反应：反应物—环状过渡态—产物；不受溶剂影响，不被酸碱所催化，没有发现任何引发剂对反应有影响。

离子型或自由基型反应：反应物—中间体—产物。

一、周环反应的特征

周环反应的特征主要有：

（1）反应进行的动力是加热或光照。

（2）反应进行时有两个以上的键同时断裂或形成，属多中心一步反应。

（3）作用物的变化有突出的选择性。

（4）反应过渡态中原子排列是高度有序的。例如，

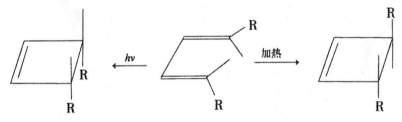

二、周环反应的三种主要类型

（1）电环化（电环合）反应：共轭 π 体系两原子间形成一个 σ 键及其逆过程。

（2）环加成：两个独立的 π 体系发生反应同时产生两个 σ 键，形成环状产物及其逆过程。例如，狄尔斯 – 阿尔德反应：

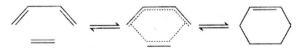

（3）σ– 迁移：σ 键迁移到相对于 π– 骨架的另一位置。例如，

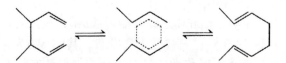

第二节　电环化反应

由线型共轭多烯烃两个末端之间 π 电子环化而形成单键的反应及其逆过程，称电环化反应，也称电环合反应。K 个 π 电子的线型共轭体系的电环化反应，结果形成的环状产物有 $K-2$ 个 π 电子。

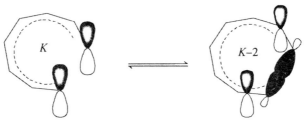

电环化的结果是分子内减少了一个 π 键，形成了一个 σ 键，或其逆过程。

电环化反应既可在热反应条件下进行，也可在光反应条件下进行。这类反应是可逆的，环化过程和开环过程所经历的途径是相同的，反应的方向取决于共轭多烯和环烯烃的热力学稳定性。一般来说，己三烯和环己二烯的平衡有利于形成关环的环己二烯，而丁二烯和环丁烯的平衡有利于形成开环的丁二烯。电环化反应产物的立体专一性取决于反应的条件，即光反应或热反应。

一、具有[4n + 2]个π电子系的电环化反应

在加热或光照下，1,3,5-己三烯环化生成1,3-环己二烯，这是典型的[4n＋2]体系电环化反应：

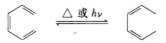

根据前线分子轨道理论，在基态（加热）下，1,3,5-三烯基态的HOMO为 ψ_3，其两端的相位是相同的，具有面对称性，C_1—C_2键和C_5—C_6键对旋才能保证有效的相位重叠，C_1和C_6之间才能形成σ键，生成1,3-环己二烯。在激发态（光照）下，1,3,5-己三烯处于激发态，其HOMO为ψ_4轨道，两端的相位是相反的，具有面不对称性，只有顺旋才能保证有效的相位重叠，生

成1,3-环己二烯。用分子轨道对称守恒原理分析，可以得到一致的结果。

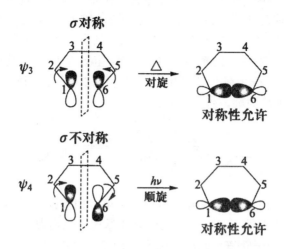

由此，6π电子体系的电环化反应是立体专一性的。例如，（2E,4Z,6E）-2,4,6-辛三烯的热反应在基态进行，因其HOMO（即ψ_3轨道）两端的相位是相同的，故对旋关环成键，生成顺-5.6-二甲基-1,3-环己二烯；光反应在激发态进行，其HOMO（即ψ_4轨道）两端的相位是相反的，故顺旋关环成键，生成反-5,6-二甲基-1,3-环己二烯。

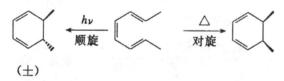

（±）

二、具有4n个π电子系的电环化反应

最简单的4n体系为1,3-丁二烯，它可在加热或光照下反应生成环丁烯：

丁二烯的电环化反应发生在两个端基碳原子上，即C_1和C_4。这两个碳原子分别绕C_1—C_2和C_3—C_4键轴顺时针或逆时针旋转90°，方可形成新的σ键，生成环丁烯。C_1—C_2和C_3—C_4键同时顺时针或逆时针旋转，称为"顺旋"；若它们各自向相反的方向旋转，称为"对旋"。

　　Woodward-Hoffmann根据实验结果得出，丁二烯分子在加热反应条件下，发生顺旋，生成环丁烯；反之亦然。在光照反应条件下，丁二烯分子发生对旋，生成环丁烯；反之亦然。以（2E,4E）-2,4-己二烯电环化反应为例，在加热条件下，（2E,4E）-2,4-己二烯发生关环反应，得到反-3,4-二甲基环丁烯；然而，在光照条件下，得到顺-3,4-二甲基环丁烯。这种Woodward-Hoffmann规律对其他4n体系的电环化反应也是适用的，反应具有立体专一性，加热顺旋，光照对旋。

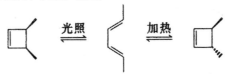

（±）

　　根据科学家研究分析得出的实验结果可以用前线分子轨道理论进行合理解释。在加热条件下，1,3-丁二烯处于基态，只需要考虑HOMO轨道，即丁二烯的ψ_2分子轨道。此时，ψ_2分子轨道的两端的相位是相反的，具有面不对称性，顺旋操作才能保证有效的相位重叠而形成新的化学键。

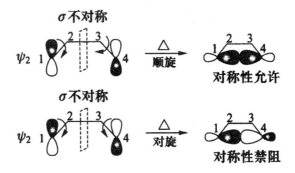

　　在光照条件下，1,3-丁二烯处于激发态，需要考虑的也是HOMO轨道，即ψ_3分子轨道。此时的HOMO轨道只有一个单电子，也可称为单电子占据分子轨道（singly occupied molecular orbital，SOMO）。ψ_3分子轨道两端的相位是相同的，具有面对称性，对旋操作才能保证有效的相位重叠，而形成新的化学键。

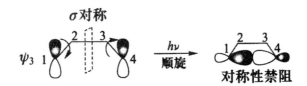

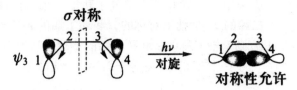

Woodward–Hoffmann 规律也可用分子轨道对称守恒原理得到解释。产物环丁烯中，产生一个新的 σ 键和一个新的 π 键，组成的四个分子轨道和它们的对称性如下所示。

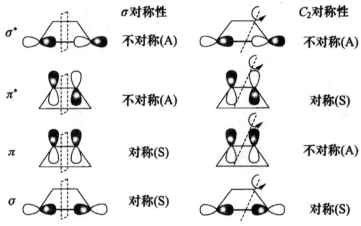

如果反应的过程是顺旋的，两个末端 p 轨道在反应的过程中则始终保持轴对称性（C_2 对称性），因此，顺旋操作是一个轴对称性的操作。

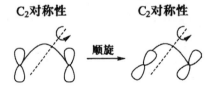

如果反应的过程是对旋的，两个末端 p 轨道在反应的过程中则始终保持面对称性（σ 对称性），因此，对旋操作是一个面对称性的操作。

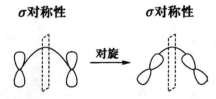

在丁二烯电环化生成环丁烯的反应过程中，如果采用顺旋的操作，即

轴对称性的操作，应采用丁二烯和环丁烯分子轨道的轴对称性来判断发生反应的可能性。丁二烯的 ψ_1 是轴不对称的，和环丁烯的 π 分子轨道对称性相匹配；丁二烯的 ψ_2 则是轴对称的，和环丁烯的 σ 分子轨道对称性相匹配。图 8-1 为顺旋操作下的丁二烯和环丁烯分子轨道能级相关图。

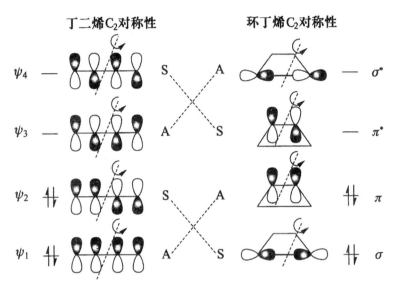

图8-1　顺旋操作下的丁二烯和环丁烯分子轨道能级相关图

如果采用对旋的操作，即面对称性的操作，应采用丁二烯和环丁烯分子轨道的面对称性来判断发生反应的可能性。丁二烯的 ψ_1 是面不对称的，和环丁烯的 σ 分子轨道对称性相匹配；但是丁二烯的 ψ_2 则是面不对称的，只能和环丁烯的 π* 分子 π 轨道对称性相匹配。图 8-2 为对旋操作下的丁二烯和环丁烯分子轨道能级相关图。

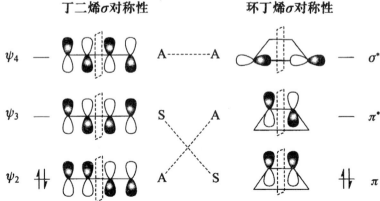

图8-2　对旋操作下的丁二烯和环丁烯分子轨道能级相关图（一）

图8-2 对旋操作下的丁二烯和环丁烯分子轨道能级相关图（二）

通过对比上面叙述的顺旋和对旋，可以得出的结果为顺旋经过的过渡态能量较低。因为电子从丁二烯基态（ψ_1成键分子轨道和ψ_2成键分子轨道）到环丁烯的基态（σ成键分子轨道和π成键分子轨道）。对旋时，处于丁二烯基态ψ_2成键分子轨道上的两个电子要填充到处于环丁烯激发态的π^*反键分子轨道上去，直接导致经过的过渡态能量比较高，反应将不发生。由此，根据分子轨道对称守恒原理，在加热（基态）条件下，丁二烯应经过顺旋得到电环化产物——环丁烯。

丁二烯的电环化反应还可以用分子的电子组态对称性来理解。对丁二烯基态（GS）来讲，电子按能级填充得到的电子组态为$\psi_1^2\psi_2^2$；对环丁烯基态来讲，其电子组态为$\sigma^2\pi^2$。相应于顺旋的操作（即轴对称操作），丁二烯基态的电子组态（$\psi_1^2\psi_2^2$）可表示为A^2S^2；环丁烯基态的电子组态（$\sigma^2\pi^2$）则可表示为S^2A^2。如果S表示+1（p轨道相位不改变的操作），A表示-1（p轨道相位改变的操作），这样，丁二烯基态的电子组态为：$\psi_1^2\psi_2^2=A^2S^2=$$(+1)^2(-1)^2=+1=S$，是对称的；环丁烯基态的电子组态为：$\sigma^2\pi^2=S^2A^2=$$(+1)^2(-1)^2=+1=S$，也是对称的。

丁二烯第一激发态（ES-1）的电子组态为$\psi_1^2\psi_2\psi_3$，相应于顺旋的操作（即轴对称操作），其对称性为：$\psi_1^2\psi_2\psi_3=A^2SA=(-1)^2(+1)^2(-1)=-1=$A，是反对称的；对于环丁烯的第一激发态，其电子组态为$\sigma^2\pi\pi^*=S^2AS=$$(+1)^2(-1)(+1)=-1=$A，也是反对称的。

丁二烯第二激发态（ES-2）的电子组态为$\psi_1\psi_2^2\psi_4$，相应于顺旋的操作（即轴对称操作），其对称性为：$\psi_1\psi_2^2\psi_4=AS^2S=(-1)(+1)(+1)=-1=$A，是反对称的；对于环丁烯的第二激发态，其电子组态为$\sigma\pi^2\sigma^*=SA^2A=(+1)$$(-1)^2(-1)=-1=$A，也是反对称的。

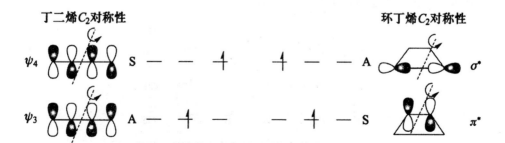

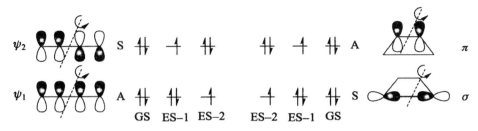

按照上面得出的推理结论，可以分别画出丁二烯和环丁烯分子的电子组态，得到顺旋操作下的丁二烯和环丁烯状态能级相关图，如图8-3所示。

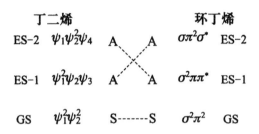

图8-3 顺旋操作下的丁二烯和环丁烯状态能级相关图

基态状态下，不仅丁二烯和环丁烯的电子组态对称性相同，而且组分的对称性也相同，因此，在基态下（加热条件下），丁二烯的顺旋关环反应对称守恒，反应可以发生。

第一激发态下，虽然两分子的电子组态对称性相同，均为A，但组分不相同，丁二烯第一激发态组成为 $\psi_1^2\psi_2\psi_3 = A^2SA$，环丁烯第一激发态组成为 $\sigma^2\pi\pi^* = S^2AS$。丁二烯第一激发态只能和环丁烯第二激发态（其组成为 $\sigma\pi^2\sigma^*$ $=SA^2A$）相关。类似地，丁二烯第二激发态（$\psi_1\psi_2^2\psi_3 = AS^2S$）只能和环丁烯的第一激发态（$\sigma^2\pi\pi^2 = S^2AS$）相关。根据分子轨道对称守恒原理，对称性相同的连线不能相交，因此，在激发态下（光照条件下），丁二烯的顺旋关环反应不符合分子轨道对称守恒原理，对称性禁阻，反应不可以发生。

用同样的方法对丁二烯的对旋关环进行处理，得到对旋操作下的丁二烯和环丁烯状态能级相关图，如图8-4所示。

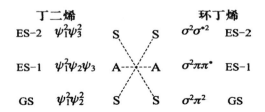

图8-4 对旋操作下的丁二烯和环丁烯状态能级相关图

　　根据分子轨道对称守恒原理，对称性相同的连线不能相交。因此，基态下，丁二烯对旋关环反应是对称性禁阻的，而激发态下，丁二烯关环反应是对称性允许的。

　　电环化反应是微观可逆的，反应向哪一个方向进行取决于共轭多烯和环烯烃的热力学稳定性。环丁烯与1,3-丁二烯相比，前者的环张力较大，是不稳定的体系，故在热反应中通常观察到环丁烯的开环。但（1Z,3E）-1,3-环辛二烯则由于含有环内反式双键，张力很大，因此加热到80℃即可环化。

　　共轭二烯要比环丁烯更有效地吸收光能，所以利用光反应可顺利地将共轭二烯转变为环丁烯。例如，（1Z,3Z）-1,3- 环庚二烯在光照下生成的双环化合物对于照射用的光不吸收；而双环化合物的加热顺旋开环，得到的（1Z,3E）-1,3- 环庚二烯由于环张力太大，几乎不能存在，所以光照（1Z,3Z）-1,3- 环庚二烯能有效得到双环化合物。

(1Z,3Z)-1,3-环庚二烯　　　　　　　　　　**(1Z,3E)-1,3-环庚二烯**

　　根据前面的实验分析，可以得出电环化反应的 Woodward–Hoffmann 规律，见表 8-1。

表8-1　电环化反应Woodward–Hoffmann规律

π电子数	加热	光照
$4n$	顺旋	对旋
$4n+2$	对旋	顺旋

第三节　环加成反应

两个或两个以上的烯烃分子或其他 π 体系之间，经双键相互作用，通过环状过渡态，形成两个新的 σ 键连成环状化合物的反应称为环加成反应。根据加成时每个分子所提供的 π 电子的数目，可用 [4+2]、[2+2] 等来表示环加成反应的类型。针对于反应物，环加成反应有两种取向，同面加成（suprafacial，S）和异面加成（antarafacial，A）。

同面　　　　异面

一、[4+2]环加成反应

（一）[4+2] 环加成反应的研究

双烯体（4体系）与亲双烯体（2体系）在加热时发生[$_\pi 4_s + _\pi 2_s$]环加成反应，生成环己烯。这个反应称为狄尔斯–阿尔德反应。狄尔斯–阿尔德反应通常是在惰性溶剂中加热进行的，反应是可逆的。如果二烯体上连有给电子基团，亲双烯体上连有吸电子基团，反应容易进行。亲双烯体也可以是炔烃。

在狄尔斯–阿尔德反应中，加热条件下，4π体系与2π体系面对面地接近，发生[$_\pi 4_s + _\pi 2_s$]环加成反应。根据前线分子轨道理论，在加热（基态）下，不论用乙烯的HOMO和丁二烯的LUMO，还是用乙烯的LUMO和丁二烯的HOMO，分子轨道两端的相位均相同，对称性允许，可以形成新的σ键。

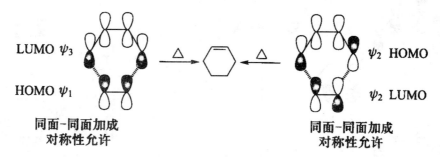

LUMO ψ_3　　HOMO ψ_1

ψ_2 HOMO　　ψ_2 LUMO

同面-同面加成
对称性允许

同面-同面加成
对称性允许

加热条件下，$[_\pi 4_s + _\pi 2_s]$ 环加成反应对称性允许，也可以用分子轨道对称守恒原理来解释。从原料（二烯烃和烯烃）经过过渡态到产物（环己烯），一直存在一个对称面（σ），如下所示：

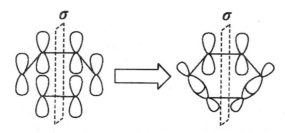

根据对称面，原料和产物的分子轨道及其对称性如图8-5所示。原料中三个成键轨道和产物中三个成键轨道可以按图中的虚线进行相关，过渡态的能量低，能发生反应。因此，狄尔斯-阿尔德 $[_\pi 4_s + _\pi 2_s]$ 环加成反应在加热条件下，原料和产物对称性守恒。

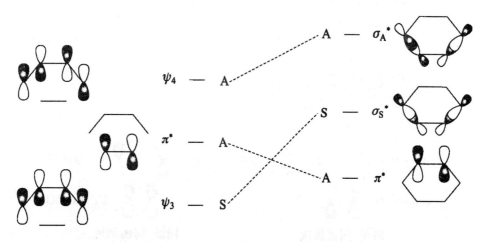

图8-5　原料和产物的分子轨道及其对称性（一）

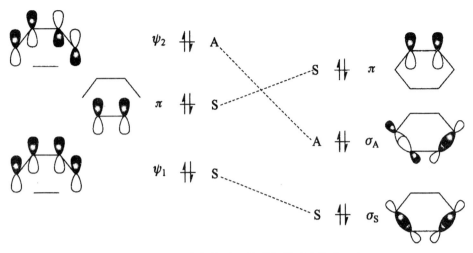

图8-5 原料和产物的分子轨道及其对称性（二）

在光照条件下，$[_\pi 4_s + _\pi 2_s]$ 的环加成反应是轨道对称性禁阻的。根据前线分子轨道理论，能量相近的 SOMO 轨道成键。不论用乙烯的 SOMO（ψ_2）和丁二烯的 SOMO（ψ_3），还是乙烯的 SOMO（ψ_1）和丁二烯的 SOMO（ψ_2），分子轨道两端的相位均不相同，对称性禁阻，不可以形成新的 σ 键。用分子轨道对称守恒原理，同样能得出光照条件 $[_\pi 4_s + _\pi 2_s]$ 环加成反应不能发生的结论。

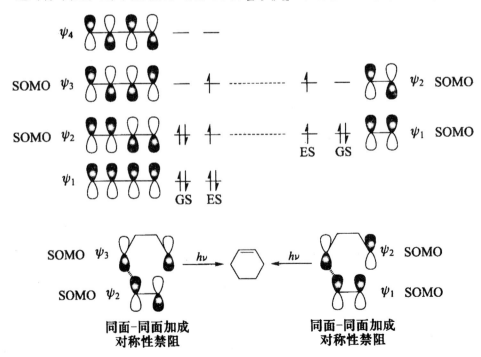

（二）[4+2] 环加成反应中要注意的问题

1.立体专一性

狄尔斯－阿尔德反应有高度的立体性，并总是顺式加成。

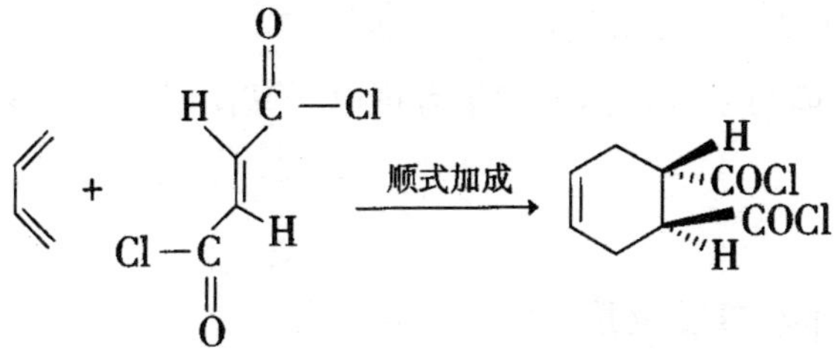

2. 空间因素的影响

双烯取顺式（cis）构象进行狄尔斯－阿尔德反应。开链二烯烃存在着下列构象平衡：

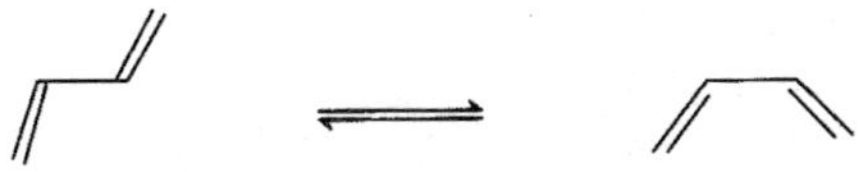

S-trans　　S-cis

1－位取代基 R 的空间效应妨碍二烯成 S–cis 构象，因此不利于反应的进行：

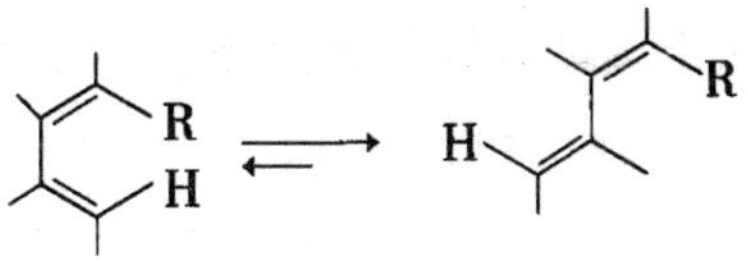

R体积增大，反应速率减小。1–位上如有二个取代基或1,4–位上均有取代基，则使反应速率更加减小。

双烯的2–位有取代基一般不影响环加成，而大的2–位取代基R可以使双烯采取顺式构象，反而使环加成反应速率加快。

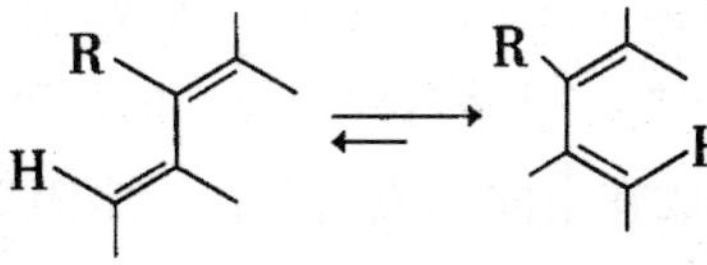

3. 取代基的影响

（1）当双烯和亲双烯都带有拉电子基团时，反应速率可以加快。

（2）当双烯带有拉电子基团而亲双烯体带有推电子基团时反应也加快；而双烯带有推电子基团，亲双烯体带有拉电子基团，即两者带有互补电子影响的取代基时，反应最快。

（3）当双烯与亲双烯体上均带有推电子基团时，反应速率变慢，甚至难以进行。

二、[2+2]环加成反应

[2+2] 环加成反应仅在光反应条件下发生，热反应条件下不发生。最简单的 [2+2] 环加成反应是两分子乙烯在光照下反应生成环丁烷，加成时，对两个烯烃而言均为同面，可描述为 $[_\pi 2_s +_\pi 2_a]$。

这一反应现象可以用前线分子轨道理论进行解释。前线分子轨道理论认为，双分子的热反应取决于一个分子的 HOMO 和另一个分子的 LUMO，当两个分子轨道两端相位相同，且两个轨道能量相近时，具有相同对称性才能有效重叠，产生两个新的 σ 键。光照条件下，两个分子均被激发，电子跃迁各产生两个单电子占据的分子轨道（SOMO），两组分能量较高的两个 SOMO 组合成一个新的 σ 键，两组分能量较低的两个 SOMO 组合成一个新的 σ 键。

两分子乙烯在热反应条件下的环加成反应如下所示，双分子间的热反应取决于一个分子的 HOMO 和另一个分子的 LUMO。结果表明，一个分子的 HOMO 和另一个分子的 LUMO 采用同面—同面的加成方式时，是对称性禁阻的，即 $[_\pi 2_s +_\pi 2_a]$ 是对称性禁阻的；它们只能采用同面 – 异面的加成方式，才是对称性允许的，即 $[_\pi 2_s +_\pi 2_a]$ 是对称性允许的。虽然 $[_\pi 2_s +_\pi 2_a]$ 在加热条件下对称性允许，但其构成在空间形成尚存在一定阻碍，有一定的困难，但是反应中也存在一些相反的例子。

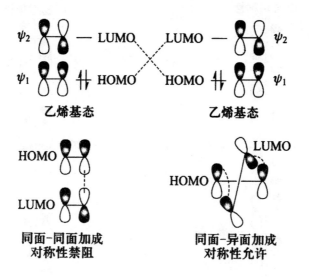

加热条件下，$[_{\pi}2_s+_{\pi}2_a]$ 是对称性禁阻的，$[_{\pi}2_s+_{\pi}2_a]$ 是对称性允许的，也可以用分子轨道对称守恒原理来解释。[2+2] 同面—同面加成，从原料经过过渡态到产物一直拥有两个对称面（σ_1 和 σ_2），如图 8-6 所示。

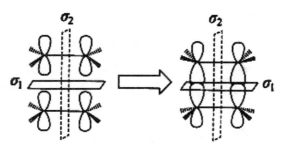

图8-6　产物空间结构

在加热（基态）条件下，原料和产物的分子轨道能级相关图如图8-7所示。两个乙烯分子之间的作用，根据两个对称面（σ_1和σ_2），产生四个能级 πSS，πAS，π*SA和π*AA。类似地，环丁烷中新生成的两个σ键，也有四个能级，即σSS，σSA，σ*AS和σ*AA。根据分子轨道对称守恒原理，原料和产物的对称性要保持一致，这样原料中的πSS和产物中的σSS相关，原料中的πAS（成键轨道）和产物中的σ*AS（反键轨道）相关，经过的过渡态能垒较高。所以，两个乙烯分子同面加成反应在加热条件下不可发生。

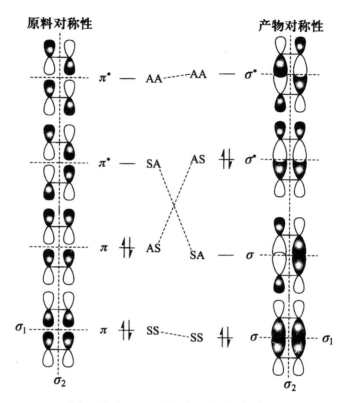

图8-7 在加热条件下，原料和产物的分子轨道能级相关图

如果两分子乙烯在光照条件下发生反应，如下所示，反应取决于能量相近的 SOMO 轨道，此时的环加成 $[_\pi2_s+_\pi2_a]$ 是对称性允许的，$[_\pi2_s+_\pi2_a]$ 是对称性禁阻的。

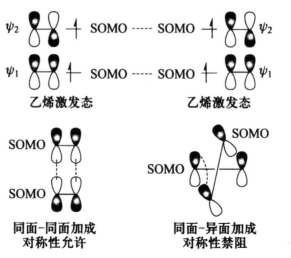

在光照条件下，$[_\pi 2_s +_\pi 2_s]$ 是对称性允许的，故这个反应是立体专一性的，反式烯烃得到反式产物，顺式烯烃得到顺式产物。例如，

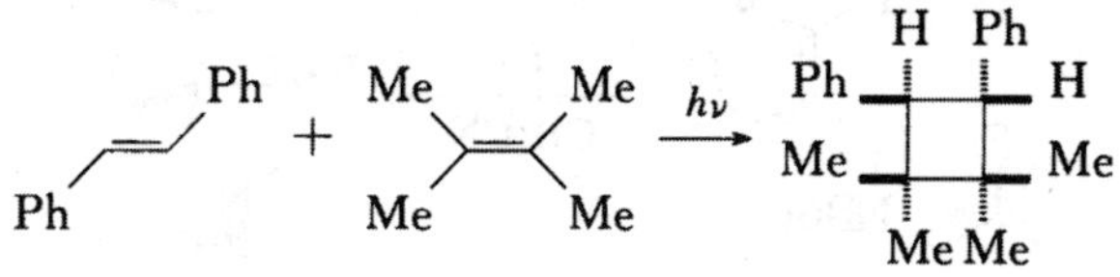

烯烃与炔烃之间，在光照条件下，亦可发生 $[_\pi 2_s +_\pi 2_s]$ 环加成反应。例如，4-甲基-5-戊基呋喃-2-酮与三甲基硅基乙炔在光照下反应生成环丁烯衍生物，得到两个同面—同面加成的产物，反应的区域选择性由三烷基硅基所控制：

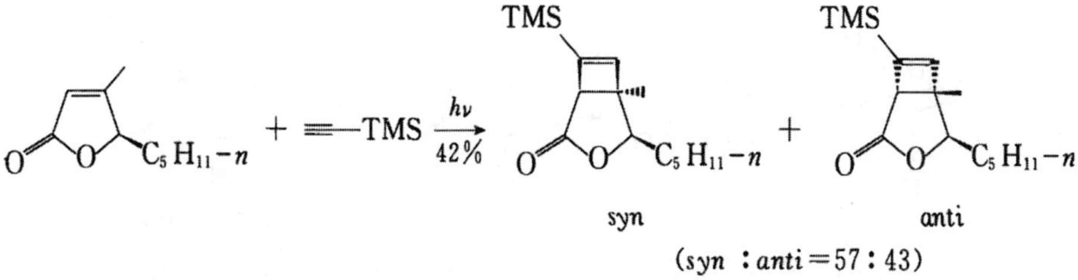

$$(syn : anti = 57 : 43)$$

在光照条件下，C≡O亦可与碳碳重键发生交叉的氧杂-$[_\pi 2_s +_\pi 2_s]$环加成反应。炔烃与酮的光反应生成 α, β-不饱和羰基化合物，其中间体氧杂环丁烯为氧杂-$[_\pi 2_s +_\pi 2_s]$环加成产物，经$4n$电环化开环生成较稳定的α, β-不饱和羰基化合物：

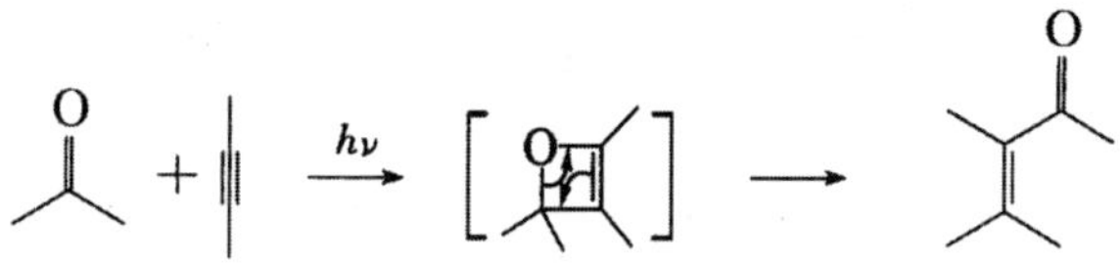

氧杂环丁烯与醛的 $[_\pi 2_s +_\pi 2_s]$ 环加成反应，得到稳定的氧杂环丁烷：

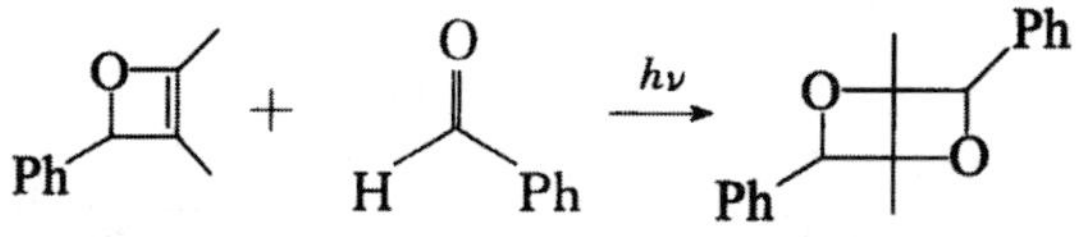

如果空间位置合适，分子内的 $[_\pi 2_s +_\pi 2_s]$ 光照环加成反应更容易发生，并生成多环体系。例如，

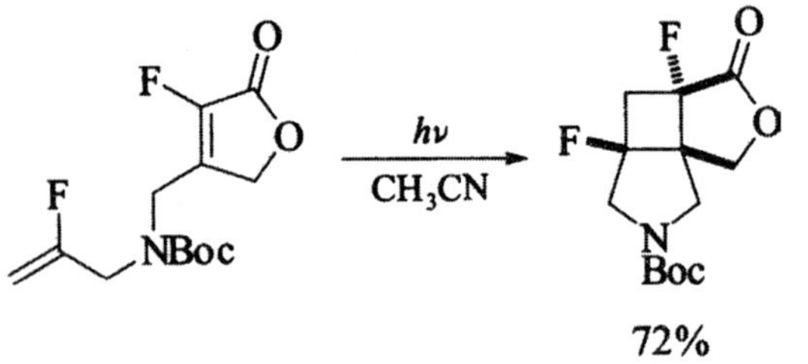

72%

这种分子内的 $[_{\pi}2_s+_{\pi}2_s]$ 光照环加成方法在一些具有环丁烷骨架的复杂结构天然产物的全合成中发挥了重要作用，如下 kelsoene 的外消旋体的合成就是其中一例：

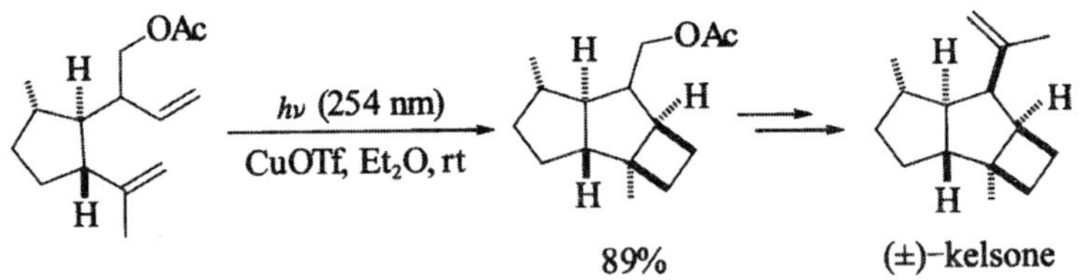

89%   (±)-kelsone

1,3- 二羰基化合物与烯烃发生 $[_{\pi}2_s+_{\pi}2_s]$ 环加成，生成 β- 酰基环丁醇，后者进一步经历逆羟醛缩合，开环得到 1,5- 二羰基化合物，该反应称为 De Mayo 反应。

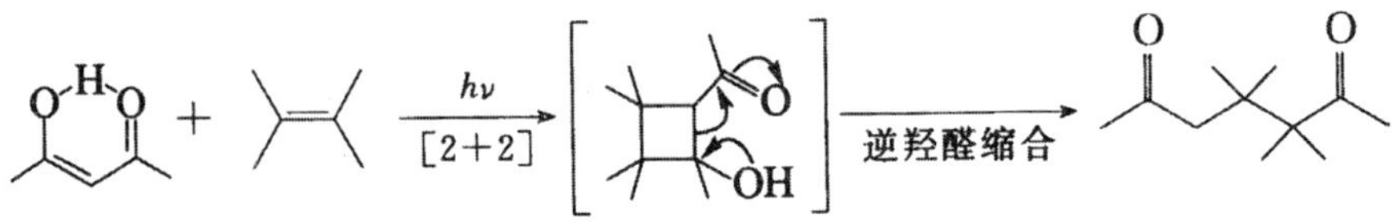

这种1,5-二羰基化合物的合成方法已在石蒜碱骨架的合成中得到应用：

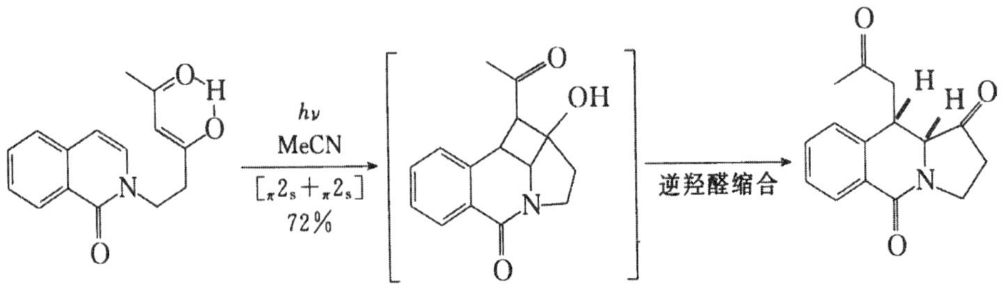

$$\xrightarrow[\substack{回流 \\ 78\%}]{py, C_6H_6}$$

石蒜碱骨架

根据前面的实验分析，可以得出环加成反应的 Woodward–Hoffmann 规律，见表 8-2。

表8-2 环加成反应Woodward–Hoffmann规律

总的π电子数	反应条件	轨道对称性
4*n*	热	允许
	光	阻止
4*n* + 2	热	允许
	光	阻止

三、狄尔斯–阿尔德反应的特征及应用

狄尔斯 – 阿尔德反应按照取代基的性质分为两类，正常电子需求的狄尔斯 – 阿尔德反应和反电子需求的狄尔斯 – 阿尔德反应，反应所参与的轨道是不同的，如图 8-8、图 8-9 所示。

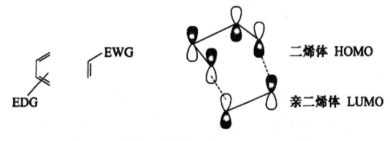

图8-8 正常电子需求的狄尔斯–阿尔德反应

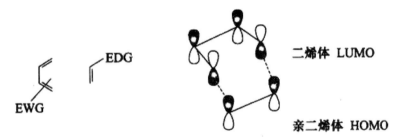

图8-9 反电子需求的狄尔斯-阿尔德反应

对于一个正常电子需求的狄尔斯-阿尔德反应，亲双烯体上有吸电子基团时，能降低亲二烯体的LUMO能级，反应容易发生，如α,β-不饱和羰基化合物、丙烯腈、顺丁烯二酸酐、对苯二醌、苯炔等都是好的亲双烯体。

双烯体上有给电子基团（如RO和R_2N）时，能升高二烯体的HOMO能级，反应容易发生。环戊二烯及芳香性较差的化合物（如蒽、呋喃、噻吩、恶唑等）也容易发生狄尔斯-阿尔德反应。

例如，蒽与顺丁烯二酸酐加成，反应发生在较活泼的9,10位。

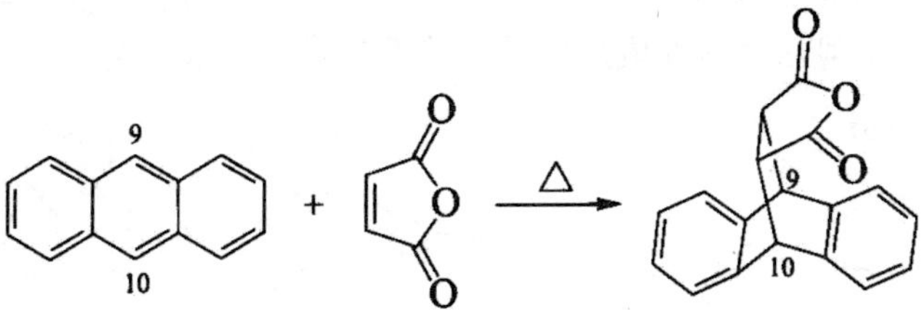

在狄尔斯–阿尔德反应中，共轭双烯以s–cis构象参加反应（"s"表示单键，即single bond），这样才有利于六元环状过渡态的形成。

s–cis　　　　　　s–trans

桥环化合物 1,2,3,5,6,7– 六氢萘则由于无法形成 s–cis 构象而不能发生狄尔斯 – 阿尔德反应。

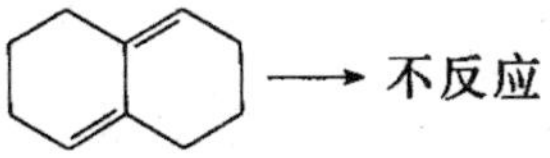

　——→　**不反应**

当双烯体和亲双烯体不对称时，反应的区域选择性取决于取代基的电子效应。在正常电子需求的狄尔斯–阿尔德反应中，亲双烯体中缺电子性的C_2与双烯体中富电子性的C_4结合。例如，1–甲氧基–1,3–丁二烯与丙烯酸乙酯的反应生成1,2–二取代产物（1,2指的是两个取代基的相对位置），而1,3–二取代产物则没有生成。

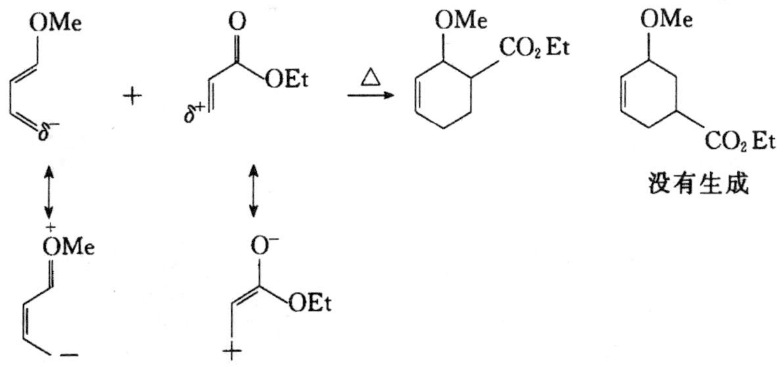

由于双烯体和亲双烯体是按照协同机理、同面–同面加成进行的，狄尔斯–阿尔德反应是立体专一性的。考虑到同面–同面加成的立体选择性规律，可将狄尔斯–阿尔德反应的相对立体化学用下式表示，其"out"表示在

s-cis-双烯体外侧的基团，"in"表示在s-cis-双烯体内侧的基团，加热条件下，狄尔斯–阿尔德环加成反应的立体选择性可以表示为：

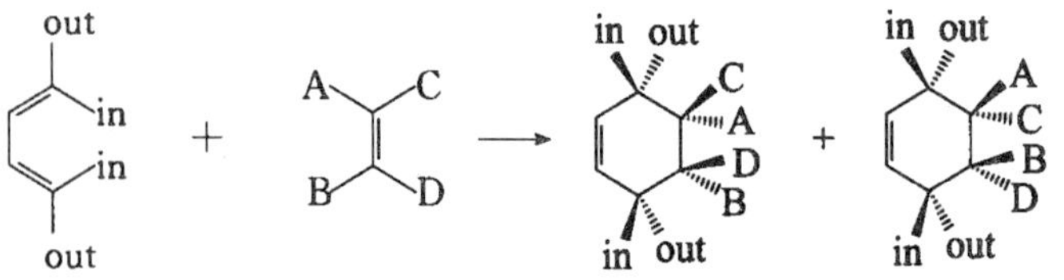

例如，丁二烯与顺–丁烯二酸二甲酯反应，生成顺–4–环己烯–1,2–二羧酸二甲酯，而与反–丁烯二酸二甲酯反应生成反式异构体。

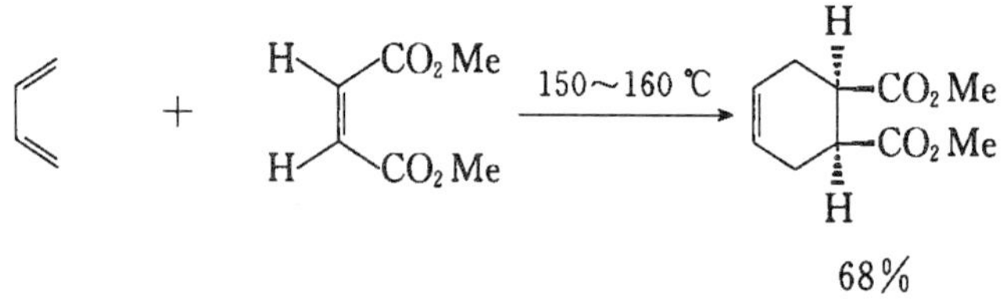

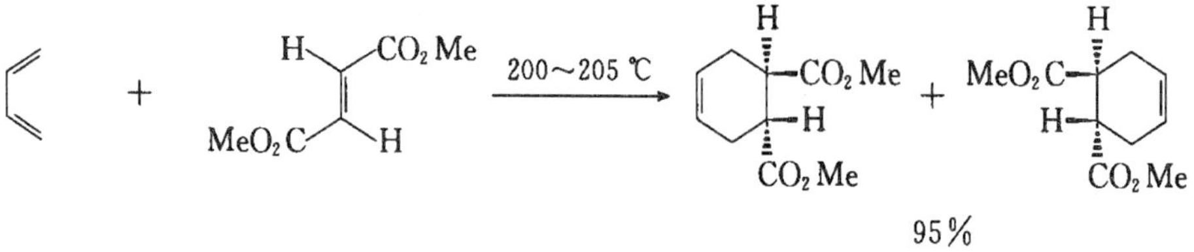

68%

95%

双烯体上1,4位取代基的立体化学在狄尔斯–阿尔德反应中也同样会保留下来。例如：

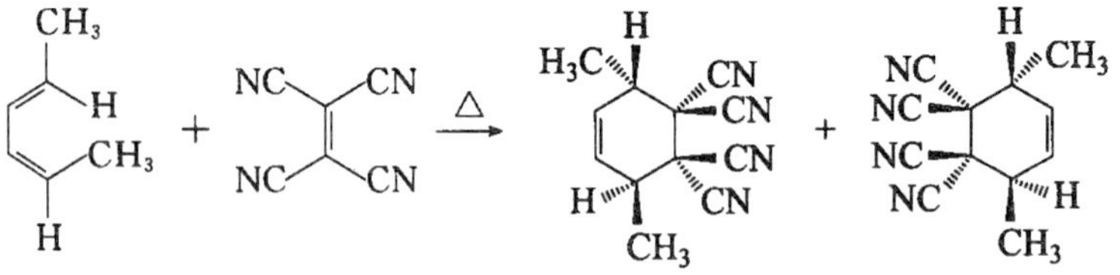

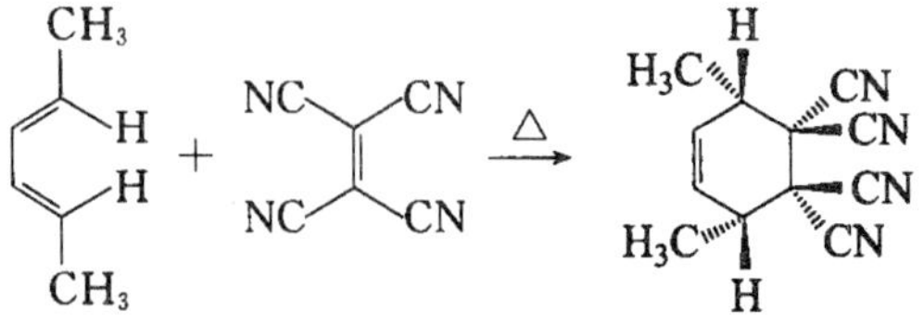

狄尔斯–阿尔德反应的另一立体化学特点是它遵循"内型规律"。例如，环戊二烯与马来酸酐反应，生成的产物为内型产物，而没有检测到外型产物。

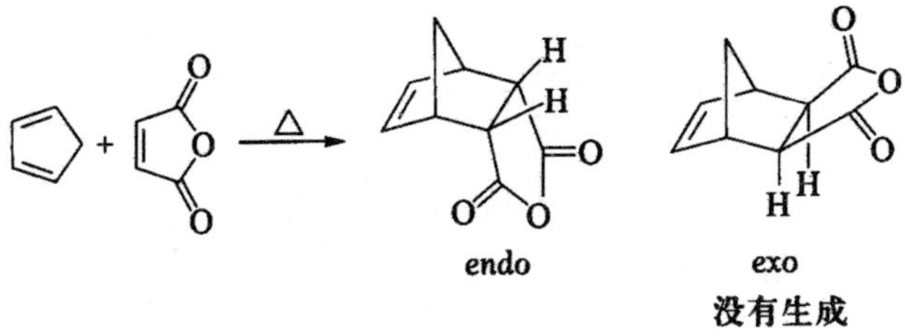

内型产物是动力学控制的产物，是由过渡态中次级轨道相互作用所引起的。在二烯体与亲二烯反应的内型过渡态中，双烯体2,3位π轨道与亲双烯体取代基（即C＝O）的π轨道形成距离较近，可发生π−π次级轨道相互作用，从而降低了能量，有利于反应进行；相反，在外型过渡态中，两个π轨道相距较远，不存在次级轨道作用，故能量较高，不利于反应进行。

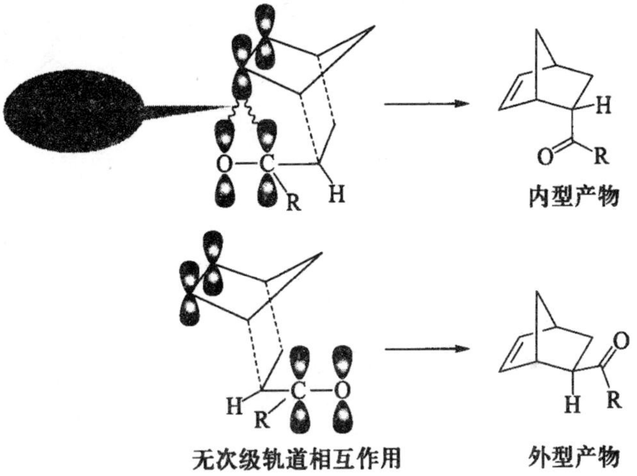

因为狄尔斯−阿尔德反应具有好的区域选择性和高的立体专一性，已被广泛用于有机合成中，如下 Danishefsky 双烯体与不对称醌的反应几乎定量地生成邻−内型环加成产物。

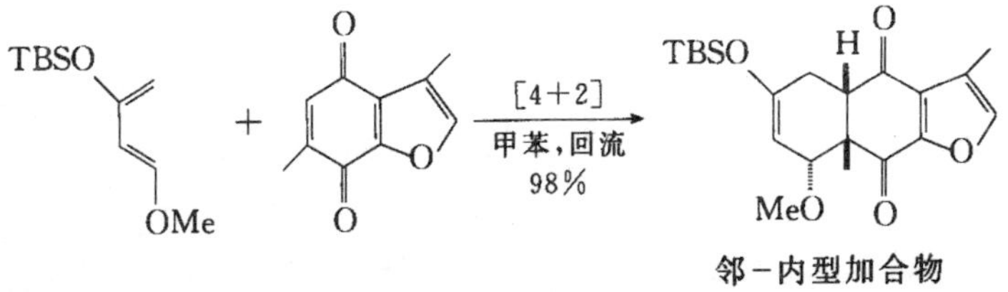

Diels−Aider 反应是构筑六元环体系的重要方法，已被广泛用于复杂天然产物的全合成中。1952 年，Woodward 正是利用这一方法完成了可的松和

胆固醇的全合成。

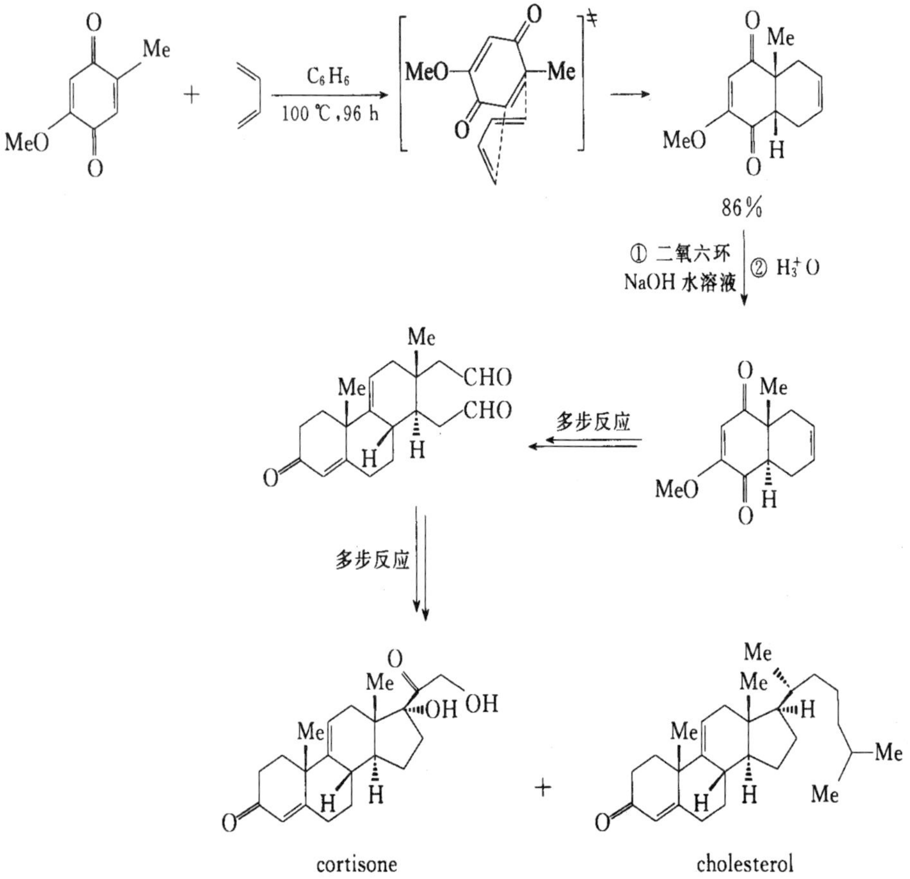

86%

cortisone

cholesterol

最近有人用Diels-Aider/分子内氧杂-Diels-Aider串联反应成功地实现了多环体系Bolivianine的全合成。

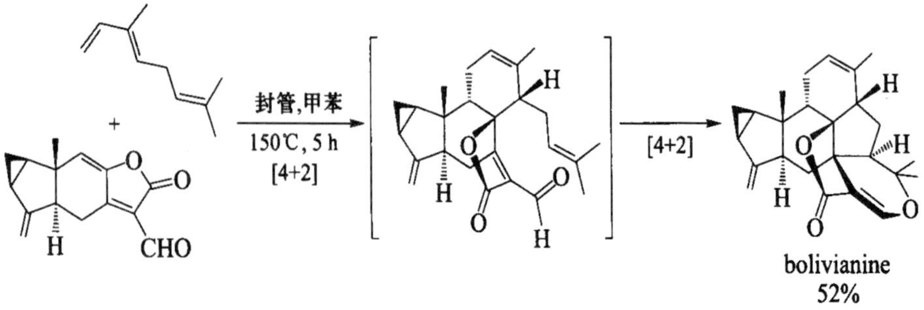

bolivianine
52%

芳炔的 Diels-Aider 反应在芳香稠环体系的构筑方面得到广泛应用。如下 gilvocarcin M 的合成就用了这一策略。在这个反应中，由取代邻碘苯磺酸酯消除产生的芳炔与呋喃发生 Diels-Aider 反应，生成的环氧化合物不稳定，在丁基锂促进下发生消除反应，环氧开环，生成萘酚衍生物。

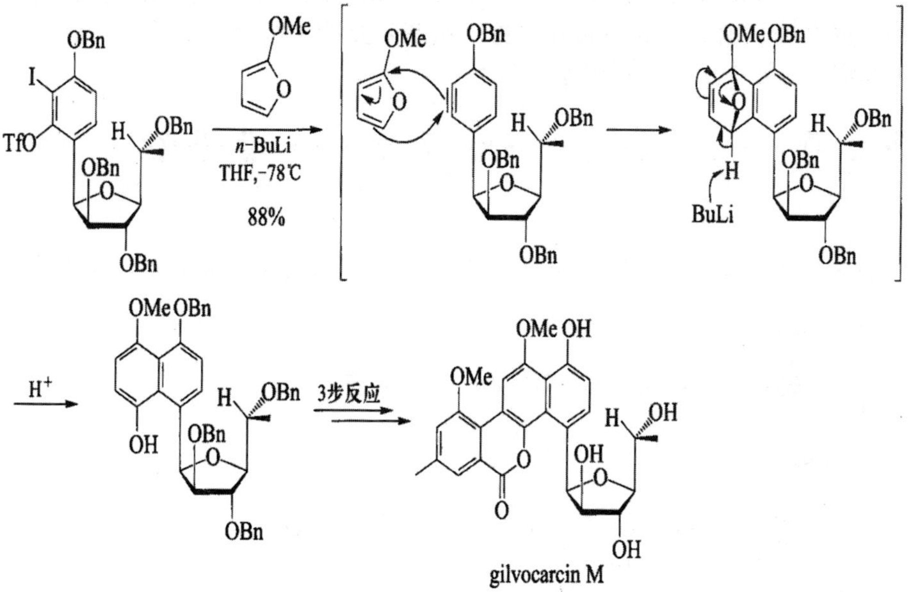

gilvocarcin M

芳炔非常活泼，甚至可在低温下与苯环上的 C═C 键发生 Diels-Aider 反应。例如：

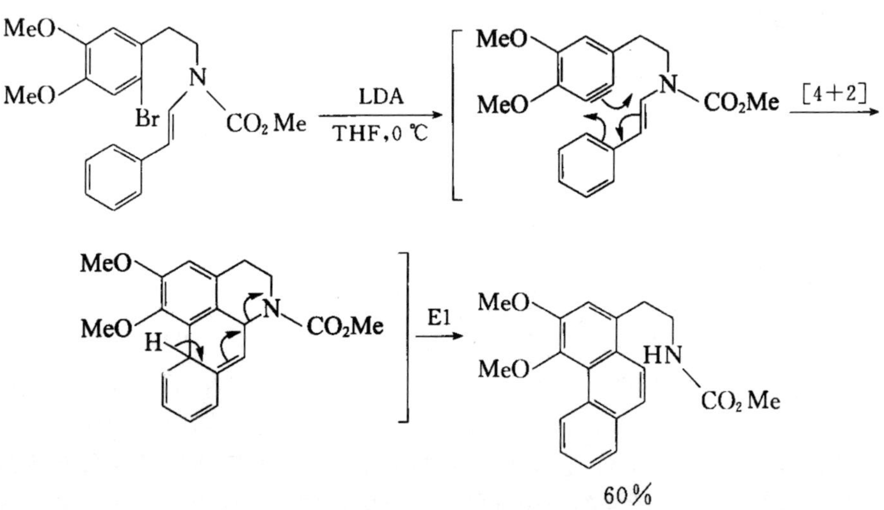

60%

四、1,3-偶极环加成反应

1,3-偶极化合物是一类含有3个原子的4π电子体系，如臭氧、叠氮化合物、重氮烷、硝酮、亚甲胺叶立德、羰基叶立德和腈氧化物等。它们大多不稳定，需要在反应体系中原位产生。

臭氧

叠氮化合物

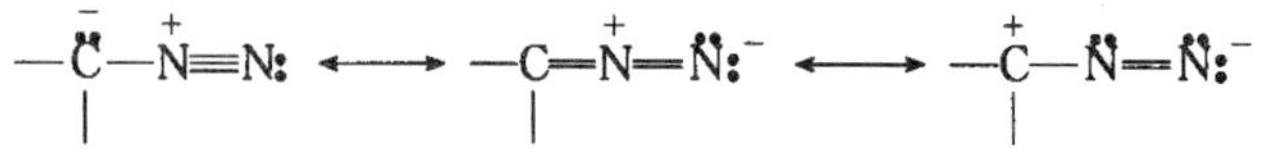

重氮烷

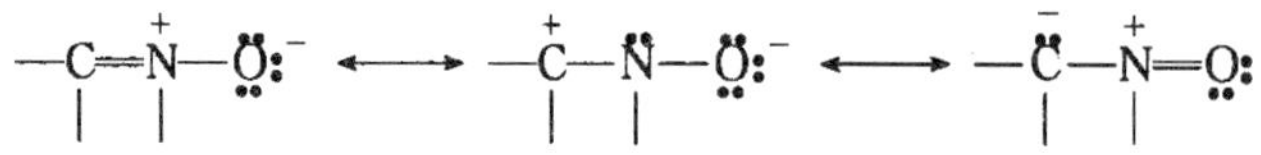

硝酮

亚甲胺叶立德

羰基叶立德

腈氧化物

1,3-偶极化合物拥有4个π电子，可与具有2π电子体系的亲偶极子（如烯烃和炔烃等）发生[4+2]环加成反应[常用（3+2）来表示]，称为1,3-偶极环加成反应。烯烃的臭氧化反应的第一步就属于1,3-偶极环加成反应。1,3-偶极环加成反应是合成具有特定立体构型五元氮杂环分子的最有用的方法。当1,2-二取代烯烃参与协同的1,3-偶极环加成反应时，由于是顺式加成，反应具有立体专一性，烯烃上的两个碳原子的立体构型将保持。路易斯酸能够催化1,3-偶极环加成反应，若使用手性路易斯酸催化剂，则可以控制加成产物的绝对构型。

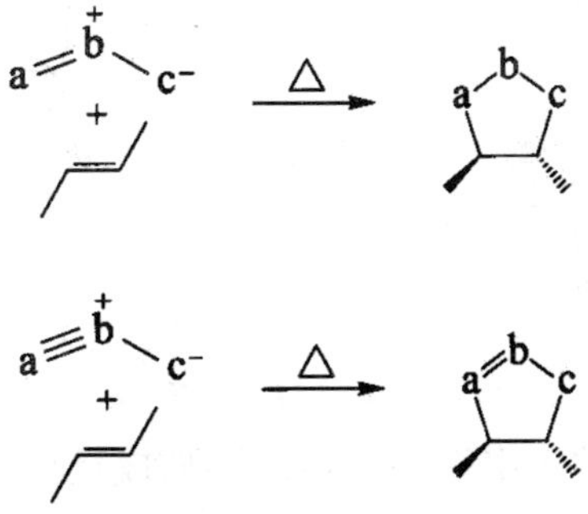

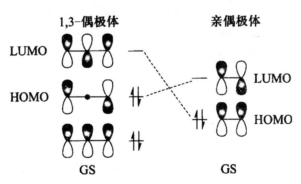

1,3- 偶极化合物亦可与炔烃发生环加成反应：

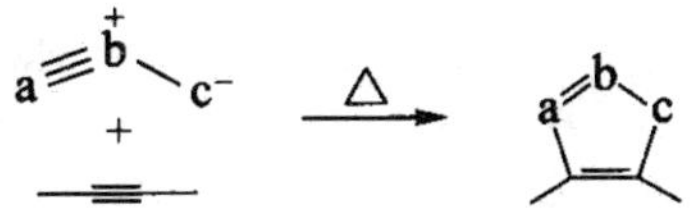

根据前线轨道理论，基态下的 1,3- 偶极体的 LUMO 与亲偶极体的 HOMO，以及基态下的 1,3- 偶极体的 HOMO 与亲偶极体的 LUMO 的环加成反应，都是对称性允许的，因此可以发生。

用 1,3- 偶极体的 HOMO 控制的反应称为"HOMO 控制的反应"；用 1,3- 偶极体的 LUMO 控制的反应称为"LUMO 控制的反应"；当两种情况都存在时，则称为"HOMO-LUMO 控制的反应"。

HOMO控制的反应　　　　　　LUMO控制的反应

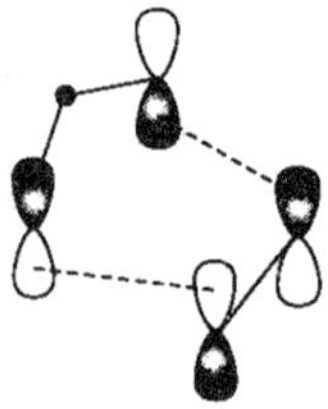

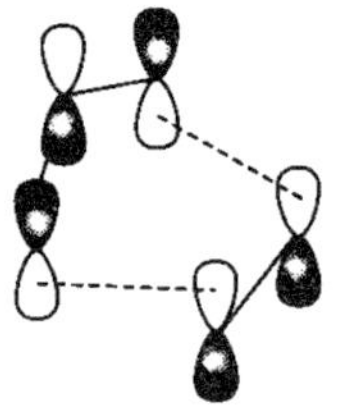

对于偶极体 HOMO 控制的偶极环加成反应，亲偶极体的 LUMO 能级越低越有利于反应。如重氮甲烷和烯烃的环加成反应，烯烃（及亲偶极体）上的取代基吸电子能力越强，烯烃的电子云密度越低，LUMO 能级就越低，反应速率越快。

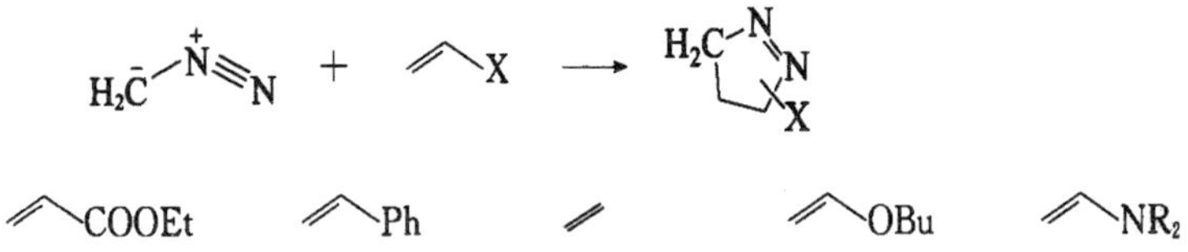

COOEt	Ph		OBu	NR₂
相对反应速率 11200000	4300	2000	1	无反应

对于偶极体 LUMO 控制的偶极环加成反应，亲偶极体上连有给电子基时，双键上的电子云密度增大，能有效提高 HOMO 能级，反应速率加快。如臭氧和烯烃的偶极环加成反应：

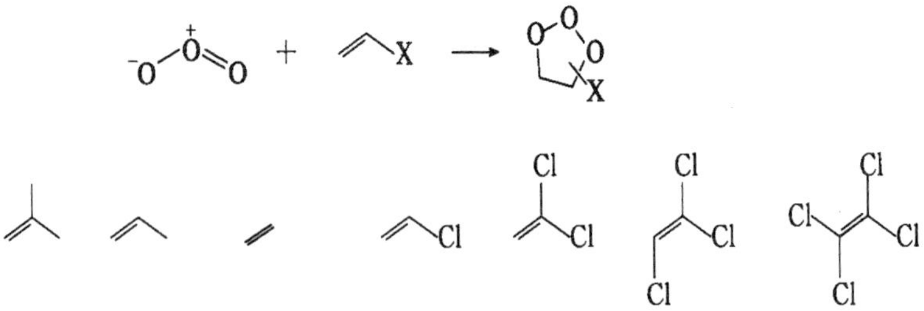

相对反应速率	97000	80000	25000	1180	22	3.6	1

对于偶极体 HOMO-LUMO 控制的反应，取代基的电子效应规律性不强。如叠氮和烯烃的偶极环加成反应：

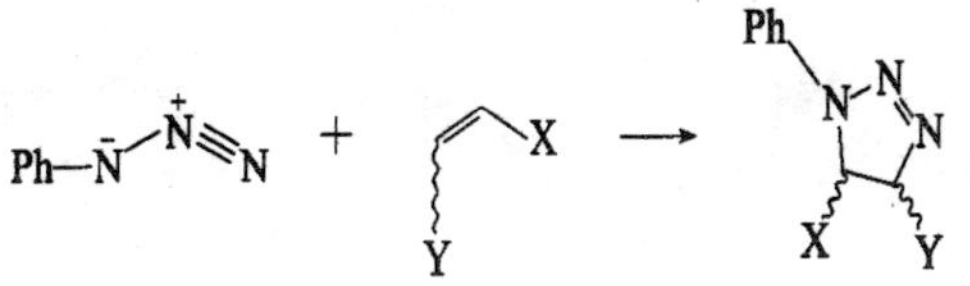

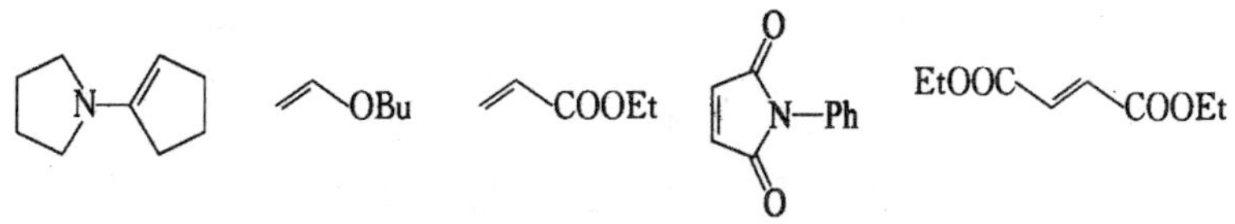

| 相对反应速率 | 115000 | 0.4 | 9.85 | 27.6 | 8.36 |

（一）叠氮化合物的环加成反应

1. 与烯烃的环加成反应

叠氮化合物与烯烃在加热时发生1,3-偶极环加成反应，生成4,5-二氢-1,2,3-三氮唑。这种加成为顺式加成，故烯烃的立体构型在反应中保留了下来。对于不对称的非末端烯烃，反应通常缺乏区域选择性。若用烯醚或烯胺，则电子效应可导致反应具有极好的区域选择性。叠氮化合物的末端氮原子（缺电子性）与烯醚或烯胺分子的C＝C键中富电子性的碳原子结合。

在二级胺催化下，由酮原位形成的烯胺可与叠氮化合物发生1,3-偶极环加成反应，生成三氮唑类杂环化合物，反应具有很高的区域选择性Ⅲ。例如：

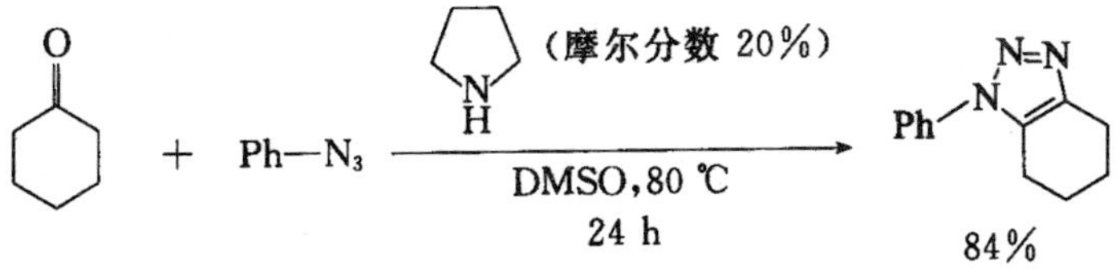

这个催化循环过程如下：首先，二级胺（吡咯烷）与酮缩合，形成烯胺中间体 A；然后，A 与叠氮化合物发生 1,3-偶极环加成反应，生成环加成产物 B；最后，B 消除一分子吡咯烷，生成 1-取代的 1,2,3-三氮唑，消除产生的吡咯烷进入下一个催化循环。

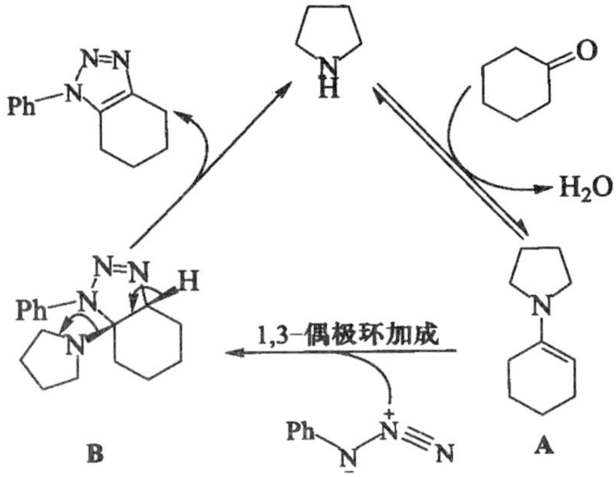

吲哚中也含有一个富电子性的烯烃，可以和叠氮化合物发生区域选择性的环加成反应。

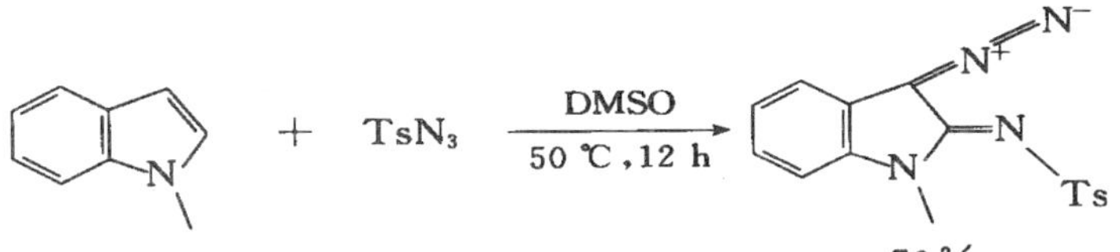

反应首先发生叠氮化合物和烯烃的偶极环加成，受取代基电子效应的影响，区域选择性地得到中间体 A，氧化脱氢生成具有芳香性的中间体 B（途径 a），B 不稳定，受磺酰基吸电子的影响，产物以开环的形式存在，其结构通过单晶分析得到确认。中间体 A 也可以通过途径 b，先开环，再脱氢，得到产物。

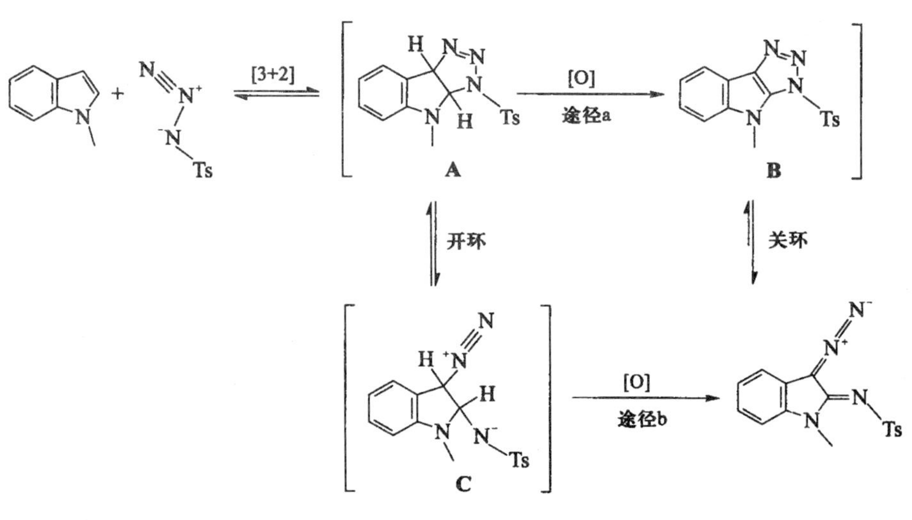

2.与炔烃的环加成反应

叠氮化合物与炔烃加成生成1,2,3-三氮唑衍生物。末端炔烃与叠氮化合物的热反应往往得到1,4-和1,5-二取代的1,2,3-三氮唑的混合物（物质的量的比约1：1）。

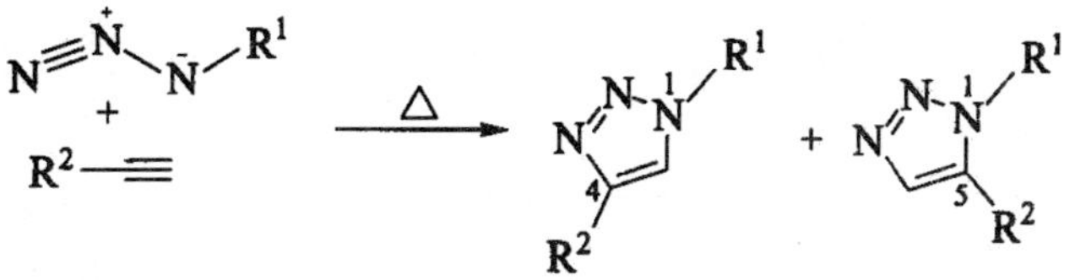

在 Cu 催化作用下，末端炔烃与叠氮化合物在室温下反应，能高区域选择性地得到1,4- 二取代的1,2,3- 三氮唑。这个方法是 Sharpless 等在 2002 年首次报道的，此后被广泛应用于有机合成中。

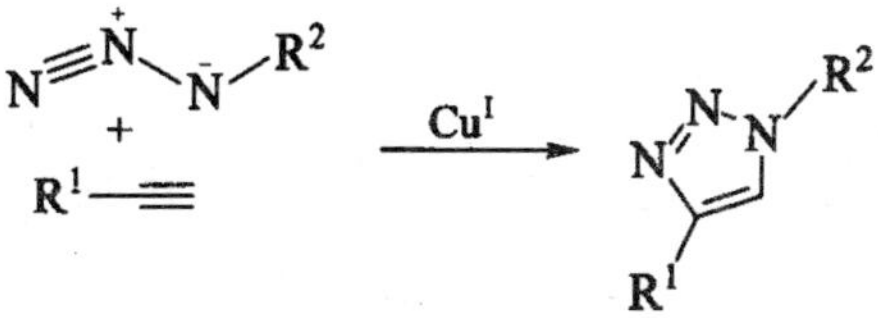

最近的研究表明，一价铜催化的叠氮-炔烃环加成反应的催化循环过程涉及双核铜络合物中间体。首先，炔烃与一价铜配位，经 π 络合物A，后者失去一个质子，并与另一个铜配位形成炔基铜B。然后，叠氮化合物与炔基铜配位形成双核铜络合物C，后者经中间体D发生分子内环加成反应，并脱掉一个铜生成络合物E。最后，E经金属-质子交换生成三氮唑。在这个过程中，两个铜原子的协同作用决定了这个反应的区域选择性。

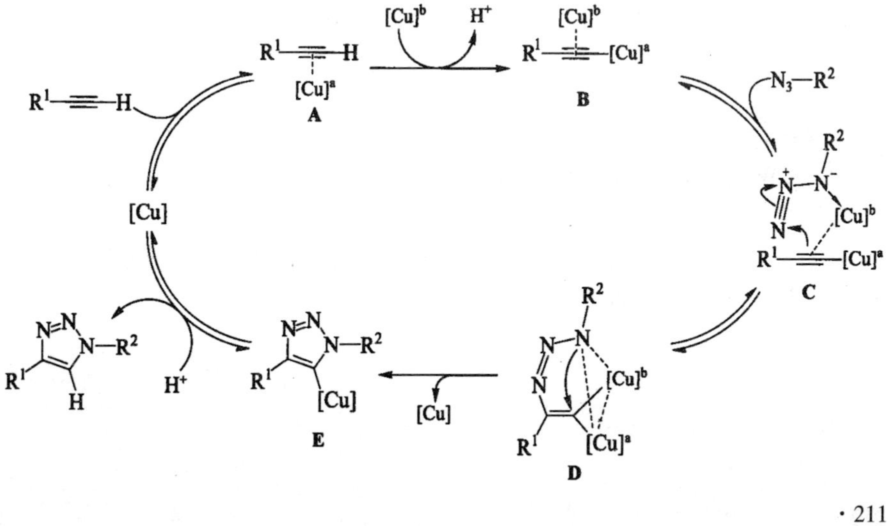

（二）重氮化合物的环加成反应

重氮甲烷通常由 N- 甲基 -N- 亚硝基对甲苯磺酰胺的二乙二醇二甲醚和乙醚溶液与温热的氢氧化钠水溶液反应来制备。1- 甲基 3- 硝基 -1- 亚硝基胍在低温下与氢氧化钾水溶液作用也可得到重氮甲烷。

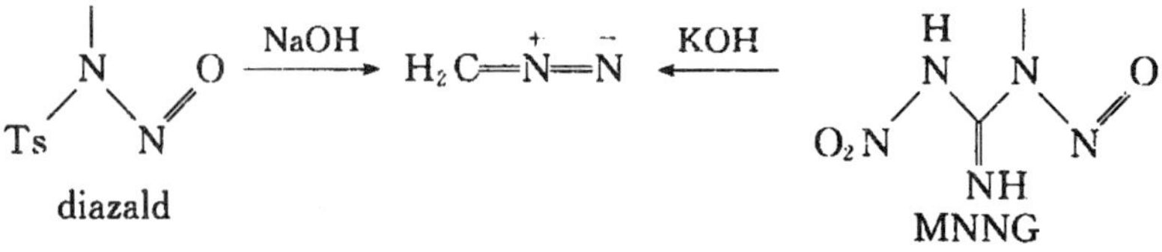

diazald

MNNG

重氮甲烷与缺电子性烯烃容易发生 1,3- 偶极环加成反应，生成 1- 吡唑啉。反应的立体化学是顺式加成，亲偶极体的立体构型在反应中会被保留下来。由于 1- 吡唑啉不稳定，立即发生 1,3-H 迁移而转化为热力学更稳定的 2- 吡唑啉。

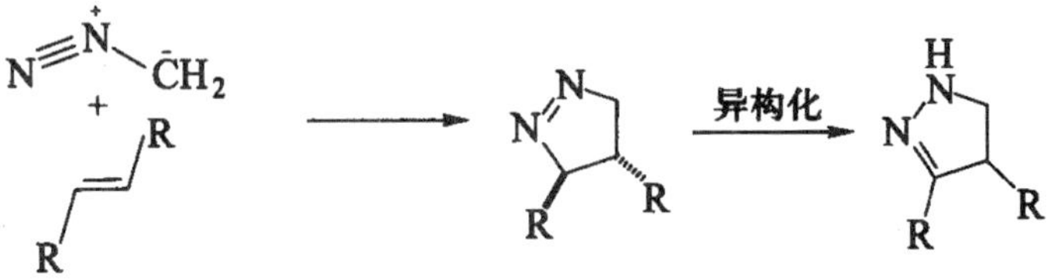

异构化

对于不对称的烯烃，反应的区域选择性通常受到动力学和热力学因素的影响。当亲偶极体为 α,β-不饱和羰基化合物时，重氮甲烷的环加成反应一般都得到动力学控制产物，即重氮甲烷的碳原子迁移到亲偶极体中缺电子性的 β-碳原子上。

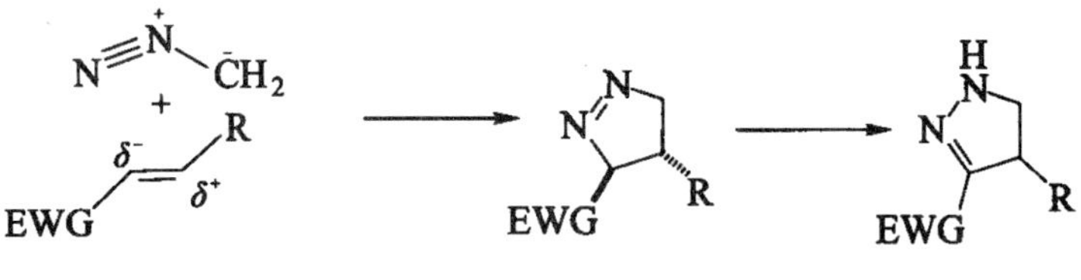

$EWG = CHO, COR, CO_2R, NO_2$

有机化学中常见的，如重氮甲烷与下列（E）-和（Z）-α,β-不饱和酮的反应得到动力学控制的产物，且E型底物生成反式产物，Z型底物生成顺式产物，是立体专一性的反应。

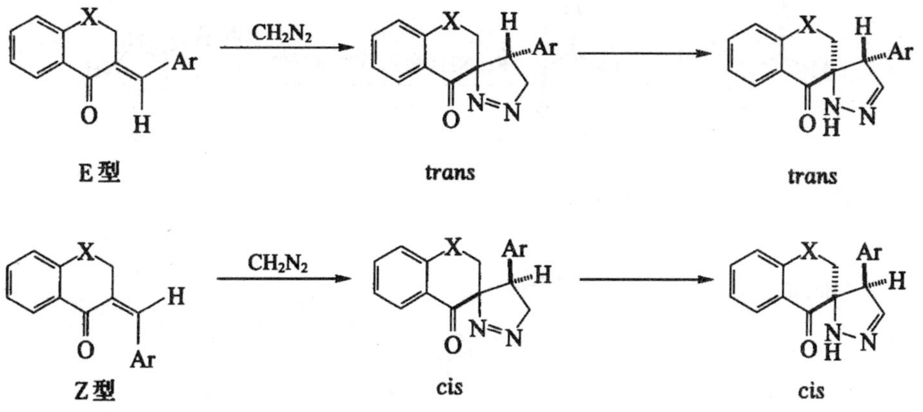
CH₂N₂
E型
trans
trans
CH₂N₂
Z型
cis
cis

X=CH₂,O,S

1,1-二氟联烯与重氮甲烷的环加成反应也能够区域选择性地生成动力学有利产物。然而，当二甲基重氮甲烷反应时，生成动力学有利产物和热力学稳定产物两个异构体的混合物，而二苯基重氮甲烷反应则生成动力学有利产物和热力学稳定产物的混合物，区域选择性显著下降。

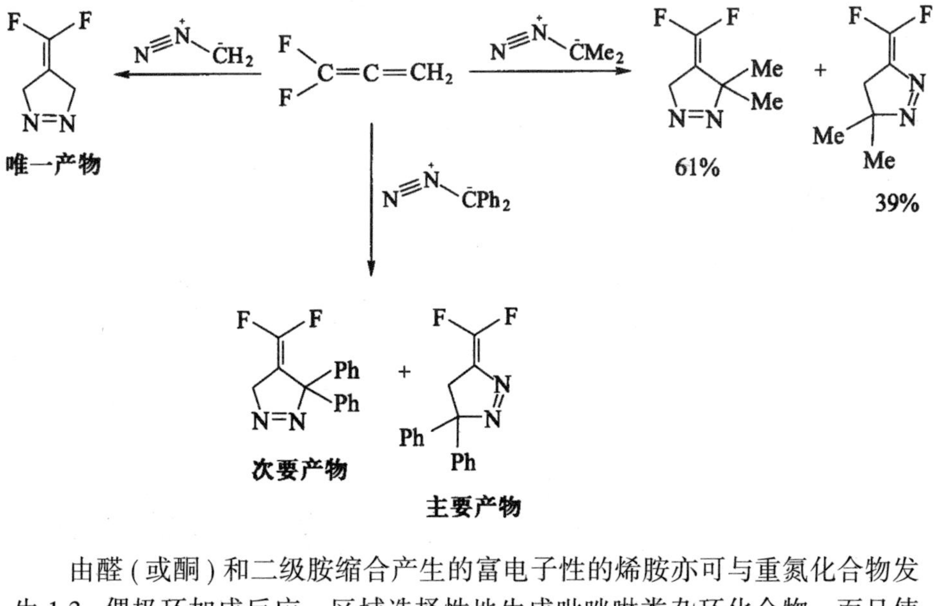
唯一产物
61%
39%
次要产物
主要产物

由醛（或酮）和二级胺缩合产生的富电子性的烯胺亦可与重氮化合物发生1,3-偶极环加成反应，区域选择性地生成吡唑啉类杂环化合物，而且使用催化量的二级胺即可实现这一转化。例如：

这个催化过程的可能机理如下：

参考文献

[1] 陈荣业. 有机反应机理解析与应用 [M]. 北京：化学工业出版社，2017.

[2] 赵明根. 有机化学选论：立体化学与反应机理 [M]. 北京：中国石化出版社，2017.

[3] 吕萍，王彦广. 中级有机化学：反应与机理 [M]. 北京：高等教育出版社，2015.

[4] 孔祥文. 有机化学反应和机理 [M]. 北京：中国石化出版社，2018.

[5] 杨定桥，王朝阳，龙玉华. 高等有机化学——解雇、反应与机理 [M]. 北京：化学工业出版社，2012.

[6] 杜灿屏，刘鲁生，张恒. 21 世纪有机化学发展战略 [M]. 北京：化学工业出版社，2002.

[7] 邢其毅，裴伟伟，徐瑞秋，等. 基础有机化学 [M]. 北京：高等教育出版社，2005.

[8] 傅建龙，李红. 有机化学 [M]. 北京：化学工业出版社，2009.

[9] 高占先，姜文凤，于丽梅. 有机化学简明教程 [M]. 北京：高等教育出版社，2011.

[10] 胡宏纹. 有机化学 [M]. 北京：高等教育出版社，2006.

[11] 吉卯祉. 有机化学 [M]. 北京：科学出版社，2011.

[12] 徐春祥. 有机化学 [M]. 北京：高等教育出版社，2010.

[13] 徐妍，吴国林，吴学民，等. 梨小食心虫性信息素研究及应用进展 [J]. 现代农药，2009（8）：40-44.

[14] 杜汝励. 分子重排反应 [M]. 北京：人民教育出版社，1981.

[15] 黄培强. 有机人名反应、试剂及规则 [M]. 北京：化学工业出版社，2007.

[16] 李楠，廖蓉苏，李斌. 有机化学 [M]. 北京：中国农业大学出版社，2010.

[17] 李艳梅，赵圣印，王兰英. 有机化学 [M]. 北京：科学出版社，2011.

[18] 陆涛. 有机化学 [M]. 北京：人民卫生出版社，2011.

[19] 孙昌俊，茹森焱. 重排反应原理 [M]. 北京：化学工业出版社，

2017.

[20] 金寄春 . 重排反应 [M]. 北京：高等教育出版社，1990.

[21] 陆国元 . 有机反应与有机合成 [M]. 北京：科学出版社，2009.

[22] 林国强，陈耀全，陈新滋，等 . 手性合成——不对称反应及其应用 [M]. 北京：科学出版社，2000.

[23] 武钦佩，李善茂 . 保护基化学 [M]. 北京：化学工业出版社，2007.

[24] 王建新 . 精细有机合成 [M]. 北京：中国轻工业出版社，2007.

[25] 王巧纯 . 精细化工专业实验 [M]. 北京：化学工业出版社，2008.

[26] 孔祥文 . 基础有机合成反应 [M]. 北京：化学工业出版社，2014.